Introduction to R

기초 자료 분석을 위한
R 입문

양경숙 · 김미경 지음
Kyung-Sook Yang
Mi-Kyung Kim

for
basic data analysis

한나래 아카데미

기초 자료 분석을 위한 R 입문
Introduction to R for basic data analysis

지은이 | 양경숙 · 김미경
펴낸이 | 한기철

2011년 5월 20일 1판 1쇄 펴냄
2014년 3월 10일 1판 3쇄 펴냄

펴낸곳 | 한나래출판사
등록 | 1991. 2. 25 제22-80호
주소 | 서울시 마포구 월드컵로3길 39, 2층 (합정동)
전화 | 02-738-5637 · 팩스 | 02-363-5637 · e-mail | hannarae91@naver.com
www.hannarae.net

ISBN 978-89-5566-116-3 93310

* 이 도서의 국립중앙도서관 출판시도서목록(CIP)은 e-CIP홈페이지(http://www.nl.go.kr/ecip)와
국가자료공동목록시스템(http://www.nl.go.kr/kolisnet)에서 이용하실 수 있습니다.(CIP제어번호: CIP2011001819)

머 리 말

이 책에서 소개하려고 하는 R은 현재 무료로 배포되고 있는 소프트웨어이다. 프로그램 사용에 관심이 조금만 있는 독자라면 충분히 이 소프트웨어를 유용하게 활용할 수 있을 것이라 믿는다. 또한 R은 그래픽 기능이 매우 뛰어나다. 게다가 R에서 제공되는 함수들은 통계학뿐만 아니라 금융공학, 생명공학 등 많은 분야에서 개발되어 제공되고 있고 지금도 개발되고 있다.

R은 객체(object) 지향적이다. 객체 지향이란 개념적으로 세상의 모든 것들이 프로그래밍의 대상(객체)이 될 수 있다고 보는 것이다. 이는 종종 자동차와 비유되어 설명된다. 즉 사람들이 핸들이나 바퀴, 엔진 등을 각각 만들어 놓았다고 하자. 각각은 그 자체 속성이 되는 구성 요소와 기능을 가지고 있다. 그런데 어떤 사람이 이러한 것들을 모아서 자동차를 만들려면 기존에 만들어진 핸들이나 바퀴, 엔진 등의 구성 요소와 기능은 그대로 유지하면서 새로운 기능을 갖는 또 다른 객체를 만들면 된다. 예를 들어 기존의 엔진 성능을 조금만 더 향상시키면 훨씬 더 좋은 성능의 자동차를 만들 수 있게 된다. 즉 자동차를 만들기 위해 핸들이나 바퀴 등의 부품이 되는 객체들을 처음부터 모두 만들 필요가 없다는 것이다.

R 사용에 있어 불편 사항은 여러 사람들이 개발해서 소스를 올리고 있기 때문에 주기적으로 업그레이드하고 변경되는 내용들을 살펴보아야 한다는 것이다. 그러나 그것이 이 툴의 장점인 유연성을 위한 것이라면 감수할 만하다. R에서의 대용량 데이터 처리 성능은 초반보다 많이 좋아졌다.

이 책은 R의 활용법 중에서도 특히 데이터 처리에 초점을 두었다. 처음 사용하는 사람들이 가장 관심이 많은 것은 다른 유형의 데이터를 어떻게 R로 가져와서 내가 원하는 분석을 할 수 있는가에 있기 때문이다. 서로 다른 데이터 세트를 원하는 형태로 만드는 방법, 변수들을 원하는 형태로 변환시키는 방법 등에 대해서 예제를 들어 이해하기 쉽게 설명하였다. 그래서 1장에서는 R을 소개하고 2장에서는 R의 기본적인 활용 방법을 다루었다. 3장부터는 데이터 세트를 생성하고 저장하는 방법, 데이터의 구조 변경 및 결합 방법, 데이터베이스와의 연결, SQL 질의어 사용법, 새로운 객체를 생성시키기 위한 프로그래밍 방법, 행렬 데이터의 연산 처리 등을 다루었다. 마지막으로 9장에서 그래픽 함수 사용법을 소개하였고 10장에서는 주요 통계함수 사용법을 다루었다. 이미 2007년에 출판한 ≪R 입문 및 기초 프로그래밍≫ 책이 이 책을 집필하는 기반이 되었음을 밝힌다.

이 책은 R2.11.1을 사용하여 집필하였다. 현재는 R2.12.2가 제공되고 있다. R 버전이 달라 사소한 곳에서는 결과에 차이가 있을 수 있으나 전반적으로 큰 차이는 없을 것이다. 따라서 R을 처음 시작하는 독자들은 R 버전에 큰 구애(拘礙)를 받을 필요는 없을 것으로 생각된다.

여러 분야의 사람들이 이 책을 읽고 데이터 분석 시 R을 유용하게 사용할 수 있게 되기를 바란다. 책 내용에 관하여 질문이 있으면 주저하지 말고 언제든 저자에게 이메일을 보내주기 바란다. 끝으로 이 책의 출판을 맡아주신 한나래 출판사의 한기철 대표님과 조광재 이사님께 진심으로 감사드린다.

2011년 4월

양경숙 myksyang@dreamwiz.com

김미경 mkkimfds@dreamwiz.com

차 례

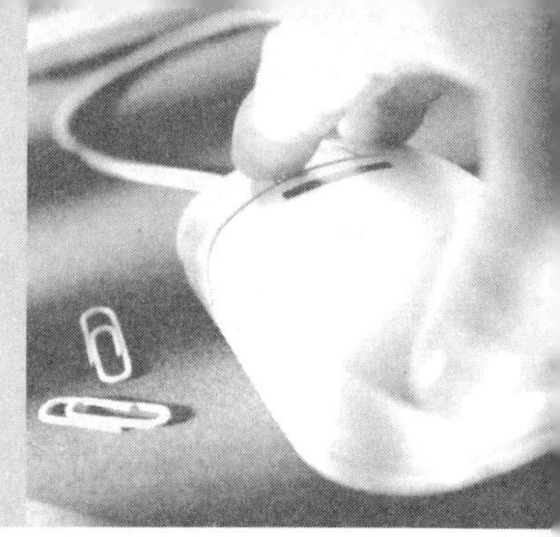

03 Chapter 데이터 생성 59

04 Chapter 데이터 입력 및 출력 91

05 데이터 구조의 변경 및 결합 117

Chapter

06 데이터베이스와 SQL 145

Chapter

1장 R의 소개

Lena Blais
Professional Engineer
Civil Engineering
Soil Testing and Plant Analysis
SOUTH TACOMA SWAMP
REMEDIAL INVESTIGATION
PHASE 1 REPORT

R의 간단한 소개 및 R 설치 프로그램의 다운로드와 설치 완료 후 처음 구동된 R에서 간단한 프로그램을 실행하고 작업 환경을 저장해본다. 추가로 개선된 GUI 환경 등 R의 다양한 실행 환경 및 사용자 정의에 의한 실행 환경의 설정 방법을 살펴본다.

1.1 R이란 무엇인가?

데이터 분석 프로그램인 R은 1995년 뉴질랜드(New Zealand)의 오클랜드(Auckland) 대학의 로버트 젠틀먼(Robert Gentleman)과 로스 이하카(Ross Ihaka)에 의해 개발이 시작되어 현재는 R Development Core Team에 의해 지속적으로 개선이 진행되고 있다. R 프로그램은 배열 및 행렬로 표현된 데이터에 대하여 효과적인 연산자를 이용해 자료의 분석, 시뮬레이션(simulation) 및 시각적 표현에 유용한 객체 지향적(object-oriented) 프로그램이다. 이는 1970년 중반에 AT&T의 벨(Bell) 연구소에서 개발되어 현재는 S-PLUS로 상업화된 S 언어를 기반으로 무료로 제공되고 있어 GNU[1] S라는 별칭을 가지고 있는데, R과 S는 엔진이나 모형식의 표현 등에서 약간의 차이는 있으나 기본적으로 명령어 입력식의 데이터 분석 방식이 유사하고 대부분의 프로그램이 그대로 호환되는 등 근본적으로는 같은 프로그램이라고 할 수 있다.

R 프로그램은 공개 소프트웨어라는 것과 더불어 다양한 장점이 있는데 그 내용을 정리해보면 아래와 같다.

- 대화식의 프로그램 수행 및 결과물의 객체화
- 쉬운 프로그래밍 언어
- 막강한 행렬 계산 및 그래픽 기능
- 자유로운 분석 환경 제공: 예를 들어 함수와 같은 분석 도구를 사용자가 직접 커스터마이징(customizing)하는 것이 가능하고 데이터 형식에 대한 제한이 거의 없음.
- 전 세계 사용자들에 의해 작성된 최신의 다양한 함수와 패키지의 활용성
- 사용자 참여의 기회 제공
- 대부분의 사용자 환경에서의 운영 지원: Windows, UNIX, Macintosh, Linux 등의 다양한 컴퓨터 운영체제에서 R 프로그램 사용이 가능하며 SPSS, JAVA, C, Fortran 등의 프로그래밍 언어와의 인터페이스(interface) 지원과 SAS, SPSS, Minitab 등의 데이터 및 각종 DBMS 데이터 접근이 용이한 확장성을 지님.
- 강력한 도움말 기능 등

1) GNU는 "GNU's Not UNIX"의 약자로 유닉스를 기반으로 누구나 자유롭게 소프트웨어를 교환하는 것을 주창하는 프로젝트 그룹 및 사상을 나타낸다.

위와 같은 뛰어난 장점에도 불구하고 자주 언급되고 있는 R의 단점으로는 분석에 사용할 수 있는 데이터 크기의 제약, 프로그램 명령어의 직접 입력 방식으로 인한 작업 환경의 불편성 등이 있으나 이러한 단점은 개발자 모임을 통해 계속 개선되어 가고 있다. 데이터 크기의 제약은 R 프로그램이 분석용 데이터를 시스템 메모리에 저장하여 사용함에 기인하는데 이는 기본적으로는 SQL을 통한 데이터의 사전 처리 및 Filehash, R.Huge 등의 패키지를 활용하는 방법이 있다. 사용자 편의 환경 개선은 R 문법에 맞는 프로그램을 작성할 수 있도록 지원하는 명령문 편집기인 Tinn-R, RWinEdt, Emacs 등의 텍스트 편집기들과 GUI 개선을 통해 메뉴 방식의 분석 환경을 제공하는 R Commander, Rattle 등을 통해 진행되고 있는데 R Development Core Team의 R GUI Project를 통해서도 이러한 연구가 진행 중이다(http://www.sciviews.org/rgui/ 참조).

R은 전통적인 통계 자료분석을 포함해 매우 다양한 분야에서 활용되고 있는데, 시각 분석이 중요한 바이오 산업이나 생물학의 DNA 미세배열(microarray) 분석 분야에서는 표준 도구로 활용되고 있다. R에 대한 보다 상세한 소개 및 다양한 지원은 웹사이트(http://www.r-project.org)를 통해 이루어지고 있으므로 이를 참조하기 바란다.

1.2 R 프로그램 설치

R의 설치(install) 프로그램은 홈페이지 http://www.r-project.org 이외에 세계 여러 나라의 미러 사이트(mirror site)[2]를 통해 최신 버전을 다운로드(download) 할 수 있는데, 이 책에서는 2010년 5월에 공개된 2.11.1 버전을 사용하였다. 먼저 <그림 1.1>의 R 프로그램 홈페이지의 왼쪽에서 Download, Packages의 CRAN(Comprehensive R Archive Network)을 클릭하면 <그림 1.2>처럼 여러 미러 사이트들을 볼 수 있다. 우리나라의 미러 사이트는 http://bibscvs.snu.ac.kr/R/[3]이다. 이를 클릭하면 <그림 1.3>과 같은 화면이 나타나고 여기서 Download and Install R에서 컴퓨터 운영환경에 따라

2) 미러 사이트(mirror site)는 네트워크에서 트래픽이 빈번하여 접속이 힘들고 속도가 떨어지는 것을 방지하기 위해 만든 사이트를 말한다.

3) 최근 우리나라 미러사이트 주소가 http://statlab.korea.ac.kr/R/으로 변경되었다.

Linux, MacOS X 또는 Windows를 선택한다. Windows를 선택하면 <그림 1.4>의 화면이 나타난다[4].

Windows를 선택하면 나타나는 <그림 1.4>에서 base와 contrib를 통해 R의 기본 프로그램 소스와 다양한 R 패키지(package)를 다운받을 수 있다. 여기서는 일단 base를 선택해보자. <그림 1.5>에서 Download R 2.11.1 for Windows(버전이 갱신됨에 따라 파일명은 변할 수 있다)를 선택해 해당 설치 파일을 다운로드 하자. 저장된 파일을 실행하면 R 설치 프로그램이 시작되고 이후의 설치 과정은 다른 소프트웨어의 그것과 유사하므로 생략한다.

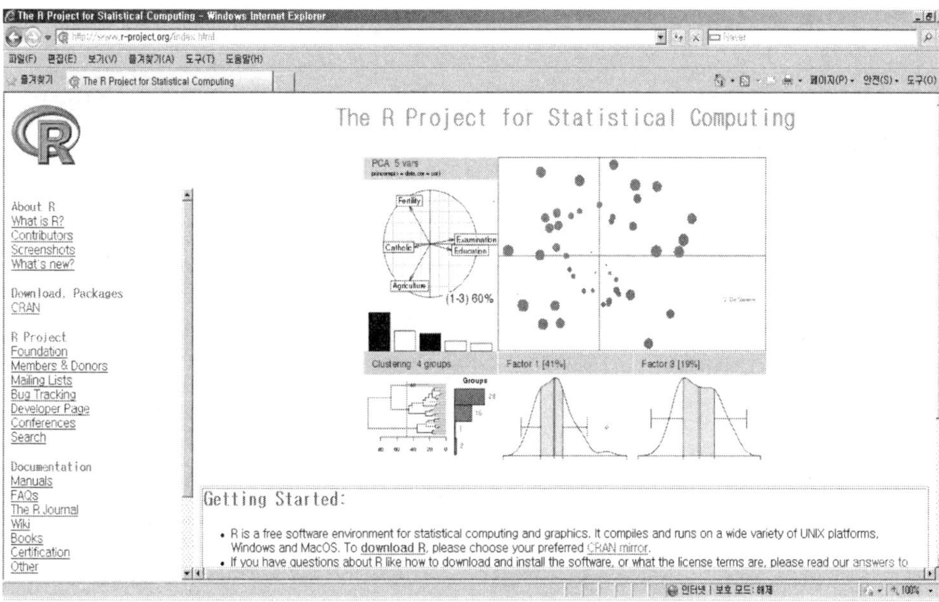

〈그림 1.1〉 R 프로그램 홈페이지

4) 윈도우즈 이외의 다른 운영체제에 대한 설치 방법은 R의 매뉴얼(R Installation and Administration)을 참고하기 바란다.

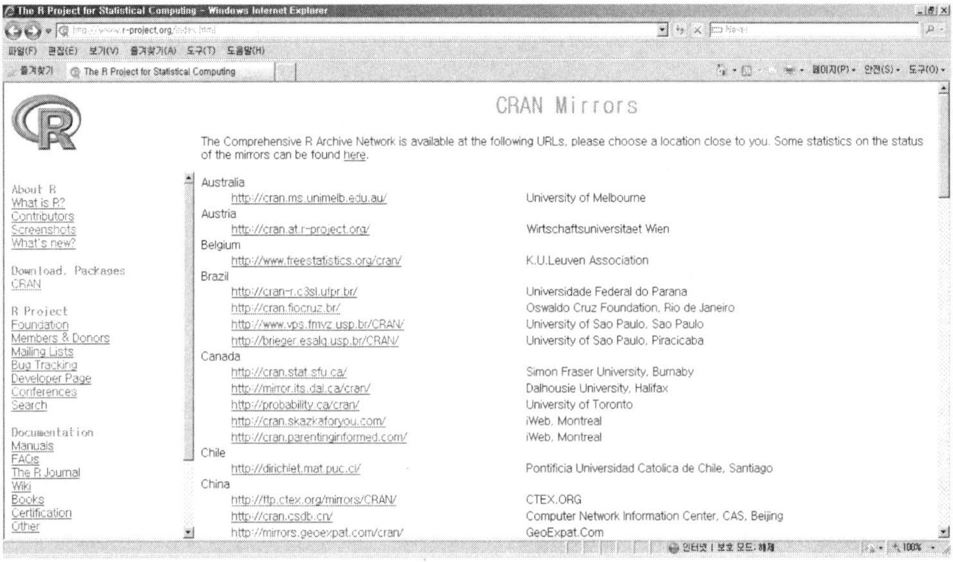

〈그림 1.2〉 여러 미러 사이트

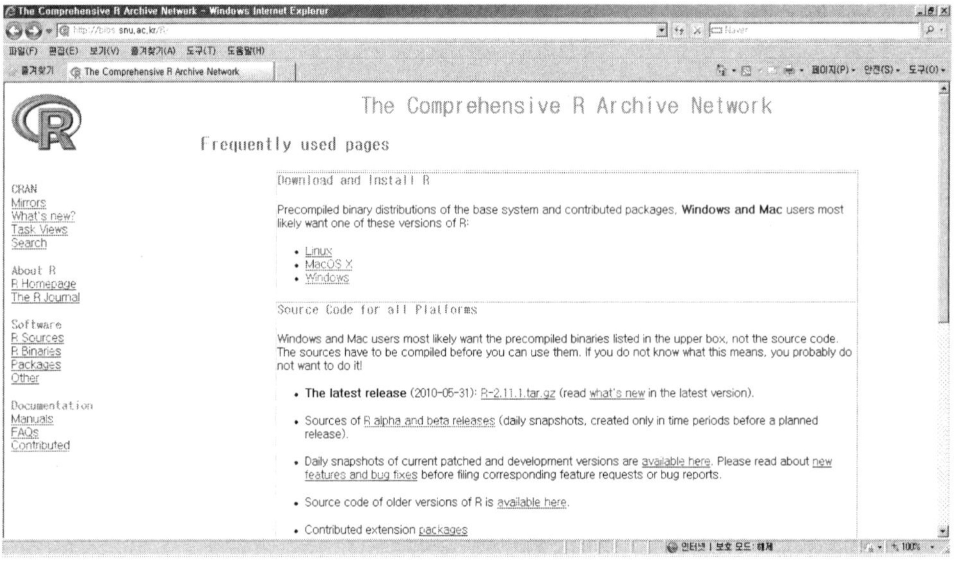

〈그림 1.3〉 우리나라 미러 사이트

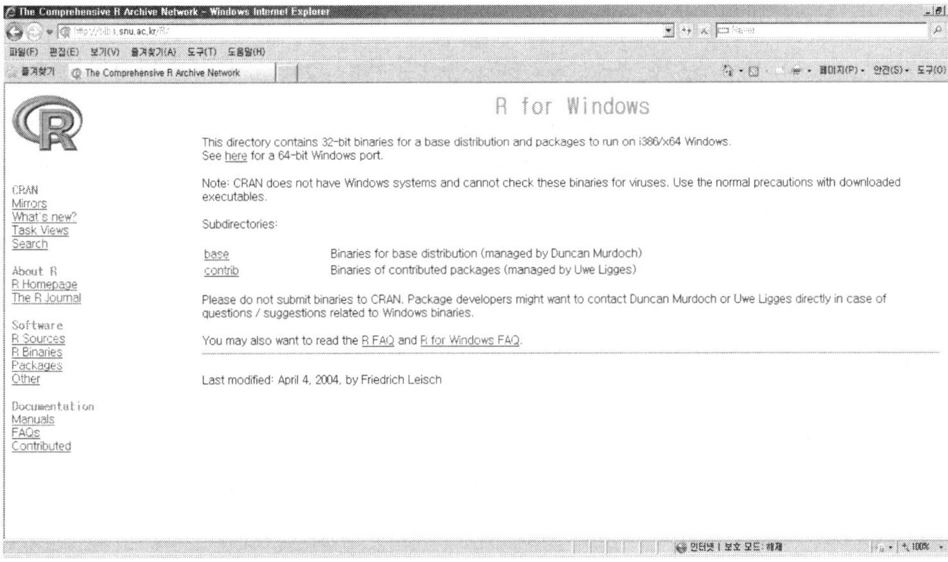

〈그림 1.4〉 R for windows 화면

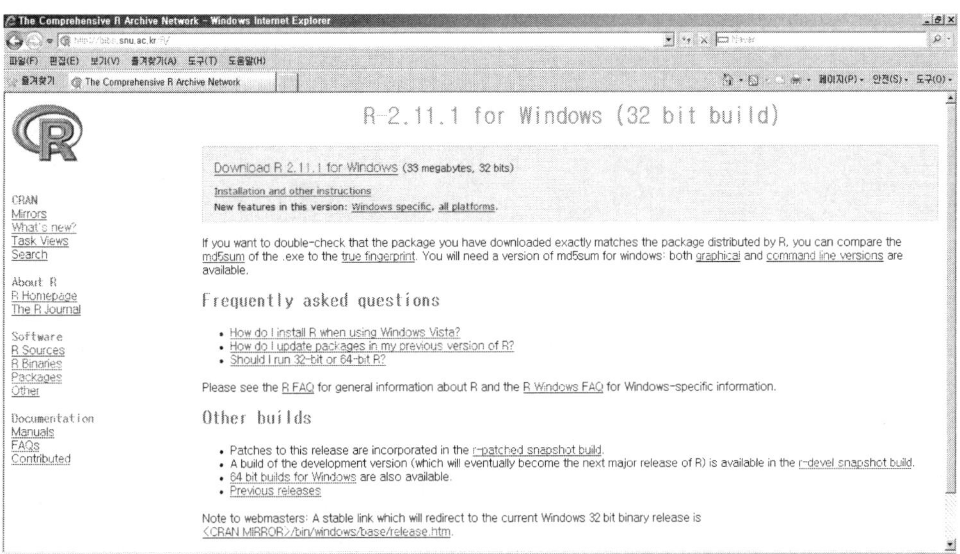

〈그림 1.5〉 최신 R 프로그램의 다운로드 화면

<그림 1.4>의 화면으로 돌아가 contrib를 선택하면 <그림 1.6>의 화면이 나타난다. 여기서 다양한 R 패키지를 선택적으로 설치할 수 있는데, 기 설치한 base의 버전에 해당되는 디렉터리를 선택하면 <그림 1.7>과 같이 각 패키지가 나열된 화면을 볼 수 있다. R은 일부 표준 패키지와 공헌자들에 의해 만들어진 여러 패키지를 활용

할 수 있는데, 정확한 이름을 아는 경우는 상관이 없지만 패키지에 대한 간단한 설명을 원하다면 <그림 1.3>의 우측 Software 하단의 Packages를 선택해 나타나는 <그림 1.8>에서 하단의 Available Packages 부분을 활용하자. CRAN을 통해 공헌자들로부터 제공되는 수천 가지의 패키지는 최신의 다양한 분석 방법을 가능케 하는 R의 뛰어난 강점이다. R이 제공하는 기본적인 패키지 이외에 다양한 패키지를 설치하여 사용하는 방법에 대해서는 2장에서 다루도록 한다.

〈그림 1.6〉 R 패키지 다운로드 화면 1

〈그림 1.7〉 R 패키지 다운로드 화면 2

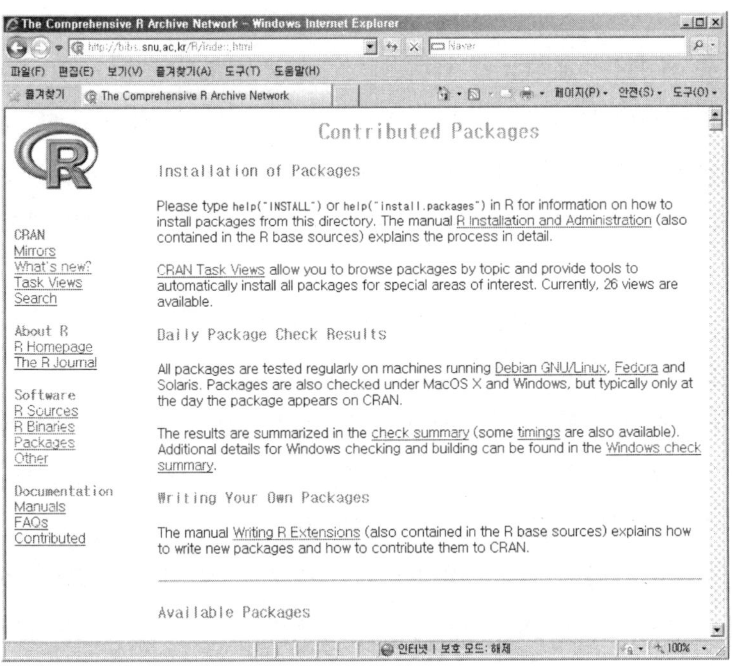

〈그림 1.8〉 R 패키지 다운로드 화면 3

1.3 R 프로그램 실행

바탕화면에서 R 2.11.1의 아이콘(icon)을 더블클릭하거나 **시작 → 프로그램 → R → R 2.11.1**을 선택하는 등 다른 프로그램의 실행과 동일한 방법으로 R 프로그램을 실행시켜보자.

초기화면은 <그림 1.9>와 같다. 주 메뉴 상단에 R 그래픽 사용자 인터페이스를 나타내는 RGui가 표시되어 있고 가운데 R Console 창이 기본적으로 열리고 창에는 demo()나 help() 등 가장 기본적인 R 함수 사용법이 안내되어 있다. 이 R Console 화면을 통해 R 프로그램을 작성하거나 프로그램 실행 결과를 확인할 수 있으며 R Console 화면에서 프로그램의 입력은 커서가 위치한 '>' 이후부터 가능하다.

R 프로그램은 대화식으로 R Console 창에서 각 행의 명령문의 입력이 끝난 후 Enter↵ 를 누르면 곧바로 실행된다. 그러나 만약 프로그램 수정이 필요할 경우 이와 같은 대화식 방식은 번거로울 수 있으므로 우선 프로그램을 모두 기록한 후 한꺼번에 실행할 수 있도록 R 편집기를 이용해보자. R 편집기는 풀다운 메뉴 중 **파일 → 새로운 스크립트**를 선택하면 나타난다.

예제로 기본적으로 제공되는 패키지 내 데이터를 검색하고(data) InsectSprays라는 이름의 데이터의 내용을 확인하고(help) 살충제 종류에 따른 해충의 수를 boxplot 그래프를 통해 비교해(plot) 분산분석을 진행해보자(bartlett.test, oneway.test). 새로운 R 편집기 창을 열어 영문 대소문자에 유의하며 <그림 1.10>과 같이 프로그램을 작성한다.[5)]

열려진 새로운 스크립트 창인 R **편집기** 창에서 프로그램의 입력이 끝나면 풀다운 메뉴의 **편집 → 전부 실행**을 클릭한다. 그러면 새로운 편집기 창에 작성한 프로그램이 R Console 창에서 한 행씩 실행되는 것을 확인할 수 있고 실행된 결과도 볼 수 있다(프로그램이 길어서 일부만을 실행시키고자 할 경우에는 스크립트 창에서 실행시킬 부분만을 지정한 후 풀다운 메뉴의 **편집 → 줄 또는 선택 영역 실행**을 클릭하면 해당 프로그램만 실행된다. 물론 스크립트 창에서 작성한 프로그램을 복사 한 후 R Console 창으로 돌아와 붙여 넣어도 마찬가지로 프로그램이 실행된다). <그림 1.11>은 <그

---

5) R 프로그램은 영문의 대문자와 소문자를 구분한다.

림 1.10>의 프로그램을 실행시킨 결과를 출력한 화면들이다. 프로그램에서 사용한 data(), help()와 plot() 함수의 실행 결과로 R data sets, R Help, R Graphics 창이 나타났고 R Console 창에는 분산동일성 검정과 분산분석 결과가 나타났다. boxplot과 분산분석 결과를 보면 살충제의 종류에 따라 남아 있는 해충의 수가 차이를 보이는 것을 확인할 수 있다. 통계적 가설검정의 결과도 유의하게 나타났음을 확인해보자.

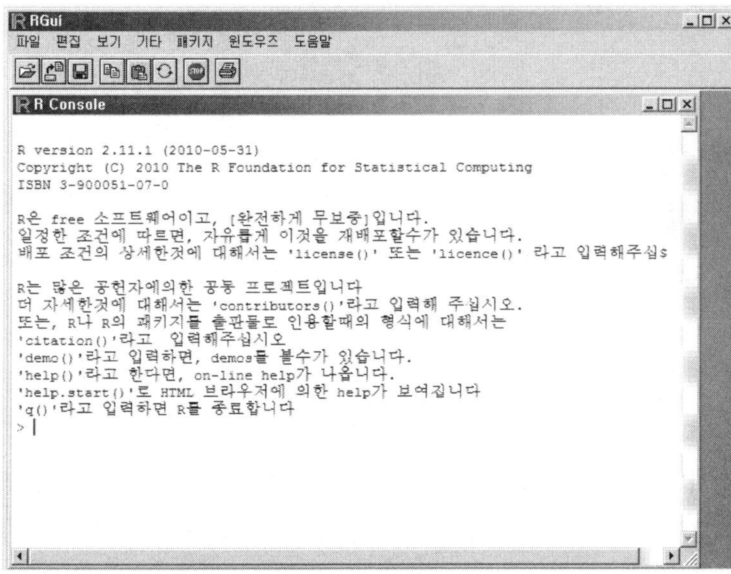

〈그림 1.9〉 R 프로그램 초기화면

제목 없음 - R 편집기

```
search()
data()
help(InsectSprays)
attach(InsectSprays)
plot(count ~ spray, data=InsectSprays)
bartlett.test(count,spray)
oneway.test(count ~ spray, data=InsectSprays, var.equal=FALSE)
```

〈그림 1.10〉 예제 프로그램

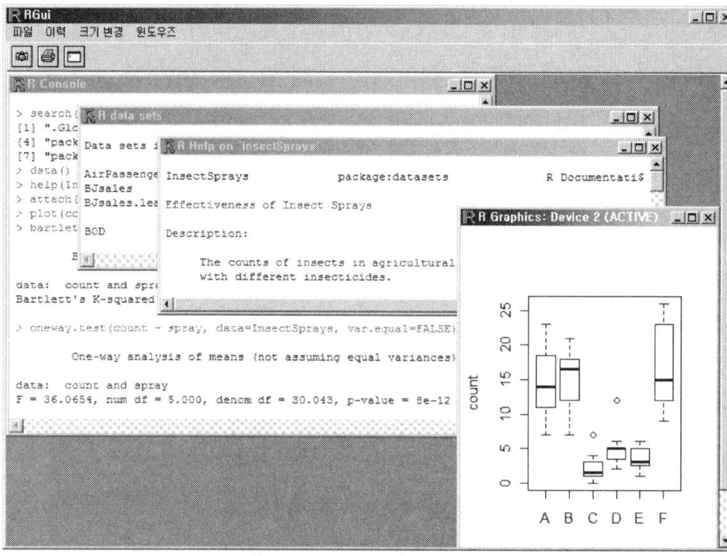

〈그림 1.11〉 예제 프로그램 실행 결과

모든 작업이 끝난 후 R 프로그램을 종료시키기 위해서는 R Console 창에서 q()를 입력하고 Enter↵ 를 누르거나 R 프로그램 창을 닫으면 된다.

프로그램을 종료시키는 과정에서 작업공간(workspace)의 저장 여부를 묻는 <그림 1.12>가 나타난다. R의 작업공간이란 작업을 통해 생성된 데이터를 포함해 현재 R 프로그램의 실행을 통해 생성된 결과 객체, 그래픽 객체와 정의한 사용자 정의 함수 등 다양한 실행 환경을 포함시킨 것으로 향후 연결되는 분석 작업 시 매우 유용하게 사용될 수 있다. 〈예(Y)〉를 선택하면 자동으로 작업공간은 확장자 RData로 저장된다. 저장 위치의 변경은 풀다운 메뉴의 **파일 → 디렉토리 변경...**을 선택하면 가능하다. 작업공간의 저장 여부를 결정하고 나면 프로그램(<그림 1.10>)의 저장 여부를 묻는 창이 나타나고 〈예(Y)〉나 〈아니오(N)〉을 선택하면 프로그램이 종료되는데, 여기서 〈예(Y)를 선택해 프로그램을 'Example.1.1.R'로 저장하자.

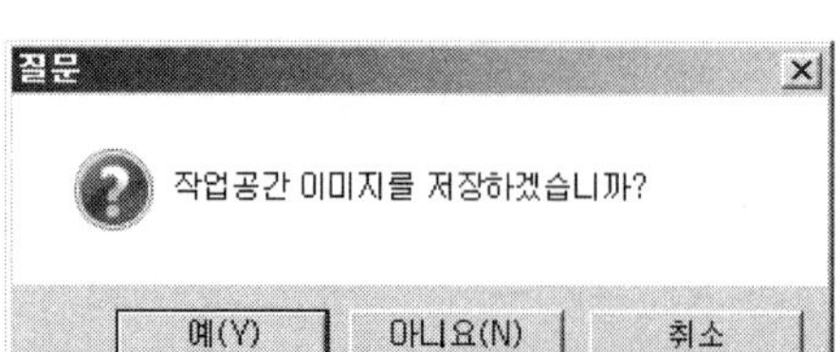

〈그림 1.12〉 workspace의 저장 여부

1.4 작업공간과 파일 관리

R 프로그램의 실행 환경의 저장과 관련 내용은 앞서 언급한 작업공간(.RData)과 프로그램(.R) 이외에도 이력(.Rhistory), R Console 창의 내용을 저장하는 등 다양하다. 이를 구분함에 앞서 기본 저장 위치인 작업 디렉터리(working directory)를 변경하는 방법을 알아보자. 현재 설정된 작업 디렉터리는 함수 getwd()를 통해 확인 가능하며 이를 변경하는 것은 이미 살펴보았듯이 풀다운 메뉴의 **파일 →디렉토리 변경...**을 통해 가능하다. 또한 setwd() 함수를 이용할 수도 있는데 간단한 예로 아래의 프로그램과 출력결과를 살펴보면, 작업 디렉터리를 "E:/R 2.11.1"로 변경하고 getwd()를 통해 변경된 내용을 확인할 수 있다.

```
> ## setwd(), getwd() 함수
> setwd("E:\\R 2.11.1")
> getwd()
[1] "E:/R 2.11.1"
```

작업공간은 프로그램보다는 실행 과정에서 생성된 객체 및 함수를 확장자 .RData인 파일로 저장하는 것으로 이전에 장시간의 복잡한 과정을 통해 생성된 객체나 사용자 정의 함수의 생성 과정을 생략하고 다음 작업에 그대로 사용하고자 할 때 유용하다. 저장 및 구동 방법은 R Console 창의 풀다운 메뉴의 **파일 →작업공간 저장...**과 **파일 →작업공간 불러오기...**를 이용할 수도 있고, 관련 함수인 save.image(), save(), load()를 이용할 수 있다. 다음의 프로그램을 참고하자.

```
## save.image(), save(), load() 함수
save.image(file="Chapter 1.RData")
save(x,y,z, file="Chapter 1_part.RData")
load(file="Chapter 1.RData")
```

save.image() 함수는 현재 실행 환경의 모든 객체를 저장하는 것으로 일부만을 선택해(예를 들어 x,y,z) 저장하기 위해서는 save() 함수를 이용한다.

이력은 R의 구동 후 R Console 창에서 수행한 모든 명령문을 나타내며 확장자 .Rhistory인 파일로 저장하고 이를 다시 불러오는 방법은 풀다운 메뉴의 **파일 → 이력 저장...**과 **파일 → 이력 불러오기...**를 이용하거나 savehistory(), loadhistory() 함수를 이용할 수 있다. 이력은 동일한 이름의 이력 파일이 있을 때 같은 파일명으로 이력을 저장하면 기존 파일 마지막에 연결되어 저장됨을 기억해두자.

```
## savehistory(), loadhistory() 함수
savehistory(file="Chapter 1.Rhistory")
loadhistory(file="Chapter 1.Rhistory")
```

R 프로그램은 풀다운 메뉴 **파일** 내에 **새로운 스크립트**, **스크립트 열기...** 를 선택해 R 편집기 창에 기록하여 생성하고, R 편집기 창의 풀다운 메뉴의 **파일** 내의 **저장...**, **다른 이름으로 저장...**을 이용해 확장자 .R인 파일로 저장해 관리한다.

R Console 창에 기록된 프로그램 및 출력결과를 텍스트 형식으로 저장하는 방법은 풀다운 메뉴의 **파일 → 파일에 저장...** 또는 이와 유사한 기능을 하는 sink() 함수를 이용할 수 있다. 다음의 프로그램을 보자.

```
## sink() 함수
sink(file="Output.1.1.txt")
source("Example.1.1.R", echo=TRUE)
sink()
```

함수 sink()는 인수로 정의된 파일명으로, 이후의 실행되는 프로그램과 결과를 기록할 것을 지시하는 것으로 sink() 또는 sink(file=NONE)의 실행까지 계속된다. source() 함수는 기존에 파일로 저장되어 있는 R 프로그램을 불러들여 현재 프로그램 내에서 실행하도록 지시하는 것으로, 파일 Example.1.1.R은 <그림 1.10>의 프로그램이 저장되어 있다. 프로그램을 실행한 후에 Output.1.1.txt을 확인해보라.

sink()와 유사한 역할을 하는 함수 capture.output()은 함수 내 정의된 프로그램의 출력결과를 파일뿐만 아니라 객체로도 저장할 수 있어 프로그램 내에서 출력결과 중의 일부를 다시 변수로 활용하고자 할 경우 유용하다. 아래의 프로그램의 실행을 통해 sink()와 capture.output()의 차이를 비교해보자. 여기서 함수 example()은 정의된 함수의 예제를 실행하는 기능을 한다.

```
## capture.output() 함수
capture.output(example(mean), file="Output_1_2.txt", append = FALSE)
out.mean <- capture.output(example(mean))[10:11]
print(out.mean)
```

1.5 R의 다양한 실행 환경

R의 실행 환경을 정의하는 .Options 객체의 내용을 살펴보고 기본 실행 환경에 대해 개선된 GUI를 제공하는 R Commander 패키지와 R 문법을 지원하는 명령문 편집기인 Tinn-R을 살펴보자.

1.5.1 .Options와 .Rprofile

R의 실행 환경에 대한 정보는 .Options에 저장되어 있다. 아래의 출력결과를 보면 명령어 프롬프트인 '>'을 시작으로 총 51개로 구분된 선택 항목들이 있음을 알 수 있다.

```
> ## .Options 오브젝트
> .Options
$prompt
[1] "> "
$continue
[1] "+ "
$expressions
[1] 5000
$width
[1] 78
    :
    :
```

```
$ts.S.compat
[1] FALSE
```

.Options에 정의된 내용의 수정은 options() 함수를 통해 가능하다. 간단한 예로 다음의 프로그램의 실행 결과를 통해 숫자의 표시형식을 7 자리까지 허용한 디폴트를 5 자리로 줄임으로 인해 출력되는 숫자의 표현 방식에 차이를 보임을 확인해보자.

```
> ## .Options 오브젝트 변경
> .Options$digits
[1] 7
> 12345678901234567890
[1] 1.234568e+19
> options(digits=5)
> 12345678901234567890
[1] 1.2346e+19
```

위의 간단한 예제를 통해 확인하였듯이 .Options의 내용을 변경해 사용자가 원하는 환경으로 조정이 가능하므로 원하는 옵션을 정의하는 프로그램으로 저장해 수행할 수 있다. 이러한 작업 환경의 설정이 R 프로그램 사용에 있어 항상 필요하다면 C:\Program Files\R\R-2.11.1\etc의 Rprofile.site 파일 내용을 수정해 R의 구동과 함께 수행되도록 정의할 수 있다. 다음은 R 구동 시 인사말 출력과 R Console 화면의 명령어 프롬프트의 변경 및 작업 디렉터리를 정의하는 내용으로, Rprofile.site 파일의 하단에 아래의 내용을 추가해 파일 내용을 수정하여 저장한 후 R을 재구동하면 변경된 내용을 <그림 1.13>과 같이 확인할 수 있다.

```
## .Rprofile 오브젝트 변경
.First <- function() cat("\n   Welcome to R!\n\n")
options(prompt="R>")
setwd("E://R 2.11.1")
```

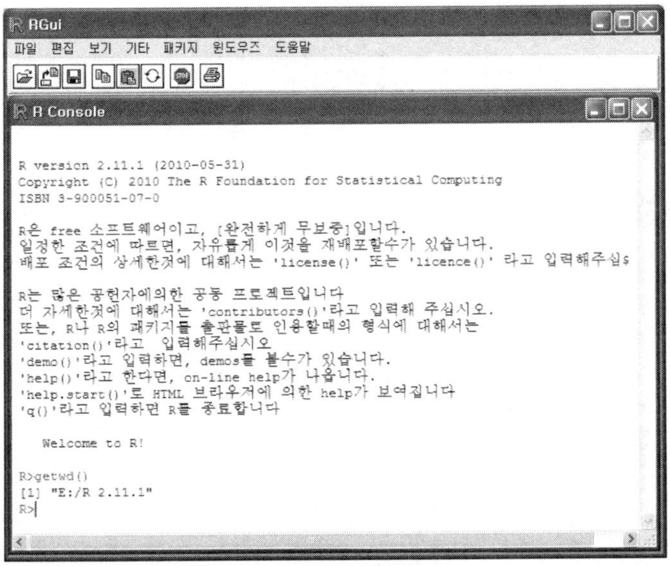

〈그림 1.13〉 Rprofile.site 파일의 수정 후 변경된 R Console 화면

1.5.2 R Commander

1.1절에서 언급했듯이 R 프로그램의 GUI 개선을 위한 노력 중 가장 대표적인 것으로 R Commander가 있다. 이는 주로 사용되는 명령문들을 메뉴 방식으로 표현한 것으로 아래와 같이 R 패키지 중 하나인 Rcmdr을 설치하고 구동하면 <그림 1.14>와 같은 메뉴 방식의 사용자 환경을 제공한다.

```
## 패키지 Rcmdr 의 설치 및 구동
install.packages("Rcmdr")
library("Rcmdr")
```

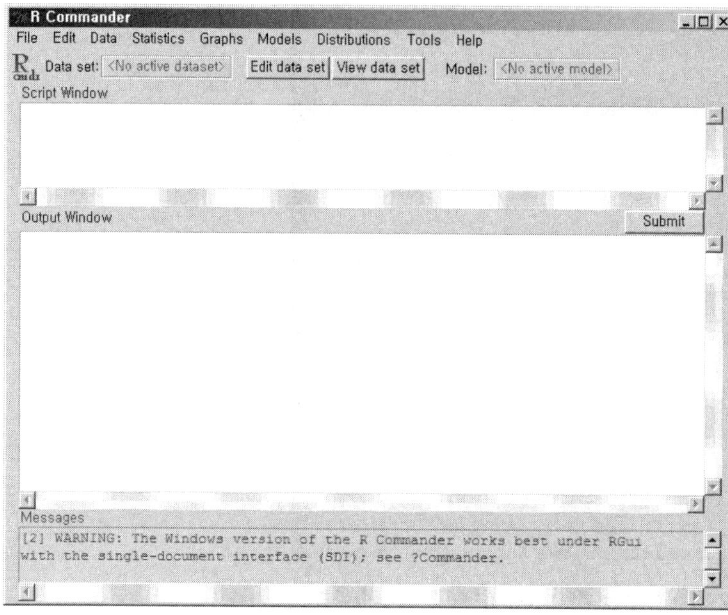

〈그림 1.14〉 R Commander 초기화면

<그림 1.14>의 두 영역 중 Script Window는 메뉴를 통해 선택되어 요청된 내용을 R 프로그램의 문법에 맞게 표현해 주고, Output Window는 Script Window의 프로그램의 실행 결과를 나타낸다. 예로 풀다운 메뉴 중 Data → Data in packages → Read data set from attached package...를 선택해 나타나는 <그림 1.15>의 창에서 Enter name of data set:에 InsectSprays를 입력한 후 〈OK〉를 클릭하자. 다시 풀다운 메뉴 중 Statistics → Summaries → Table of statistics...를 선택 후 나타나는 <그림 1.16>의 창에 spray별로 count의 평균을 구하도록 디폴트로 설정되어 있음을 확인한 후에 〈OK〉를 클릭하자.

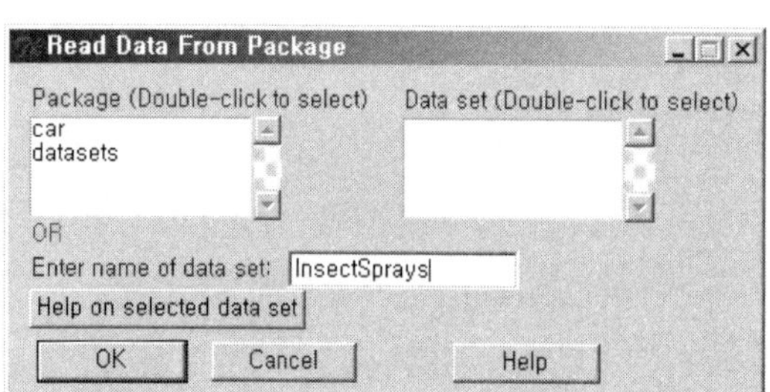

〈그림 1.15〉 R Commander의 Read Data From Package 윈도우

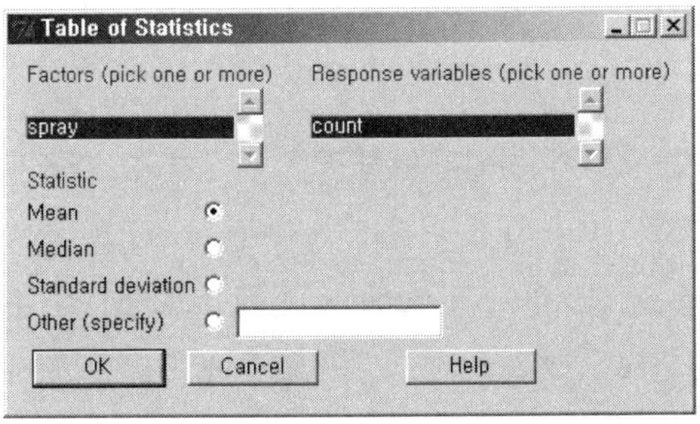

〈그림 1.16〉 R Commander의 Table of Statistics 윈도우

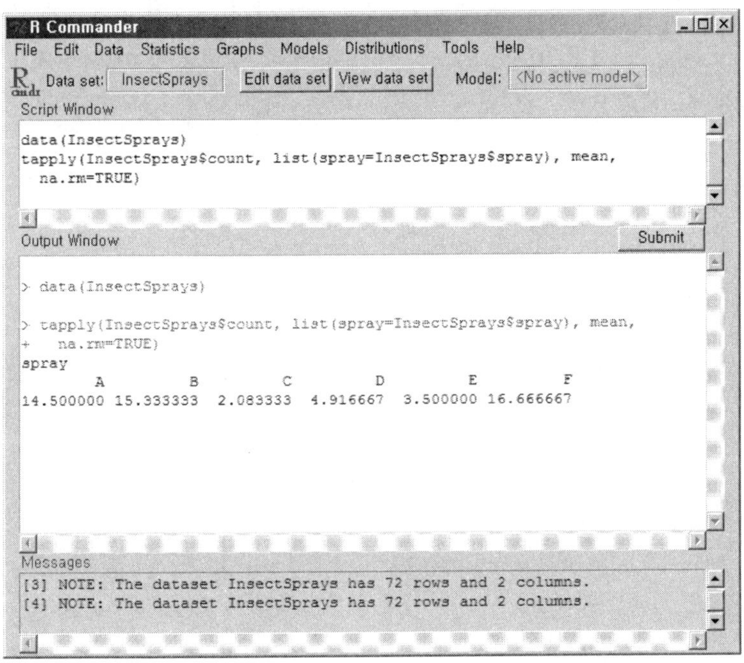

〈그림 1.17〉 R Commander

<그림 1.17>과 같이 Script Window에는 데이터를 불러오고 spray별로 count의 평균을 구하기 위한 R 프로그램이 나타나고, Output Window에는 그 수행 결과가 나타남을 알 수 있다. 다양한 메뉴를 이용해 R Commander가 제공하는 기능들을 경험해보자.

1.5.3 Tinn-R

R 문법에 맞는 프로그램을 작성할 수 있도록 지원하는 명령문 편집기 중 대표적으로 활용되는 Tinn-R을 살펴보자. <그림 1.10>의 R 편집기와 같이 Tinn-R도 명령문의 작성 중에 한 줄씩 또는 특정 부분을 선택하여 R Console 창에서 실행시킬 수 있는 기능이 있고, R 문법에 따라 사용된 R 함수, 키워드 등의 글꼴을 구분 표시해 명령문의 작성 및 내용 파악이 쉽다.

Tinn-R의 설치 프로그램은 http://sourceforge.net/projects/tinn-r/을 방문해 최신 버전을 다운받을 수 있다. 다운받은 프로그램을 설치하고 구동시켜 <그림 1.18>과 같이 1.3절에서 저장한 Example.1.1.R 파일을 불러들여 R의 명령문 문법에 따라 설명문, 객체 이름, 함수 이름 등이 글꼴로 구분되어 나타남을 확인해보자.

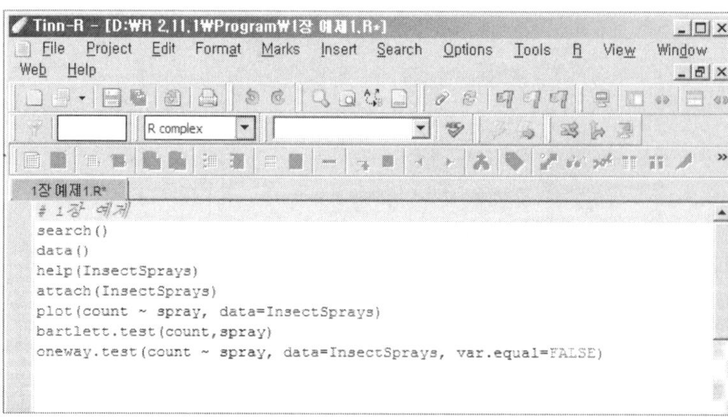

〈그림 1.18〉 Tinn-R 윈도우

1.5.4 SPSS

SPSS는 메뉴 방식의 대표적인 통계분석 프로그램으로 SPSS 16.0 이후 버전부터는 SPSS 프로그램 창을 통해서도 R 프로그램을 실행하는 것이 가능하다. SPSS 프로그램 내에 'BEGIN PROGARM R.'과 'END PROGARM.' 사이에 프로그램을 R 문법 그대로 사용할 수 있으며, 이를 통해 SPSS를 이용한 분석 중에도 R의 장점인 객체를 이용한 원활한 프로그래밍 및 다양한 그래픽 기능을 활용할 수 있다.

2장 R의 기본 활용

- 2.1 프로그래밍 기본 사항
- 2.2 데이터 유형
- 2.3 R 자료 객체
- 2.4 패키지 활용
- 2.5 도움말 활용

R을 활용하기 위한 프로그램의 기본 사항 및 자료 객체의 종류를 살펴보고 다양한 패키지의 활용 및 도움말의 사용법에 대해 알아본다.

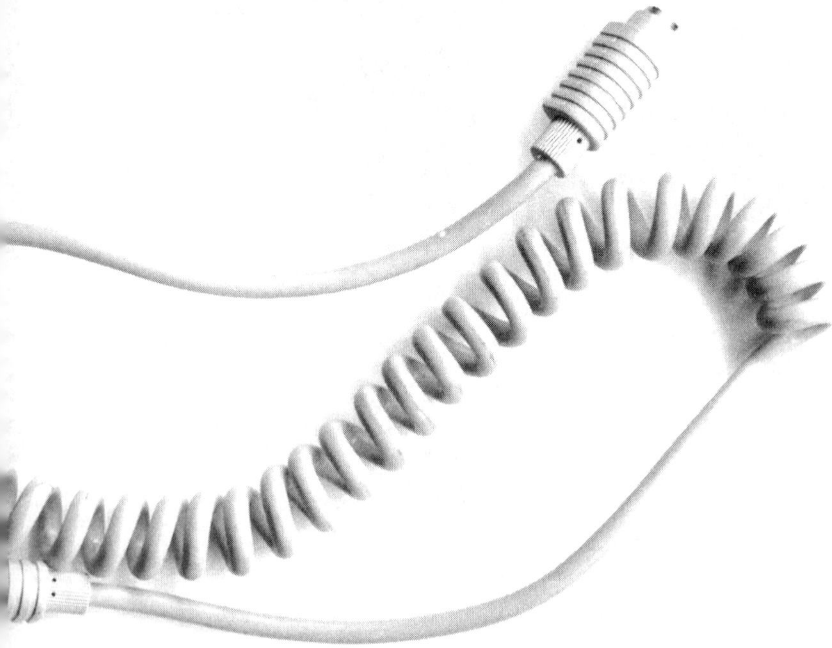

2.1 프로그래밍 기본 사항

1장에서 보았듯이 R은 대화식 프로그램으로, 입력이 준비되었음을 나타내는 '>' 이후에 함수 등을 이용하여 명령문을 입력하고 Enter↵를 누르면 그 행의 프로그램이 수행되어 출력결과가 나타난다. 만약 프로그램에 오류가 있을 경우에는 오류 메시지가 출력된 후 다시 입력 준비를 나타내는 '>' 이후에 커서가 대기한다.

이 절에서는 R Console 창에서 사용되는 R 프로그램의 몇 가지 기초 문법과 전반적인 객체(object) 운영 방법 등 기타 주요 사항에 대하여 간략히 살펴보도록 하겠다. 그에 앞서 프로그램 작성의 기초라 할 수 있는 다음을 보자.

- R 프로그램 내에서 주석(comment)은 "#"으로 시작을 표시하며 한 행에서 #으로 시작된 이후의 문장은 프로그램 실행에서 무시된다.
- 일반적으로 연산의 우선순위를 나타내는 소괄호(()), 중괄호({}), 대괄호([]) 중 대괄호는 R 프로그램 내에서 특수한 역할을 하므로 사용할 수 없다. 중괄호도 문법적 오류는 없으나 프로그램 내에서 정의된 역할이 있으므로 되도록이면 사용을 자제한다.
- R은 보통 한 줄에 명령어를 입력하게 되지만 명령어가 길 경우는 연결 프롬프트로 '>' 대신 '+'가 나타나게 된다. 이는 Enter↵를 통해 입력된 명령어가 불완전할 경우 R이 자동적으로 생성한다. 따라서 연결 프롬프트로 '+' 이후에 추가적인 프로그램을 입력하면 된다.
- 한 명령문의 마침은 ';' 으로 구분한다. 따라서 한 행에 두 가지 이상의 명령문을 연이어 작성할 경우에는 ';'을 이용하여 각 명령문을 구분할 수 있다.
- 여러 문장으로 구성되는 프로그램은 '{'과 '}'을 통해 하나의 프로그램 블록(block)으로 정의할 수 있는데, 블록으로 정의하는 것과 그렇지 않은 것의 차이는 블록으로 정의된 프로그램의 경우, 중간 결과를 제외하고 마지막 결과만이 출력된다는 것이다.
- 키보드의 ↓, ↑를 통해 수행했던 문장들을 순서대로 다시 부를 수 있다.

위의 내용을 확인하기 위해 다음의 프로그램을 한 줄 한 줄 실행해 출력결과를 확인해보자.

```
> ## R 기본 사항 확인
> (1+2)/
+ 3;
[1] 1
> [1+2]/3
에러:unexpected '[' in "["
> 10<11; 11<10
[1] TRUE
[1] FALSE
> {10<11; 11<10}
[1] FALSE
```

2.1.1 기초 연산자

R은 연산자나 그들 사이의 우선순위는 일반적인 프로그래밍 언어와 크게 다르지 않으며 소괄호를 통해 제어할 수 있다. <표 2.1>은 R 프로그램에서 사용되는 연산자와 그 우선순위를 정리한 것이다. 익숙하지 않거나 행렬 등에 사용되는 연산자가 포함되어 있는데 그 내용에 대해서는 이후에 언급하도록 하겠다.

〈표 2.1〉 연산자와 우선순위

연산자	기능
{	블록 정의
(	괄호 기능
$	성분 추출
[[[	첨자 표현
:	연속된 데이터 정의
+ − * /	더하기, 빼기, 곱셈, 나눗셈 연산자
^ **	제곱 연산자
− %/% %%	음의 부호, 몫, 나머지 연산자
%in%	포함 여부 확인 연산자
〈 〉 〈= 〉= == !=	비교 연산자
!	부정 연산자
& && | ||	논리 연산자
〈− = −〉	할당 연산자
%*%	행렬의 곱, 외적(outer product)
%o% %x%	크로네커 곱(Kronecker product)

R의 출력결과는 첫 행, 첫 열에 '[1]'이 항상 표현된다. 이는 출력물인 데이터에 대한 인덱스(index)로 결과를 확인하는 데 있어 유용하게 쓰인다. 예를 들어 아래의 프로그램 및 실행 결과를 보면 10개의 난수 발생을 통해 생성된 5번째 값이 −0.3971843임을 인덱스를 통해 쉽게 확인할 수 있다.

```
> ## R의 출력결과
> rnorm(10, mean=0, sd=1)
 [1]  0.4587937  0.4779104 -1.6537213 -0.8140163 -0.3971843 -1.3507836
 [7] -1.5704202 -0.8873750  1.4279071 -0.3011110
```

2.1.2 객체명 및 할당

R에서 상수나 변수, 데이터 등 모든 객체의 이름은 다음의 명명 규칙을 따라야 한다.

- 문자 a~z, A~Z와 숫자 0~9 그리고 '.'과 '_'의 조합으로 구성한다.
- 첫 문자로 숫자와 '_'은 사용할 수 없다.
- if, for, c, pi와 같은 R 프로그램의 명령어는 사용할 수 없다.
- 동아시아 버전(East Asian)을 설치한 경우 한글을 사용할 수 있다.
- 대소문자를 구분한다. 이는 함수의 경우도 마찬가지로 As()와 as()는 서로 다른 함수이다.
- 최대 256문자까지 사용하는 것이 가능하다.

변수나 객체에 값을 정의하는 것을 값이나 데이터를 할당한다고 하는데, 표 <2.1> 에서 보았듯이 이때 사용되는 '=', '<-', '->'을 할당 연산자라 한다. '=', '<-'은 연산자의 오른쪽의 값을 왼쪽 객체에, '->'은 왼쪽의 값을 오른쪽 객체에 할당한다.

2.1.3 주요 수학 함수

R에서 사용되는 수학 함수도 사칙 연산자와 마찬가지로 일반적인 프로그래밍 언어와 거의 유사하다.

- abs(x): x 절대값
- ceiling(x), floor(x), trunc(x): 버림 함수들로 각각 x보다 큰 수 중 가장 작은 정수, x보다 작은 수 중 가장 큰 정수, 0과 x 사이의 가장 큰 정수를 출력한다.
- round(x, digits=y): x의 반올림 함수들로 각각 x의 소수점 y자리에서의 반올림(디폴트 y=0), 10의 지수 형태의 표현으로 반올림(디폴트 y=6) 한다.
- exp(x): 지수함수(exponential function)
- log(x), log10(x), log2(x), logb(x, base=y): 로그함수로 각각 밑(base)이 자연대수 e, 10, 2, x인 로그함수

- sign(x): 부호함수
- sqrt(x): 제곱근 함수
- factorial(x): x의 계승 출력(x!)
- choose(x,y): x에서 y를 고르는 조합의 수 출력(xCy)
- pi: 원주율

추가로 sin(x), atan(x) 등 삼각함수나 베타(beta), 감마(gamma) 함수 등의 기초 수학 함수들에 대해서는 도움말을 참조하기 바란다.

2.1.4 객체(object)의 관리

R 프로그램의 구동 및 실행에 따라 생성된 객체들의 저장과 관련해서는 1.4절에 언급하였듯이 모든 객체를 포함한 작업 환경을 저장함으로써 기록이 가능하고, 이를 추후 분석에 불러와 다시 활용할 수 있다. 작업 환경의 저장에 있어 이미 정의된 객체 중 불필요한 객체의 정리에 필요한 ls(), objects()와 rm() 함수의 기능을 활용할 수 있다.

먼저 객체의 존재 여부를 확인하는 ls(), objects() 함수에 대해 살펴보자. 함수의 사용 문법 및 인수는 <표 2.2>와 같다. 아래의 예제를 통해 활용법을 확인해보자.

〈표 2.2〉 ls()와 objects() 함수

```
ls(name, pos=-1, envir = as.environment(pos), all.names = FALSE, pattern)
object(name, pos=-1, envir = as.environment(pos), all.names = FALSE, pattern)
```

여기서

name:	문자열 또는 숫자로 소속된 객체를 나열할 패키지 이름으로 "package:base"와 같이 정의. 디폴트는 workspace.
pos:	name의 대체적인 정의 방법으로 search()함수의 결과 리스트 참조하여 패키지의 번호로 정의
envir:	name의 대체적인 정의 방법으로 search() 함수의 결과 리스트 참조하여 as.environment() 함수를 이용 패키지의 번호로 정의
all.names:	논리값(TRUE, FALSE)으로 FALSE 일 경우는 객체 이름 중 '.'으로 시작하는 부분 생략
pattern:	문자로 객체 이름 중 정의된 패턴을 갖는 경우만 출력

```
> ## ls()와 objects() 함수
> search()
 [1] ".GlobalEnv"        "InsectSprays"      "package:stats"
 [4] "package:graphics"  "package:grDevices" "package:utils"
 [7] "package:datasets"  "package:methods"   "Autoloads"
[10] "package:base"
> searchpaths()
 [1] ".GlobalEnv"
 [2] "InsectSprays"
 [3] "C:/PROGRA~1/R/R-211~1.1/library/stats"
 [4] "C:/PROGRA~1/R/R-211~1.1/library/graphics"
 [5] "C:/PROGRA~1/R/R-211~1.1/library/grDevices"
 [6] "C:/PROGRA~1/R/R-211~1.1/library/utils"
 [7] "C:/PROGRA~1/R/R-211~1.1/library/datasets"
 [8] "C:/PROGRA~1/R/R-211~1.1/library/methods"
 [9] "Autoloads"
[10] "C:/PROGRA~1/R/R-211~1.1/library/base"
> ls("package:stats",pattern="stat")
[1] "stat.anova"
> objects("package:stats",pattern="stat")
[1] "stat.anova"
> ls(pos=2,pattern="stat")
character(0)
> as.environment(2)
<environment: 0x0246d664>
attr(,"name")
[1] "InsectSprays"
> ls(envir=as.environment(2),pattern="stat")
character(0)
> random1 <- rnorm(1, mean=0, sd=1)        # 난수 1개 생성
> random2 <- rnorm(2, mean=0, sd=1)        # 난수 2개 생성
> ls()
[1] "random1" "random2"
> ls.str()
random1 :  num 1.53
random2 :  num [1:2] -0.188 0.308
```

위의 프로그램에서 사용된 search() 함수는 현재 작업 환경에서 구동된 패키지들을

문자 리스트로 출력하고, searchpaths() 함수는 각 패키지들의 물리적인 저장 위치를 출력한다. 이 출력결과를 확인해 ls()와 objects() 함수의 pos 인수를 지정할 수 있다.

프로그램 중간쯤에서 사용된 as.environment() 함수는 지정된 패키지의 속성을 나타내는 함수로 search() 함수의 출력결과를 활용해 as.environment(2)을 입력하면 "package:stats"의 환경적인 속성을 출력한다. 이를 이용해 ls()와 objects() 함수의 envir 인수를 정의할 수 있다. 출력결과를 살펴보면 ls()와 objects() 함수의 다양한 정의 방법에 따라 패키지 "package:stats" 내 이름이 "stat"와 관계있는 객체들이 출력되고 있음을 알 수 있다.

프로그램 아랫부분은 데이터 객체에 대해 탐색하고 그 내용을 확인하는 ls.str() 함수에 대한 예제로 random1과 random2를 생성하고 이를 ls.str() 함수를 통해 객체의 탐색 및 구조를 확인한다.

기존 객체들을 삭제하는 함수는 rm(=remove)으로 그 문법은 <표 2.3>과 같다. 아래의 프로그램은 random2를 제거하고 현재 작업 환경의 모든 객체(list=ls())를 제거하는 것으로 실제 실행 시 주의하여야 한다.

```
> ## rm() 함수
> rm(random2)
> ls()
[1] "random"
> rm(list=ls())
> ls()
character(0)
```

〈표 2.3〉 rm() 함수

rm(..., list = character(0), pos = −1,envir = as.environment(pos), inherits = FALSE)
여기서 ...: 제거 할 객체 이름 나열 list: 제거할 객체 이름이 기록된 문자 리스트명 정의 pos: 제거할 객체의 위치를 패키지 번호로 지정. 디폴트는 워크스페이스(workspace). envir: pos의 대체적인 정의 방법으로 as.environment() 함수를 이용하여 패키지의 번호로 정의 inherits: 논리값(TRUE, FALSE)으로 정의된 패키지 내에서만 제거할 객체를 탐색할 것인가에 대한 지정

2.2 데이터 유형

R에서 데이터의 기본적인 속성은 데이터의 유형(mode)과 길이(length)로, 각각 mode()와 length() 함수를 통해 확인할 수 있다. R이 구분하고 있는 데이터의 기본 유형(mode)은 데이터 값(value)을 기준으로 다음과 같고, 길이는 소속된 데이터 값의 개수를 나타낸다.

- 수치형(numeric): 숫자로 이루어졌으며 정수형(integer)과 실수형(double)으로 구분
- 논리형(logical): 참(TRUE, T)이나 거짓(FALSE, F)의 논리값
- 문자형(character): 문자 혹은 문자열
- 복소수형(complex): 실수와 허수로 구성된 복소수
- NULL: 비어 있는 값으로 데이터 유형도 없으며 자료의 길이도 0

아래의 예제를 살펴보자. 논리형 데이터의 경우 'TRUE'(또는 'T')와 'FALSE'(또는 'F')는 논리형 데이터로 사용이 가능하나 이외의 경우(예를 들어 true, False)는 그렇지 않다. 그리고 실수와 복소수의 연산 결과는 복소수로 처리됨을 확인하라. 예제의 아랫부분에 사용된 '1:9'로 표시된 데이터는 1,2,…,9를 나타내는 것으로 길이가 9이다. NULL은 데이터의 형식도 알 수 없고 길이도 없는 값임을 확인하자.

```
> ## 기본 데이터의 유형
> mode(1+2)
[1] "numeric"
> mode("1+2")
[1] "character"
> mode(pi)
[1] "numeric"
> mode("A"<"B")
[1] "logical"
> mode(TRUE)
[1] "logical"
> mode(false)
```

```
이하에 에러mode(false) : 오브젝트 'false'가 없습니다
> mode(1+2i)
[1] "complex"
> mode((1+2i)+3); length((1+2i)+3)
[1] "complex"
[1] 1
> mode(mode(1+2))
[1] "character"
> length(mode(1+2))
[1] 1
> length(1:9)
[1] 9
> mode(NULL); length(NULL)
[1] "NULL"
[1] 0
```

R에서는 기본적인 데이터 유형으로 정의되지 않는 특수 형태의 데이터를 나타내는 것들이 있는데, 그 내용은 다음과 같으며 이를 예제를 통해 확인해보자.

- NA: 결측치(missing value)
- NaN: 수학적으로 정의가 불가능한 수(예: sqrt(-3))
- Inf, -Inf: 양의 무한대와 음의 무한대

```
> ## 특수 데이터의 유형
> mode(sqrt(-3))
[1] "numeric"
Warning message:
In sqrt(-3) : NANs가 작성되었습니다
> mode(log(-3))
[1] "numeric"
Warning message:
In log(-3) : NANs가 작성되었습니다
> mode(1/0)
[1] "numeric"
> mode(-1/0)
```

```
[1] "numeric"
> 1/Inf
[1] 0
```

'NaN', 'Inf', '-Inf'은 정의된 바와 같이 숫자 형식이며, 'NA'는 논리값이나 연산을 통해 데이터 유형이 변경된다. 이는 'NULL'도 동일하나 연산의 결과값은 차이를 보이는데 'NA+1'과 'NULL+1' 및 'paste(NA,"A")'와 'paste(NULL,"A")'의 차이를 연산 결과와 유형 및 길이의 차이를 통해 살펴보자. 여기서 paste() 함수는 데이터 값을 문자형의 값으로 결합시키는 함수이다.

```
> ## 특수 데이터의 유형 비교
> mode(NA); length(NA)
[1] "logical"
[1] 1
> mode(NaN); length(NaN)
[1] "numeric"
[1] 1
> mode(Inf); length(Inf)
[1] "numeric"
[1] 1
>
> NA+1
[1] NA
> mode(NA+1)
[1] "numeric"
> length(NA+1)
[1] 1
> paste(NA,"A")
[1] "NA A"
> mode(paste(NA,"A"))
[1] "character"
> length(paste(NA,"A"))
[1] 1
> NULL+1
numeric(0)
> mode(NULL+1)
```

```
[1] "numeric"
> length(NULL+1)
[1] 0
> paste(NULL,"A")
[1] " A"
> mode(paste(NULL,"A"))
[1] "character"
> length(paste(NULL,"A"))
[1] 1
```

<표 2.4>는 여러 데이터 유형에 대한 해당 여부를 확인하는 함수로 출력결과는 논리형인 'TRUE'와 'FALSE'이다. 만약 x가 정수형 데이터이고 is.integer(x)를 실행시키면 'TRUE'가 출력된다. 만약 길이가 2 이상인 데이터 객체 y에 결측치를 나타내는 'NA'가 포함되어 있을 경우 is.na(y)를 실행시키면 결측치가 있는 위치에 'TRUE'가 표시되고 나머지 위치에는 'FALSE'가 표시된다.

〈표 2.4〉 데이터 유형 검증 함수

is.numeric(x): 수치형 여부	is.na(x): NA 여부
is.double(x): 실수형 여부	is.null(x): NULL 여부
is.integer(x): 정수형 여부	is.nan(x): NaN 여부
is.logical(x): 논리형 여부	is.finite(x): 유한 수치 여부
is.complex(x): 복소수형 여부	is.infinite(x): 무한 수치 여부
is.character(x): 문자형 여부	

서로 다른 유형의 데이터에 대한 연산 결과는 R 프로그램에 의해 자동으로 하나의 유형으로 정의된다. 이러한 현상을 데이터 유형의 강제변환이라고 부르며, 이는 2.1절에서 보았던 실수와 복소수의 연산 결과는 복소수 유형이 되는 것을 포함해 데이터 값의 유형별 우선순위는 다음과 같다.

문자형 > 복소수형 > 수치형 > 논리형

아래의 예제를 통해 데이터 유형의 강제변환을 살펴보자. 논리값인 수치 연산에 있어 논리형인 TRUE와 FALSE는 각각 1과 0의 값을 갖으며 'TRUE+1'과 'FALSE+2'의 논리형 데이터와 수치형 데이터의 연산으로 결과는 수치형으로 나왔다. 두 데이터를 문자형으로 결합하는 함수 paste()를 통해 복소수형 데이터와 문자형 데이터를 결합시켜 그 결과는 문자형을 나타내고 있다.

```
> ## 데이터 유형의 아랫부분
> TRUE+1; FALSE+2
[1] 2
[1] 2
> mode(TRUE+1); mode(FALSE+2)
[1] "numeric"
[1] "numeric"
> paste(3i,"is complex")
[1] "0+3i is complex"
> mode(paste(3i,"is complex"))
[1] "character"
```

<표 2.5>는 각 데이터 유형을 변경하는 기능과 관련된 R 함수들을 정리한 것으로 예를 들어 as.integer(x) 함수의 경우 데이터 x의 유형을 정수형으로 변경시킨다. 다음의 프로그램을 통해 데이터 유형 변경에 대한 다양한 예제를 경험해보자.

〈표 2.5〉 데이터 유형 변경 함수

as.numeric(x): 수치형으로 변환	as.logical(x): 논리형으로 변환
as.double(x): 실수형으로 변환	as.complex(x): 복소수형으로 변환
as.integer(x): 정수형으로 변환	as.character(x): 문자형으로 변환

```
> ## 데이터 유형 변경
> as.numeric("A")
[1] NA
Warning message:
강제적인 변환에 의한 NA가 작성되었습니다
```

```
> as.numeric("1")
[1] 1
> as.integer("1.5")
[1] 1
> as.integer(1.5)
[1] 1
> as.double("1.5")
[1] 1.5
> as.logical("1")
[1] NA
> as.logical(0)
[1] FALSE
> as.logical(-1)
[1] TRUE
> as.complex("1")
[1] 1+0i
> as.character(1+2i)
[1] "1+2i"
> as.character("A")
[1] "A"
```

2.3 R 자료 객체

R은 여러 가지 특수한 자료구조를 수용할 수 있도록 다양한 형태의 자료 객체(data object)를 정의하고 있다. 각 자료 객체는 자료의 구조나 여러 데이터 유형의 포함 가능성에 따라 <표 2.6>과 같이 구분된다.

〈표 2.6〉 자료 객체의 구분

자료 객체	구성 차원	자료 유형	여러 유형의 데이터 적용 여부
벡터(vector)	1차원	수치/문자/복소수/논리	불가능
행렬(matrix)	2차원	수치/문자/복소수/논리	불가능
데이터 프레임(data frame)	2차원	수치/문자/복소수/논리	가능
배열(array)	2차원 이상	수치/문자/복소수/논리	불가능
요인(factor)	1차원	수치/문자	불가능
시계열(time series)	2차원	수치/문자/복소수/논리	불가능
리스트(list)	2차원 이상	수치/문자/복소수/논리 함수/표현식/call 등	가능

데이터 분석에 주로 사용되는 자료 객체는 벡터, 행렬, 데이터 프레임 등이며 추가로 배열, 범주형 자료에 대한 요인, 시계열 자료 객체들이 있고, 리스트의 경우는 객체 특성의 요약 등에 주로 활용되며 ,그래프나 출력결과에 대한 객체들이 리스트의 자료구조를 갖는다.

데이터 프레임이나 리스트를 제외하고 대부분의 자료 객체는 동일한 데이터 유형 값에 대해서만 구성되며, 이 중 벡터는 하나 이상의 자료 값으로 구성된 1차원 자료구조를 가지며, 행렬은 행과 열의 2차원 자료구조, 배열은 2차원 이상의 자료구조를 갖는 자료 객체를 말한다. 행렬 역시 배열의 한 종류이지만 일반적으로 배열이라 함은 3차원 이상의 자료구조를 갖는 경우를 말한다. 추가로 자료분석 과정에서 전치행렬, 역행렬 등 행렬 계산이 필요할 경우, 데이터 객체는 벡터나 행렬 구조를 갖도록 변형되어야 한다.

데이터 프레임은 변수(필드)와 관찰치(레코드)로 구성된 2차원의 자료 객체로 자료분석에 있어 가장 일반적인 데이터 구조라 할 수 있다. 변수별 관찰치의 수가 동일해야 하는 2차원의 자료구조로 행렬 객체와 유사하나 행렬 객체와 달리 변수의 자료 유형은 일치하지 않아도 된다. 데이터 프레임 객체에 대해서만 R의 자료분석 중 모형화(modeling)의 적용이 가능하다.

요인(factor)은 벡터 객체 중 범주형 데이터를 원소로 갖는 자료 객체로 범주(level)의 순서가 정의된 순서형 요인과 그렇지 않은 명목형 요인으로 구분된다. 일, 월, 년, 시간 등과 같이 일련의 시계열 자료를 표현하는 데이터를 나타내는 자료 객체가 시계열 객체로 일반적인 벡터나 행렬의 자료 객체에 관찰치의 시간 정보가 추가되어 생성된다.

서로 다른 데이터의 유형의 결합으로 구성이 가능한 리스트는 각 차원별 원소의 개수가 동일해야 한다는 제한도 없어 자료 객체 중 가장 자유로운 구조를 허락한다. 리스트 자료 객체에서 허용되는 자료 유형 중 표현식(expression)과 호출(call)이 있는데, 이는 각각 R의 명령문 및 인수와 같이 정의되는 함수의 표현식을 나타낸다. eval()은 표현식 및 call 유형을 실제 프로그램으로 수행하도록 하는 함수이다. 다음의 예제에서 expr_1은 표현식으로 expression(1+2)을 가지고 있다. 이 표현식으로 정의된 객체 expr_1은 eval() 함수를 통해 1+2가 실행되어 그 결과 값 3이 출력되었다. 또한 call 유형으로 정의된 call_1은 as.integer(1.5)로 eval() 함수를 통해 실행되어 결과 값 1이 출력되었다.

```
> ## 표현식(expression)과 호출(call) 유형
> expr_1 <- expression(1+2)
> mode(expr_1)
[1] "expression"
> eval(expr_1)
[1] 3
> call_1 <- call("as.integer",1.5)
> mode(call_1)
[1] "call"
> eval(call_1)
[1] 1
```

대표적인 리스트 자료 객체는 출력결과가 할당된 경우로, 아래의 프로그램 및 출력결과를 살펴보자. 예제에서는 t.test 패키지의 예제를 호출해 수행한 출력결과를 t.test.out으로 할당한다. 이런 과정으로 생성된 t.test.out의 객체 유형은 'list'임을 확인해보자.

```
## 리스트(list) 유형
t.test.out <- example(t.test)
t.test.out
mode(t.test.out)
```

출력결과가 할당된 리스트 자료 객체는 출력결과의 일부를 이후 데이터 분석에 활용하고자 할 때 유용하게 사용된다. 아래는 위의 예제에서 생성한 t.test.out 객체 중 유의확률(p-value) 값 0.0794를 이후 자료분석에 사용하기 위해 추출하는 과정에 대한 예제 프로그램 및 결과이다. 여기서 str()은 R 객체의 구조를 요약해 출력하는 함수로 이를 통해 추출하고자 하는 요소를 검색할 수 있고 t.test.out$value$p.value의 '$' 표시는 추출하고자 하는 요소를 이름을 통해 정의하는 기호다.

```
> ## 리스트(list) 유형의 활용
> str(t.test.out)
List of 2
 $ value  :List of 9
  ..$ statistic  : Named num -1.86
  .. ..- attr(*, "names")= chr "t"
  ..$ parameter  : Named num 17.8
  .. ..- attr(*, "names")= chr "df"
  ..$ p.value    : num 0.0794
  ..$ conf.int   : atomic [1:2] -3.365 0.205
  .. ..- attr(*, "conf.level")= num 0.95
  ..$ estimate   : Named num [1:2] 0.75 2.33
  .. ..- attr(*, "names")= chr [1:2] "mean in group 1" "mean in group 2"
  ..$ null.value : Named num 0
  .. ..- attr(*, "names")= chr "difference in means"
  ..$ alternative: chr "two.sided"
  ..$ method     : chr "Welch Two Sample t-test"
  ..$ data.name  : chr "extra by group"
  ..- attr(*, "class")= chr "htest"
 $ visible: logi TRUE
> t.test.out$value$p.value
[1] 0.07939414
```

한편 앞에서 언급하였듯이 행렬 연산이나 모형화를 위해 자료 객체를 벡터와 행렬이나 데이터 프레임으로 형식을 변형시킬 필요가 있다. <표 2.7>의 함수들은 이런 경우에 사용할 수 있는 자료 객체의 유형 변형과 관련된 함수들로 대부분 원하는 자료 객체의 형식 앞에 'as.'를 붙여 표현된다.

〈표 2.7〉 자료 객체의 형식 변환 함수

구분	함수
벡터	as.vector(object) as.numeric(object) as.character(object) as.logical(object) as.complex(object) as.integer(object)
행렬	as.matrix(data object) as.data.matrix(data.frame)
데이터 프레임	as.data.frame(object)
배열	as.array(object)
리스트	as.list(object)
요인	as.factor(object) as.ordered(object)

2.4 패키지 활용

R 프로그램은 함수의 역할에 따라 각 주제 영역별로 관련 함수, 객체, 도움말, 데이터들의 집합인 패키지를 구성해 구분하고 관리한다. R 프로그램을 시작하면 구동되는(load) 패키지는 search() 함수를 통해 확인할 수 있다(버전에 따라 차이를 보일 수 있음).

```
> search()
[1] ".GlobalEnv"          "package:stats"      "package:graphics"
[4] "package:grDevices" "package:utils"      "package:datasets"
[7] "package:methods"     "Autoloads"          "package:base"
```

각 함수가 속한 패키지는 해당 패키지의 구동 후 도움말을 통해 확인할 수 있으며, 아래의 help(search)을 실행해 <그림 2.1>의 search() 함수에 대한 도움말을 보면 base 패키지에 속한 함수임을 확인할 수 있다.

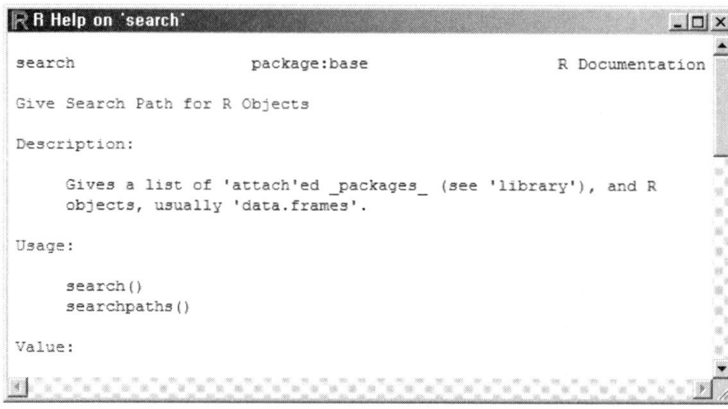

〈그림 2.1〉 search() 함수의 도움말

search() 함수를 통해 확인된 패키지는 R 프로그램을 시작할 때 구동된 패키지로 R 프로그램과 함께 설치된(install) 패키지의 일부이며 설치된 모든 패키지는 library() 함수나 풀다운 메뉴 **패키지 → 패키지 불러오기...**를 통해 확인이 가능하다. <그림 2.2>는 R 프로그램과 함께 디폴트로 설치된 패키지를 보여준다.

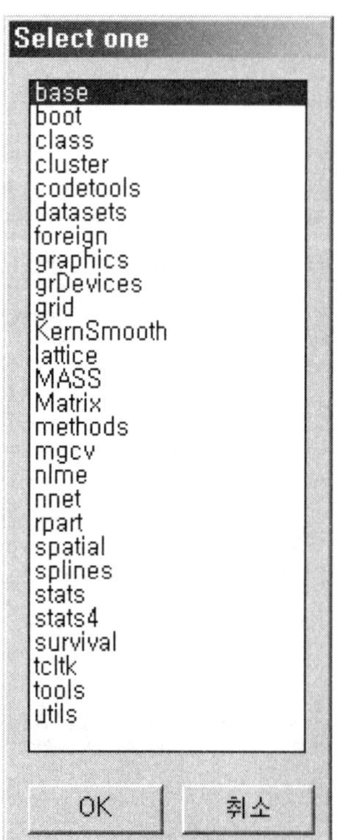

〈그림 2.2〉
디폴트로 설치된 패키지

이와 같이 library() 함수를 통해 설치된 패키지를 구동할 수 있는데 <그림 2.2>의 설치 패키지 목록에서 군집분석과 관련된 함수들로 구성된 'cluster'라는 패키지를 구동하고 그 결과를 확인해보자. 이는 R Console 화면의 풀다운 메뉴 중 **패키지 → 패키지 불러오기...**를 통해 <그림 2.2>에서 해당 목록을 선택해 동일한 기능을 수행할 수 있다.

```
> ## 설치된 패키지의 구동
> library(cluster)
> search()
 [1] ".GlobalEnv"        "package:cluster"   "package:stats"
 [4] "package:graphics"  "package:grDevices" "package:utils"
 [7] "package:datasets"  "package:methods"   "Autoloads"
[10] "package:base"
```

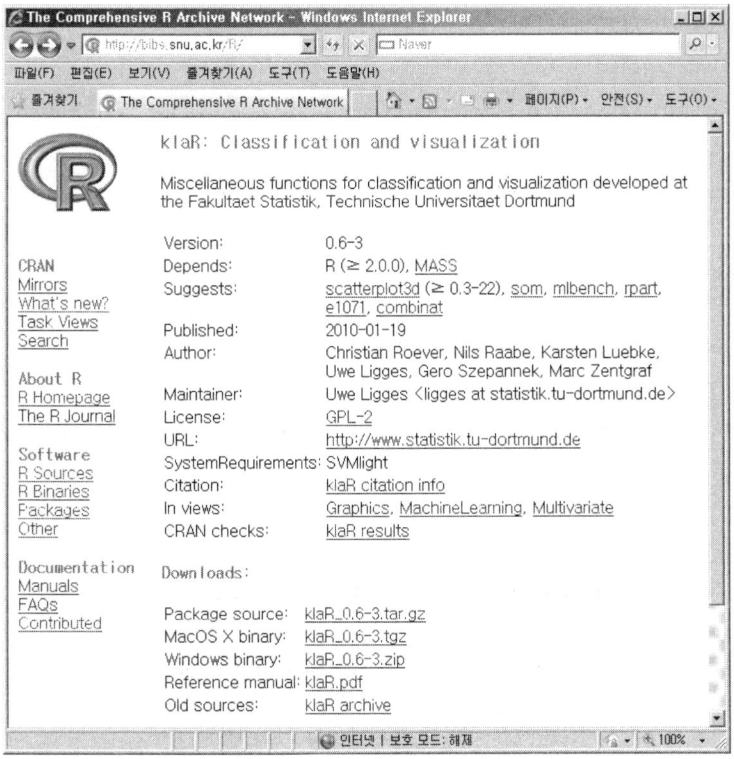

〈그림 2.3〉 패키지 klaR의 기본 정보

디폴트로 제공되는 패키지 이외에 특정 분석에 필요한 패키지를 검색해 설치하고 구동하는 방법을 살펴보자. 특정 분석을 위한 패키지의 검색은 1.2절에서 살펴보았듯이 <그림 1.8>의 웹페이지를 통해 가능하다. 예를 들어 판별과 시각화에 관련된 klaR 패키지를 선택해보면 <그림 2.3>과 같은 창이 열려 패키지의 매뉴얼 등 기본 정보를 확인할 수 있다. 이제 패키지의 소스 프로그램인 klaR_0.6-3.tar.gz나 윈도우용 klaR_0.6-3.zip을 다운받아 저장하고 이를 설치하기 위해 R Console 화면의 풀다운 메뉴 중 **패키지 → 로컬에 있는 zip 파일로부터 패키지 설치...**를 선택해 해당 파일을 선택하면 된다.

사전에 설치해야할 패키지 이름을 알고 있는 경우는 R Console 화면의 풀다운 메뉴 중 **패키지 → 패키지 인스톨...**을 선택해 설치를 위해 필요한 파일을 다운받을 미러 사이트를 선택하는 과정을 거쳐 <그림 2.4>의 설치 가능한 패키지 목록에서 원하는 것을 선택한다. 이는 아래와 같이 install.packages()를 이용해서도 가능하다. 설치 후 library() 함수를 통해 이를 확인하고 구동시켜보자.

```
> ## 새로운 패키지 설치 및 구동
> install.packages("klaR")
URL  'http://bibs.snu.ac.kr/R/bin/windows/contrib/2.11/klaR_0.6-3.zip'
를 시도하고 있습니다
Content type 'application/zip' length 282963 bytes (276 Kb)
열린 URL
downloaded 276 Kb

패키지 'klaR'는 성공적으로 unpack 하였고 MD5 합계가 체크되었습니다
다운로드된 패키지는
C:\Users\AppData\Local\Temp\RtmpCV1Aci\downloaded_packages에 있습니다
> library()
> library(klaR)
> search()
 [1] ".GlobalEnv"        "package:klaR"       "package:MASS"
 [4] "package:stats"     "package:graphics"   "package:grDevices"
 [7] "package:utils"     "package:datasets"   "package:methods"
[10] "Autoloads"         "package:base"
```

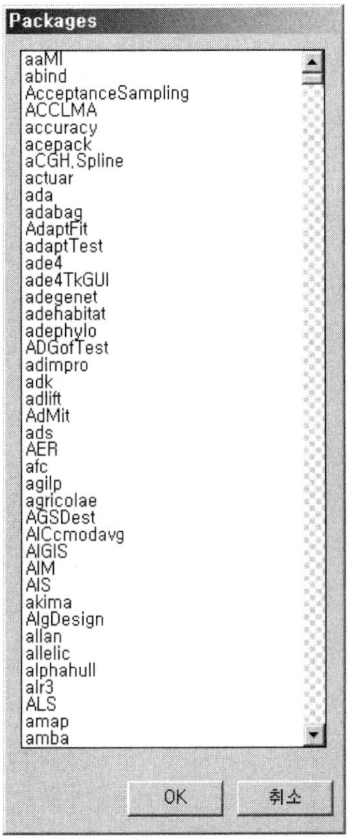

〈그림 2.4〉
설치 가능한 패키지 목록

R 프로그램은 2000년 3월 버전 1.0.0을 정식 공개한 이후, 개선을 계속 진행해오고 있으므로 기존에 설치한 패키지에 대해 old.packages() 함수를 통해 최신 버전으로 갱신이 필요한지를 탐색할 수 있다. 패키지를 갱신하는 방법은 update.packages() 함수를 사용하거나 R Console 화면의 풀다운 메뉴 중 **패키지 →패키지 갱신**을 이용하는 것이다.

추가로 패키지에는 관련 분석주제를 공유하는 함수 이외에도 예제 데이터 및 예제 프로그램을 포함되어 있다. 예제 데이터의 경우 기본 설치되는 패키지 중 datasets 패키지가 이를 포함하고 있으며 추가로 설치되는 패키지의 경우에는 포함된 함수 등의 객체 중 .data로 표현된 것으로 패키지 klaR의 경우는 friedman.data가 있다. 예제 프로그램은 함수 example()을 통해 실행할 수 있으며 이는 2.3절에서 확인한 example(t.test)와 같이 함수 단위로 주어진다. 이는 매뉴얼에 기록된 예제 프로그램의 내용과 동일하다.

구동된 패키지의 구동 취소를 위해서는 detach() 함수를 이용하고 패키지의 설치 취소는 remove.packages() 함수를 이용한다. 앞의 예제를 통해 설치하고 구동한 패키지 klaR를 취소하는 프로그램 및 결과를 보자.

```
> ## 패키지의 구동취소 및 제거 1
> detach("package:klaR")
> remove.packages("klaR")
Warning in remove.packages("klaR") :
  인수'lib'는 잘못되었습니다: C:\Users\Documents/R/win-library/2.11를 사용합니다
```

프로그램의 에러는 없으나 경고문이 나타나는데 이는 패키지 klaR의 설치 시에 로그 메시지를 통해 확인했듯이 저장 위치는 R 프로그램의 저장 위치(기본 설치 시, C:/Program Files/R/R-2.11.1/library)가 아니어서 설치를 취소할 패키지를 찾은 위치를 나타내고 있다. 패키지의 저장 위치를 정확히 표현하기 위해 libPaths() 함수를 이용할 수 있는데 다음을 살펴보자.

```
> ## 패키지의 구동취소 및 제거 2
> detach("package:klaR")
> .libPaths()
[1] "C:\\Users\\Documents/R/win-library/2.11"
[2] "C:/PROGRA~1/R/R-211~1.1/library"
> remove.packages("klaR", lib=.libPaths()[1])
```

2.5 도움말 활용

1.1절에서 이미 언급하였듯이 R의 장점 중 하나는 강력한 도움말 기능이다. R 프로그램을 작성하면서 다양한 함수들을 접하게 되는데 각 함수의 기능이나 필요한 인수들에 대한 내용은 도움말을 통해 손쉽게 얻을 수 있다. 도움말을 사용하는 방법은 부록의 풀다운 메뉴의 도움말 메뉴를 살펴보거나 help() 함수를 이용할 수 있는데, 예를 들어 summary() 함수에 대해서는 help(summary) 또는 ?summary라고 입력하면 된다.

도움말 중 원하는 단어를 포함하는 내용을 검색하고자 할 경우에는 help.search() 함수도 유용하다. <그림 2.5>는 아래의 명령문을 실행해 얻은 단어 summary를 포함하는 도움말들이 나열된 R Information 창이다.

```
## 단어 summary를 포함하는 도움말
help.search("summary")
```

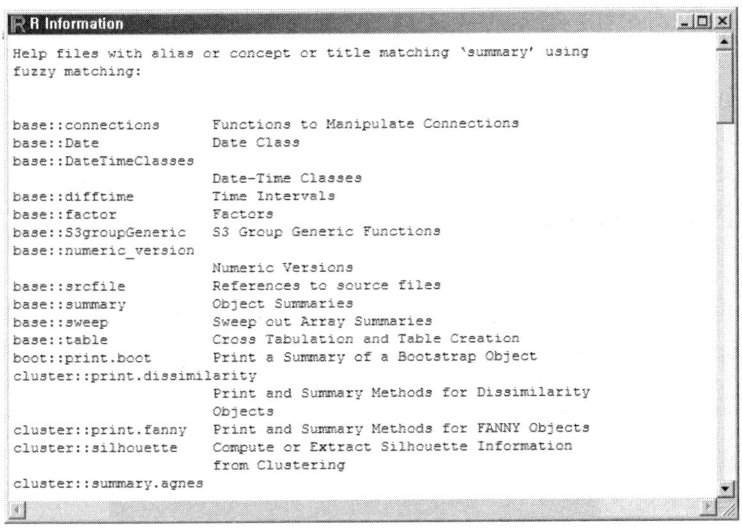

〈그림 2.5〉 R Information **윈도우**

패키지에 대한 도움말은 library() 함수의 옵션을 통해 찾을 수 있는데 아래와 같은 프로그램을 통해 foreign 패키지의 도움말 창인 <그림 2.6>을 열어보자.

```
## foreign 패키지의 도움말
library(help=foreign)
```

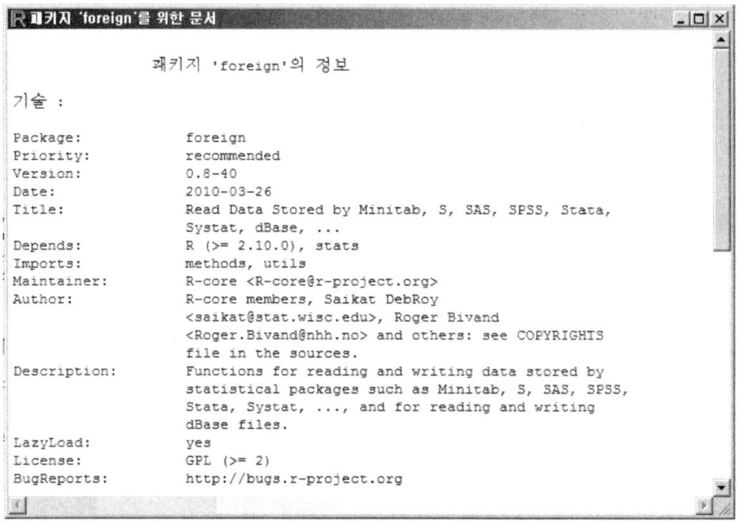

패키지 'foreign'를 위한 문서

패키지 'foreign'의 정보

기술 :

```
Package:           foreign
Priority:          recommended
Version:           0.8-40
Date:              2010-03-26
Title:             Read Data Stored by Minitab, S, SAS, SPSS, Stata,
                   Systat, dBase, ...
Depends:           R (>= 2.10.0), stats
Imports:           methods, utils
Maintainer:        R-core <R-core@r-project.org>
Author:            R-core members, Saikat DebRoy
                   <saikat@stat.wisc.edu>, Roger Bivand
                   <Roger.Bivand@nhh.no> and others: see COPYRIGHTS
                   file in the sources.
Description:       Functions for reading and writing data stored by
                   statistical packages such as Minitab, S, SAS, SPSS,
                   Stata, Systat, ..., and for reading and writing
                   dBase files.
LazyLoad:          yes
License:           GPL (>= 2)
BugReports:        http://bugs.r-project.org
```

〈그림 2.6〉 foreign 패키지에 대한 도움말 창

R 프로그램의 도움말은 대부분 예제를 포함하고 있어 R Help 창에서 이를 선택하고 복사해 R Console 창에 붙여넣기를 하여 예제를 실행해 볼 수 있다. 또는 아래와 같이 example() 함수의 기능을 활용할 수 있다.

```
> ## example() 함수
> example(mean)
mean> x <- c(0:10, 50)
mean> xm <- mean(x)
mean> c(xm, mean(x, trim = 0.10))
[1] 8.75 5.50
mean> mean(USArrests, trim = 0.2)
  Murder  Assault UrbanPop     Rape
    7.42   167.60    66.20    20.16
```

R 패키지에 포함된 도움말은 패키지의 구동에 따라 사용 여부가 정의되는데, 예를 들어 klaR 패키지를 구동하기 전에 klaR 패키지에 포함된 kmodes() 함수에 대한 도움말을 실행하면 오류가 나타난다. 다음의 프로그램을 통해 확인해보자.

```
## 구동된 패키지의 도움말
help(kmodes)
install.packages("klaR")
library(klaR)
help(kmodes)
```

apropos() 함수는 help.search() 함수와 유사하나 부분적으로 주어진 문장을 포함하는 객체들을 검색하는 함수이다. 찾고자 하는 문장에 대한 다양한 사용법을 익혀두면 관련된 것에 대한 도움말 검색이 용이한데 '^'은 단어의 처음, '$'는 단어의 마지막, '.'은 하나의 문자, '{}'는 문장의 길이 지정에 사용된다. 다음의 예제를 통해 이를 연습해보자.

```
## apropos() 함수
apropos("^pr")          # 'pr'로 시작하는 모든 문장
apropos("^.$")          # 길이가 1인 모든 문장
apropos("^..?$")        # 길이가 2 이하인 모든 문장
apropos("^.{2,4}$")     # 길이가 2~4인 모든 문장
apropos("^pr.{8,}$")    # 'pr'로 시작하는 길이가 8 이상인 모든 문장
apropos("^pr.{,7}$")    # 'pr'로 시작하는 길이가 8 이하인 모든 문장
```

3장 데이터 생성

Wells
Soil Testing and Plant Analysis
SOUTH TACOMA SWAMP
REMEDIAL INVESTIGATION
PHASE 1 REPORT

R의 데이터 생성 연산자나 함수 및 직접 입력을 통해 벡터, 행렬, 데이터 프레임 등 다양한 데이터 객체를 생성하는 방법 및 생성된 자료 객체의 속성을 확인하는 방법에 대해 알아본다.

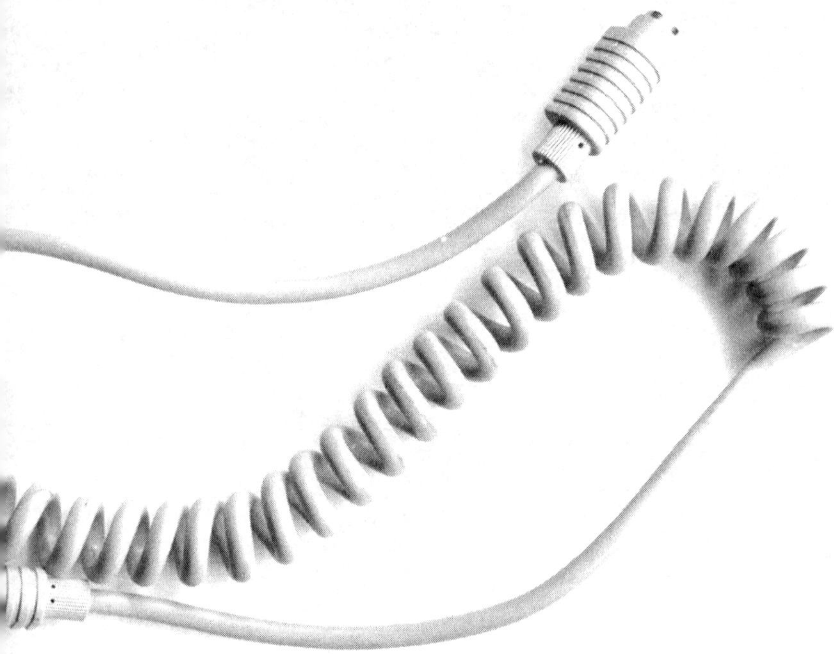

3.1 함수 및 연산자의 활용

벡터, 행렬 등 다양한 자료구조를 갖는 데이터 객체를 연산자 및 함수를 통해 생성해보자.

3.1.1 벡터의 생성

벡터 구조의 자료 객체를 생성하는 방법은 수열(sequence) 연산자 ':'을 이용하는 방법을 포함하여 c(), rep(), seq(), sequence(), scan() 함수를 이용하는 방법 등 매우 다양하다. 예제를 통해 이들을 통한 벡터 객체의 생성 방법을 살펴보자.

먼저 연산자 ':'의 예제를 보자. 연산자 ':'은 좌우에 정의된 값을 비교해 등차가 +1 또는 −1인 등차수열을 생성한다. 즉 왼쪽의 수치가 오른쪽보다 작을 경우에는 등차는 +1, 반대의 경우에는 등차가 −1인 수열이 생성된다. 자료 유형은 수치형으로 실수형과 정수형의 구분은 ':' 왼쪽에 정의된 수치 유형에 따라 결정되며, 왼쪽에 정의된 수치를 기준으로 +1 또는 −1의 등차수열이 오른쪽의 수치를 초과하지 않을 때까지 생성된다. vector.1.2와 vector.1.3의 차이를 확인해보라.

```
> ## 수열 연산자
> Vector.1.1 <- -1:5
> Vector.1.1
[1] -1  0  1  2  3  4  5
> Vector.1.2 <- -1.3:5
> Vector.1.2
[1] -1.3 -0.3  0.7  1.7  2.7  3.7  4.7
> Vector.1.3 <- 5:-1.3
> Vector.1.3
[1]  5  4  3  2  1  0 -1
```

〈표 3.1〉 seq() 함수

seq((from=)a, (to=)b, (by=)c, length=n, along.with=object)

여기서

a, b, c: 수치형인 a, b, c에 대해 a부터 b까지 c만큼씩 증가(감소)하는 자료를 생성하며 a와 c의 디폴트는 각각 1과 1 또는 -1

length=: 출력될 자료의 크기를 n(양의 정수)으로 정의

along.with=: 정의된 객체(object)의 길이와 동일한 크기로 자료 열 생성

함수 seq()는 연산자 ':'와 유사한 기능을 하는 것으로 등차를 추가로 정의하거나 생성시킬 자료의 크기를 설정하여 등차수열 데이터를 생성할 수 있다. 사용 형식은 <표 3.1>과 같으며 등차를 나타내는 인수인 c 대신에 인수 length를 통해 출력 자료의 길이를 정의하면 자동으로 인수 c는 다음과 같이 정의된다.

$$c = \frac{b-a}{n-1}$$

생성되는 자료 유형은 수치형으로, 정수형과 실수형의 구분은 정의되는 인수에 따른다. 아래의 사용 예를 통해 살펴보도록 하자.

```
> ## seq() 함수
> Vector.2.1 <- seq(from=1, to=5, by=0.5)
> Vector.2.1
[1] 1.0 1.5 2.0 2.5 3.0 3.5 4.0 4.5 5.0
> Vector.2.2 <- seq(from=1, to=5, length=9)
> Vector.2.2
[1] 1.0 1.5 2.0 2.5 3.0 3.5 4.0 4.5 5.0
> Vector.2.3 <- seq(from=1, to=5, by=0.5, length=9)
이하에 에러seq.default(from = 1, to = 5, by = 0.5, length = 9) :
  인수의 수가 너무 많습니다
> Vector.2.4 <- seq(10)
> Vector.2.4
 [1]  1  2  3  4  5  6  7  8  9 10
```

```
> Vector.2.5 <- seq(10, along.with=Vector.2.4)
> Vector.2.5
 [1] 10 11 12 13 14 15 16 17 18 19
```

만약 seq()에 인수 by와 length가 동시에 정의되면 그 정의 내용이 Vector.2.1과 Vector.2.2와 같이 동일한 결과를 요구한다 하더라도 Vector.2.3의 생성에서 오류(error)가 발생함에 유의하자. 위의 예제에서 Vector.2.5는 Vector.2.4의 값인 seq(10)과 같이 from과 by가 디폴트로 정의된 경우로 길이가 10인 자료의 열이 생성되는데, 인수 along.with를 통해 Vector.2.4 길이와 동일한 수열이 초기값 10부터 생성되어 Vector.2.5가 되었다.

나열된 데이터나 객체들을 하나의 객체로 결합하는 c() 함수를 통해 직접 데이터를 입력하는 방법에 대해서 알아보자. c() 함수는 직접 입력을 통해 4가지 기본 자료유형을 입력할 수 있으며 리스트 등의 결합도 가능하다. c() 함수의 사용법은 <표 3.2>와 같다. 입력된 자료 열의 전체 유형은 정의된 자료에 따라 달라지는데, 서로 다른 자료 유형이 동시에 입력되었을 경우에는 자료 유형별 우선순위에 따라 결정된다. 또한 각 데이터 원소에 대하여 이름 정의가 가능하다.

〈표 3.2〉 c() 함수 사용 문법

c(..., recursive=FALSE) 여기서 ...: 자료로 입력할 데이터의 나열 recursive=: 입력한 자료의 결합 구조를 정의하기 위한 것으로, 디폴트는 FALSE로 함수에 나열된 데이터의 단순 결합을 나타내며 TRUE는 연결된 구조로 결합된 데이터를 생성한다.

아래의 예제를 통해 다양한 c() 함수의 활용법을 익혀보자. c() 함수를 통해 생성되는 벡터는 Vetor.3.1~Vetor.3.3과 같이 다양한 데이터 유형을 포함할 수 있으며 여러 데이터 유형을 포함해 정의될 경우는 Vetor.3.4, Vetor.3.5에서와 같이 2.1절에서 언급한 데이터 유형의 우선순위에 따라 벡터가 생성된다. 벡터인 Vetor.3.6은 벡터의 요소인 각 데이터에 대해 이름을 정의하는 것이 가능함을 예제로 보여주고 있다.

```
> ## c() 함수 1
> Vetor.3.1 <- c(1, 2, 3); Vetor.3.1
[1] 1 2 3
> Vetor.3.2 <- c("b", "c", "a"); Vetor.3.2
[1] "b" "c" "a"
> Vetor.3.3 <- c(TRUE, T, FALSE); Vetor.3.3
[1]  TRUE  TRUE FALSE
> Vetor.3.4 <- c(TRUE, 1+2i, FALSE); Vetor.3.4
[1] 1+0i 1+2i 0+0i
> Vetor.3.5 <- c(1, 2.5, 3); Vetor.3.5
[1] 1.0 2.5 3.0
> Vetor.3.6 <- c(x=1, y=2); Vetor.3.6
x y
1 2
```

아래는 함수 c()의 인수인 recursive의 사용 예를 보여주는 것이다. 생성된 두 벡터 객체 Vetor.3.7, Vetor.3.8의 데이터 구조 및 벡터의 길이를 확인하는 함수 length()의 출력결과와 벡터의 첫 번째 데이터 값을 추출하는 'Vetor.3.7[1]'과 'Vetor.3.8[1]'을 통해 두 벡터 객체의 차이를 확인해보자.

```
> ## c() 함수 2
> Vetor.3.7 <- c(list(A=c(a1=1, a2=2), B=c(b=2)), recursive=TRUE); Vetor.3.7
A.a1 A.a2  B.b
   1    2    2
> Vetor.3.8 <- c(list(A=c(a1=1, a2=2), B=c(b=2)), recursive=FALSE); Vetor.3.8
$A
a1 a2
 1  2
$B
b
2
> length(Vetor.3.7)
[1] 3
> length(Vetor.3.8)
[1] 2
> Vetor.3.7[1]
A.a1
   1
> Vetor.3.8[1]
$A
a1 a2
 1  2
```

다음으로 paste() 함수에 대해 알아보자. 2장에서 이미 살펴보았듯이 paste() 함수는 문자형 벡터의 자료 입력에 유용한 함수이다. 이는 주어진 벡터의 값을 문자형으로 변환하여 결합하는 것으로, 구분은 인수 sep를 통해 정의된 문자를 기준으로 한다. 아래의 예제를 통해 사용법을 살펴보자. paste(1:5) 함수를 통해 1에서 5까지의 숫자를 문자형으로 생성하였는데 이는 as.character(1:5) 함수를 이용한 결과와 동일하다. 인수 sep를 이용하면 주어진 문자들을 정의된 구분자를 이용해 결합하여 문자 데이터 객체를 생성하며, 디폴트는 공란(blank)이다.

```
> ## paste() 함수
> paste(1:5)
[1] "1" "2" "3" "4" "5"
> as.character(1:5)
[1] "1" "2" "3" "4" "5"
> paste(1,1:3,sep="-")
[1] "1-1" "1-2" "1-3"
> paste(1:3,1:3,1:3,sep="-")
[1] "1-1-1" "2-2-2" "3-3-3"
> paste("Today is", date())
[1] "Today is Sun Jul 18 14:17:21 2010"
```

sequence() 함수는 주어진 벡터 객체의 각 원소에 seq() 함수를 수행하는 것으로, 아래의 예제를 살펴보면 sequence(1:3)은 seq(1), seq(2), seq(3)을 수행하는 것으로 양의 정수를 정의하여야 한다. 만약 양의 실수가 정의될 경우에는 예제와 같이 버림을 통해 정수화하여 수열을 생성한다.

```
> ## sequence() 함수
> sequence(1:3)
[1] 1 1 2 1 2 3
> sequence(c(1,3,2))
[1] 1 1 2 3 1 2
> sequence(c(1.2, 2.9, 3))
[1] 1 1 2 1 2 3
> sequence(seq(1,5,1))
 [1] 1 1 2 1 2 3 1 2 3 4 1 2 3 4 5
```

rep() 함수는 주어진 벡터 객체를 반복하여 자료를 생성하는 함수로 사용 문법은 <표 3.3>과 같다. 여기서 인수 times는 벡터 길이와 동일한 구조로 반복하는 횟수를 지정하는 옵션이고 each는 각 원소를 생성시킬 반복 횟수를 나타낸다. 출력되는 자료 객체의 길이는 length(x)×times×each이나 인수 len에 정의된 값이 우선한다. 예제를 통해 사용법을 익혀보자.

〈표 3.3〉 rep() 함수 사용 문법

rep(x, times=10, length.out=5, each=6, ..) 여기서 x: 반복할 자료를 포함한 벡터 객체 times=: 정수, 반복 횟수 len=: 정수, 출력 자료 객체의 길이 each=: 정수, 벡터 내 데이터 원소 각각의 반복 횟수로 디폴트는 1

```
> ## rep() 함수
> rep(1:3, times=2)
[1] 1 2 3 1 2 3
> rep(c(1:3), times=2, each=3)
 [1] 1 1 1 2 2 2 3 3 3 1 1 1 2 2 2 3 3 3
> rep(c(5,6), times=2, each=2)
[1] 5 5 6 6 5 5 6 6
> rep(c(5,6), times=2, each=2, len=5)
[1] 5 5 6 6 5
> rep(c(5,6), times=2, each=2, len=10)
 [1] 5 5 6 6 5 5 6 6 5 5
```

3.1.2 행렬의 생성

행렬을 생성하는 방법은 기존에 정의된 여러 벡터 객체를 결합하거나 하나의 벡터 객체를 2차원의 행렬 구조로 변경하는 함수를 활용하는 것으로 구분된다. 여러 벡터 객체를 이용해 행렬 데이터를 입력하는 방법은 주어진 벡터를 행으로 또는 열로 결합하는 함수인 rbind()와 cbind()를 이용하는 것이다. 아래의 예제는 길이가 3인 벡터 Vector.1, Vector.2, Vector.3을 생성하고 이들을 rbind()을 통해 행으로 결합하여 행렬 Matrix.1을 생성하고 다시 열로 결합하여 행렬 Matrix.2를 생성하였다.

```
> ## rbind()와 cbind() 함수
> Vector.1 <- c(1,2,3);  Vector.2 <- c(4,5,6);  Vector.3 <- c(7,8,9)
> Matrix.1 <- rbind(Vector.1,Vector.2,Vector.3);  Matrix.1
         [,1] [,2] [,3]
Vector.1    1    2    3
Vector.2    4    5    6
Vector.3    7    8    9
> Matrix.2 <- cbind(Vector.1,Vector.2,Vector.3);  Matrix.2
     Vector.1 Vector.2 Vector.3
[1,]        1        4        7
[2,]        2        5        8
[3,]        3        6        9
```

행렬을 생성하기 위해 결합에 사용되는 벡터들의 길이가 일정하지 않은 경우, R 프로그램의 기본 원칙인 재생규칙(再生規則: recycle rule)을 통해 데이터 원소를 재생하여 활용한다. 위의 예제에 이어 길이가 2인 벡터 Vector.miss의 결합에 대해 아래의 예제를 살펴보자.

```
> ## 재생규칙
> Vector.miss <- c(10,11)
> Matrix.3 <- rbind(Vector.1,Vector.2,Vector.miss)
Warning message:
In rbind(Vector.1, Vector.2, Vector.miss) :
  number of columns of result is not a multiple of vector length (arg 3)
```

```
> Matrix.3
            [,1] [,2] [,3]
Vector.1       1    2    3
Vector.2       4    5    6
Vector.miss   10   11   10
> Matrix.4 <- cbind(Vector.1,Vector.2,Vector.miss)
Warning message:
In cbind(Vector.1, Vector.2, Vector.miss) :
  number of rows of result is not a multiple of vector length (arg 3)
> Matrix.4
     Vector.1 Vector.2 Vector.miss
[1,]        1        4          10
[2,]        2        5          11
[3,]        3        6          10
> Matrix.5 <- rbind(c(Vector.1,Vector.2),Vector.3,Vector.miss);  Matrix.5
            [,1] [,2] [,3] [,4] [,5] [,6]
               1    2    3    4    5    6
Vector.3       7    8    9    7    8    9
Vector.miss   10   11   10   11   10   11
```

Vector.1, Vector.2, Vector.miss를 결합시킬 경우 원소의 수가 일치하지 않으므로 경고(warning) 메시지가 출력되었다. 그러나 행렬 Matrix.3, Matrix.4는 생성되었는데 결과를 보면 가로 결합이나 세로 결합에서 Vector.miss의 부족한 데이터 원소를 Vector.miss의 기존 원소 중 첫 번째 원소인 10으로 채워 결합하는 것을 알 수 있다. 추가로 객체 Matrix.5를 보면 길이가 가장 긴 벡터인 c(Vector.1,Vector.2)를 기준으로 Vector.3과 Vector.miss의 결합에 부족한 원소를 기존의 데이터에서 반복해 채워 새로운 행렬을 구성하는 것을 알 수 있다. R 프로그램 실행에 있어 이러한 계산 특성을 재생규칙(再生規則: recycle rule)이라고 부른다.

함수 cbind()와 rbind()를 이용하면 벡터들의 결합 이외에도 행렬이나 다음 절에서 다룰 데이터 프레임의 결합도 가능한데 그 사용 문법은 <표 3.4>와 같다.

〈표 3.4〉 cbind()와 rbind() 함수의 사용 문법

```
cbind(..., deparse.level = 1)
rbind(..., deparse.level = 1)
```

여기서

...: 결합할 벡터, 행렬 또는 데이터 프레임 객체들로 서로 다른 유형들 간의 결합도 가능하다.

deparse.level =: 정수이며, 결합되는 열(cbind())이나 행(rbind())의 이름을 정의하는 인수로, 정의되는 값에 따라 다음과 같은 역할을 한다.

0: 함수 내에 정의된 이름만을 사용
1: 기존에 정의된 객체 이름 적용(디폴트)
2: 이름의 자동 생성

〈표 3.5〉 matrix() 함수의 사용 문법

```
matrix(data = NA, nrow = 1, ncol = 1, byrow = FALSE, dimnames = NULL)
```

여기서

data =: 벡터 객체 이름

nrow =: 양의 정수로 원하는 행의 수(디폴트 1)를 정의한다.

ncol = : 양의 정수로 원하는 열의 수(디폴트 1)를 정의한다.
※ nrow와 ncol이 함께 정의되었을 경우 벡터의 길이와 nrow*ncol의 값이 일치하지 않으면 오류가 발생한다.

byrow =: 논리값으로 FALSE(디폴트)이면 행부터 데이터를 채우고 TRUE이면 열부터 데이터를 채운다.

dimnames = : 각 행과 열의 이름을 정의하는 길이 2의 리스트 객체로 정의된다.

함수 matrix()와 dim()은 주어진 하나의 벡터 개체를 이용해 정의된 행과 열의 차수에 따라 행렬 객체를 생성하는 함수로 matrix()의 사용 문법은 <표 3.5>와 같고 dim()의 사용 방법에 대해서는 예제를 참고하자.

아래의 예제는 1에서 6까지 총 6개의 숫자를 이용해 행렬 객체 Vector.5를 생성하였다. matrix(Vector.5) 명령문은 함수 matrix()에서 어떤 인수도 사용하지 않고 있기 때문에 Vector.5를 이용해 6행 1열의 행렬을 생성한다. matrix(Vector.5, nrow=3)는 nrow=3이라는 인수에 의해 3행 2열의 행렬로 구성되며, byrow 인수가 생략되었으므

로 원소를 채우는 순서는 디폴트인 열을 중심으로 이루어진 것을 확인할 수 있다. matrix() 함수도 재생 규칙이 적용되며 matrix(Vector.5, ncol=4)와 같이 채워야 할 데이터 원소가 부족할 경우, 정의된 값을 반복해서 사용한다.

dim() 함수는 주어진 객체의 차원을 참조하고 그에 따라 자료구조를 변경하는 함수이다. 2차원뿐 아니라 3차원 이상의 자료구조의 정의도 가능해 배열(array) 객체의 생성에도 사용되며, 데이터는 열을 우선으로 채워진다.

```
> ## matrix()와 dim() 함수
> Vector.5 <- c(1:6)
> matrix(Vector.5)
     [,1]
[1,]    1
[2,]    2
[3,]    3
[4,]    4
[5,]    5
[6,]    6
> matrix(Vector.5, nrow=3)
     [,1] [,2]
[1,]    1    4
[2,]    2    5
[3,]    3    6
> matrix(Vector.5, ncol=4)
     [,1] [,2] [,3] [,4]
[1,]    1    3    5    1
[2,]    2    4    6    2
Warning message:
In matrix(Vector.5, ncol = 4) :
  data length [6] is not a sub-multiple or multiple of the number of
columns [4]
> matrix(Vector.5, nrow=3, byrow=TRUE)
     [,1] [,2]
[1,]    1    2
[2,]    3    4
[3,]    5    6
> dim(Vector.5) <- c(3,2); Vector.5
```

```
     [,1] [,2]
[1,]    1    4
[2,]    2    5
[3,]    3    6
```

3.1.3 데이터 프레임의 생성

분석을 위한 가장 일반적인 자료구조를 갖는 데이터 프레임을 R 프로그램 내부에서 주어진 자료 객체의 결합으로 생성하는 함수는 data.frame()이다. 그러나 실제 분석의 과정에서는 R의 내부에서 생성하기보다는 외부 파일을 불러들여오는 방식으로 정의되는 것이 일반적이다. 외부 파일을 불러들이는 방법에 대해서는 4장을 통해 다루도록 한다.

data.frame()의 사용 문법은 <표 3.6>과 같고, 데이터 프레임의 구조 특성상 결합되는 자료 객체의 관찰치(행)의 수는 같아야 하나 자료유형은 같지 않아도 무방하다. 문자형 변수의 경우, data.frame() 함수를 통해 결합되는 과정에서 유형이 범주형(factor)으로 변환된다. 이를 방지하기 위해서는 데이터의 원형을 그대로 유지하도록 하는 함수 I()를 이용해 해당 데이터 객체를 표현한다.

〈표 3.6〉 data.frame() 함수의 주요 사용 문법

data.frame(..., row.names = NULL, check.rows = FALSE, check.names = TRUE,
    stringsAsFactors = default.stringsAsFactors())

여기서

... =: 데이터 프레임으로 결합된 자료 객체

row.names=: 관찰치(행)의 이름을 정의하는 것으로 NULL(없음; 디폴트), 정수나 문자 또는 문자형 벡터(행의 이름 포함)가 가능하다. 만약 행의 이름이 정의되지 않거나 NULL일 경우, 자동적으로 관찰치의 일련 번호가 생성된다.

check.rows=: 논리값으로 TRUE인 경우 결합되는 객체들의 행의 길이가 동일한지 확인한다(디폴트 FALSE).

check.names=: 논리값으로 TRUE인 경우 결합되는 객체들의 변수(열)의 이름이 사용 가능하며 중복되지 있지 않은지 확인한다(디폴트 FALSE).

예제를 통해 사용법을 익혀보자. 먼저 5행 2열의 행렬 Matrix.1과 각각 대문자와 소문자의 알파벳 문자열을 생성하는 함수인 LETTERS() 함수와 letters() 함수를 이용해 문자형 벡터 Vector.7, Vector.8을 생성하였다. 이렇게 생성된 행렬과 벡터 객체를 data.frame() 함수를 이용해 결합하여 Data.frame.1을 생성하였다. 디폴트인 문자형 변수의 요인으로의 전환을 방지하기 위해 함수 I()를 적용한 변수 Vector.8과 그렇지 않은 변수 Vector.7의 데이터 유형의 차이를 확인해보라.

```
> ## data.frame() 함수
> Matrix.1 <- matrix(1:10, nrow=5)
> dimnames(Matrix.1) <-
+ list(paste("Obs",c(1:5),sep=""),paste("Var",c(1:2),sep="."))
> Vector.7 <- LETTERS[1:5]
> Vector.8 <- letters[1:5]
> Data.frame.1 <- data.frame(Matrix.1,Vector.7,Vector.8=I(Vector.8))
> Data.frame.1
     Var.1 Var.2 Vector.7 Vector.8
Obs1     1     6        A        a
Obs2     2     7        B        b
Obs3     3     8        C        c
Obs4     4     9        D        d
Obs5     5    10        E        e
> mode(Data.frame.1[,4])
[1] "character"
> is.factor(Data.frame.1[,4])
[1] FALSE
> mode(Data.frame.1[,3])
[1] "numeric"
> is.factor(Data.frame.1[,3])
[1] TRUE
```

함수 I()는 row.names 인수의 정의로 인해 행 이름에 대한 처리도 차이를 보이는데 아래의 예제를 통해 Data.frame.2와 Data.frame.3의 차이를 확인해보자.

```
> ## I() 함수
> Data.frame.2 <-
+ data.frame(Matrix.1,Vector.7,name=I(Vector.8),row.names=2)
> Data.frame.2
   Var.1 Vector.7 name
6      1        A    a
7      2        B    b
8      3        C    c
9      4        D    d
10     5        E    e
> Data.frame.3 <-
+ data.frame(Matrix.1,Vector.7,name=I(Vector.8),row.names=Vector.8)
> Data.frame.3
  Var.1 Var.2 Vector.7 name
a     1     6        A    a
b     2     7        B    b
c     3     8        C    c
d     4     9        D    d
e     5    10        E    e
```

3.1.4 배열의 생성

배열 객체를 생성하는 방법은 cbind(), rcind() 함수나 dim() 함수를 이용하는 방법이 있는데, 이는 이전의 내용을 참조하고 여기서는 array() 함수를 소개하도록 하겠다. array() 함수는 matrix() 함수와 사용법이 거의 동일하며 다만 dim 인수가 길이 3 이상의 정수 벡터로 정의될 수 있다는 것이 차이점이다.

다음의 예제를 살펴보면 생성된 배열의 출력결과에서 알 수 있듯이 matrix() 함수와 동일하게 채워질 데이터가 부족할 경우, 재생 규칙에 따라 데이터의 값을 처음부터 반복해 사용하며 데이터의 입력 순서는 열을 우선으로(디폴트) 한다.

```
> ## array() 함수
> array(data=1:5, dim=c(2,2,2))
, , 1
     [,1] [,2]
[1,]    1    3
[2,]    2    4

, , 2
     [,1] [,2]
[1,]    5    2
[2,]    1    3
> array(data=1:5, dim=c(2,2,2,2))
, , 1, 1
     [,1] [,2]
[1,]    1    3
[2,]    2    4
, , 2, 1
     [,1] [,2]
[1,]    5    2
[2,]    1    3
, , 1, 2
     [,1] [,2]
[1,]    4    1
[2,]    5    2
, , 2, 2
     [,1] [,2]
[1,]    3    5
[2,]    4    1
```

3.1.5 리스트의 생성

리스트 객체는 list() 함수를 통해 생성되는데, 아래의 예제를 보면 리스트를 구성하는 성분의 자료구조도 벡터 및 행렬로 서로 다르며 자료의 유형 및 차원도 다른 객체들의 집합으로 리스트가 정의됨을 알 수 있다.

```
> ## list() 함수
> list(name=c("강","김","박","이","최"),
+       subject='회귀분석',
+       score=matrix(data=c(82,74,91,60,NA,79,88,95,45,54),
+             nrow=5,byrow=FALSE,
+             dimnames=list(c("강","김","박","이","최"),
+                           c("중간고사","기말고사"))))
$name
[1] "강" "김" "박" "이" "최"

$subject
[1] "회귀분석"

$score
   중간고사 기말고사
강       82       79
김       74       88
박       91       95
이       60       45
최       NA       54
```

3.1.6 요인의 생성

벡터 객체 중 범주형 데이터를 원소로 갖는 요인 객체를 생성하는 함수로 대표적인 것은 factor()와 ordered()가 있으며, 그 사용 문법은 <표 3.7>과 같다. 예제를 통해 사용법을 익혀보자.

〈표 3.7〉 factor() 함수 사용 문법

factor(x = character(), levels , labels = levels, exclude = NA, ordered = is.ordered(x))
orderd(x = character(), levels , labels = levels, exclude = NA, ordered = is.ordered(x))

여기서

x="": 자료 벡터로 일반적으로 이를 구성하는 범주의 수는 작다.

levels =: 벡터 x의 데이터가 가진 범주를 정의한다. 디폴트는 주어진 x로부터 생성된 오름차순으로 정렬된 범주이다.

labels =: 문자형 벡터로 범주의 수준별 명칭(label)이나 길이 1인 문자로 범주의 각 수준별 레이블을 정의한다.

exclude =: 범수의 수준을 정의할 때 제외될 수준을 정의하는 벡터로 자료의 유형은 x와 동일하다.

ordered =: 논리형으로 범주의 순서를 정의한다.

```
> ## factor()와 ordered() 함수
> area <- c(1,5,2,1,4,2,5,3,1,2,5,3,4);
> factor(area)
 [1] 1 5 2 1 4 2 5 3 1 2 5 3 4
Levels: 1 2 3 4 5
> f.area.1 <- factor(area, labels=c("서울","부산","인천","대구","광주"))
> f.area.1
 [1] 서울 광주 부산 서울 대구 부산 광주 인천 서울 부산 광주 인천 대구
Levels: 서울 부산 인천 대구 광주
> f.area.2 <- factor(area, labels="factor",
+              exclude=c(2,4),ordered = is.ordered(area))
> f.area.2
 [1]  factor1 factor3 <NA>     factor1 <NA>     <NA>     factor3 factor2
factor1
[10] <NA>    factor3 factor2 <NA>
Levels: factor1 factor2 factor3
> f.area.3 <- ordered(area)
> f.area.3
 [1] 1 5 2 1 4 2 5 3 1 2 5 3 4
Levels: 1 < 2 < 3 < 4 < 5
```

```
> f.area.4 <- factor(area, levels=c("1","2","4"))
> f.area.4
 [1] 1    <NA> 2    1    4    2    <NA> <NA> 1    2    <NA> <NA> 4
Levels: 1 2 4
```

위의 예제는 c() 함수를 통해 생성된 1부터 5 사이의 값을 갖는 길이가 13인 벡터 area를 요인으로 생성하는 것으로, factor(area)는 모든 인수가 디폴트로 주어진 벡터 area의 데이터를 기준으로 범주 이름이 1, 2, 3, 4, 5인 5개의 수준이 생성되었다. 요인 객체 f.area.1은 labels 인수를 통해 1부터 5 사이의 값들에 레이블을 부여하여 1=서울, 2=부산, 3=인천, 4=대구, 5=광주를 의미하게 된다. 요인 객체 f.area.2는 exclude 인수에 의해 2와 4에 해당되는 값들은 결측으로 출력되었고, 인수 lables을 통해 정의된 범주 이름의 접두사(prefix)를 “factor”를 기준으로 나머지 1, 3, 5 값들에 대하여 순서적으로 factor1, factor2, factor3가 출력되었다. 순서형 요인 객체 f.area.3은 인수 ordered에 의해 범주의 순서가 정의되고 있다. 객체 f.area.4는 요인 객체의 수준을 인수 levels를 통해 정의하여 정의된 1, 2, 4 이외의 수준은 결측으로 처리한다.

추가로 factor와 유사하게 수치형 벡터를 정해진 기준에 따라 범위를 구분해 범주형 데이터로 생성하는 함수로는 cut(), split(), findInterval() 등이 있으며, 이 중 cut() 함수의 사용법은 <표 3.8>과 같다. 아래의 예제를 통해 사용법을 익혀보자.

```
> x <- -5:5
> cut(x, breaks = 3)
 [1] (-5.01,-1.67] (-5.01,-1.67] (-5.01,-1.67] (-5.01,-1.67] (-1.67,1.67]
 [6] (-1.67,1.67]  (-1.67,1.67]  (1.67,5.01]   (1.67,5.01]   (1.67,5.01]
[11] (1.67,5.01]
Levels: (-5.01,-1.67] (-1.67,1.67] (1.67,5.01]
> cut(x, breaks = 3, labels = FALSE)
 [1] 1 1 1 1 2 2 2 3 3 3 3
> cut(x, breaks = -2:2)
 [1] <NA>    <NA>    <NA>    <NA>    (-2,-1] (-1,0]  (0,1]   (1,2]   <NA>
[10] <NA>    <NA>
Levels: (-2,-1] (-1,0] (0,1] (1,2]
> cut(x, breaks = 5*(-2:2))
 [1] (-10,-5] (-5,0]   (-5,0]   (-5,0]   (-5,0]   (-5,0]   (0,5]    (0,5]
```

```
 [9] (0,5]    (0,5]    (0,5]
Levels: (-10,-5] (-5,0] (0,5] (5,10]
> cut(x, breaks = 5*(-2:2), include.lowest = TRUE)
 [1] [-10,-5] (-5,0]   (-5,0]   (-5,0]   (-5,0]   (-5,0]   (0,5]    (0,5]
 [9] (0,5]    (0,5]    (0,5]
Levels: [-10,-5] (-5,0] (0,5] (5,10]
> cut(x, breaks = c(-5,-2.5,0,1,5),include.lowest = TRUE, right = FALSE)
 [1] [-5,-2.5) [-5,-2.5) [-5,-2.5) [-2.5,0)  [-2.5,0)  [0,1)     [1,5]
 [8] [1,5]     [1,5]     [1,5]     [1,5]
Levels: [-5,-2.5) [-2.5,0) [0,1) [1,5]
```

〈표 3.8〉 cut() 함수 주요 사용 문법

cut(x, breaks, labels = NULL, include.lowest = FALSE, right = TRUE, dig.lab = 3,
ordered_result = FALSE, ...)

여기서

x = "":	범주로 구분할 숫자형의 자료 벡터를 정의한다.
break =:	벡터 x를 구분할 2 이상의 구분점(cut point)를 포함하는 벡터 또는 x를 구분할 범주의 개수를 정수로 정의한다.
labels =:	생성되는 범주의 레이블로 디폴트는 (a,b] 형식이며 FALSE의 경우, 하나의 정수로 정의된다.
include.lowest =:	논리형으로 right = TRUE일 경우 x가 범주를 구분하는 시작값과 같을 경우 포함 여부를 정의한다. 유사하게 right = FALSE일 경우는 x가 범주를 구분하는 끝값과 같을 경우 포함 여부를 정의한다.
right =:	논리형으로 범주를 구분하는 시작과 끝 값의 포함 여부를 정의하는 것으로 TRUE의 경우는 끝값을, FALSE의 경우는 시작값을 포함한다.
ordered_result =:	논리형으로 순서형 범주의 생성 여부를 정의한다.

3.1.7 시계열의 생성

시계열 객체는 일반적인 벡터나 행렬의 자료 객체에 관찰치의 시간 정보가 추가되어 생성된다. 시계열 자료를 생성하는 가장 기본적인 방법은 ts() 함수를 이용하는 것으로 사용 문법은 <표 3.9>와 같다. 관찰치의 시간은 start 인수나 end 인수를 선택해 정의할 수 있으며 각 시간 단위별 관찰치의 수는 frequency나 deltat 인수를 통해 정의가 가능하다. 또한 다중 시계열 객체는 행렬이나 수치형 데이터 프레임 객체의 각 행에 시간 정보를 추가해 생성된다.

〈표 3.9〉 ts() 함수의 주요 사용 문법

```
ts(data = NA, start = 1, end = numeric(0), frequency = 1, deltat = 1, names = ...)
```

여기서

- data ="": 수치형 벡터나 행렬로 시계열 자료의 관찰치를 정의한다. 데이터 프레임의 경우는 수치형만을 포함하도록 변환하여 정의할 수 있다. 행렬이나 수치형의 데이터 프레임이 정의될 경우, 열이 2 이상인 다중 시계열 자료가 생성된다.
- start =: 수치값이거나 길이가 2인 정수 벡터로 첫 관찰치의 시간을 정의한다. 정수 벡터로 정의되었을 경우, 시작 시점과 그 시점에서 몇 번째 관찰치인지를 정의하게 된다.
- end =: 최종 관찰치에 대해 start 인수와 같은 방법으로 정의한다.
- frequency =: 수치값으로 각 시간 단위마다 구성 관찰치의 개수를 정의한다.
- deltat =: 수치값으로 frequency 인수와 유사한 역할을 하는 인수로, 각 관찰치가 시간 단위를 기준으로 어느 정도의 시간 단위 동안 기록되었는지를 나타낸다. 즉 frequency=2이면 deltat=1/2이다. frequency 또는 deltat 중 하나는 반드시 정의되어야 한다.
- names =: 다중 시계열 자료의 이름을 정의하는 문자형 벡터로, 디폴트는 변수의 이름 또는 Series 1, Series 2,…이다.

예제를 통해 ts() 함수의 사용법을 익혀보자. TS.Vector.1은 시계열 벡터로 Vector.1로부터 시계열 데이터를 생성하는데, 관찰치의 시간 정보는 frequency=4의 설정으로 분기 단위로, start=c(2004,2)의 설정으로 2004년 2분기를 시작으로 시간 정보가 정의된다. TS.Vector.2은 Vector.2로부터 관찰치의 시간 정보는 frequency=12의 설정으로 월 단위로, end=c(2006,3)의 설정으로 2006년 3월을 마지막으로 시간 정보가 정의된다. TS.Matrix.1은 Matrix.1 행렬로부터 생성되는 시계열 행렬로 start=c(2000,4), deltat=1/4의 설정으로부터 2002년 4분기를 시작으로 분기별 시간 정보가 추가되며 두 열의 이름은 각각 ts1과 ts2이다.

```
> ## ts() 함수
> Vector.1 <- c(1:10)
> Vector.2 <- c(11:20)
> Matrix.1 <- cbind(Vector.1,Vector.2)
> TS.Vector.1 <- ts(data=Vector.1, start=c(2004,2), frequency=4)
> TS.Vector.1
     Qtr1 Qtr2 Qtr3 Qtr4
2004    1    2    3
2005    4    5    6    7
2006    8    9   10
> TS.Vector.2 <- ts(data=Vector.2, end=c(2006,3), frequency=12)
> TS.Vector.2
     Jan Feb Mar Apr May Jun Jul Aug Sep Oct Nov Dec
2005                      11  12  13  14  15  16  17
2006  18  19  20
> TS.Matrix.1 <-
+ ts(data=Matrix.1, start=c(2000,4), deltat=1/4, name=c("ts1","ts2"))
> TS.Matrix.1
        ts1 ts2
2000 Q4   1  11
2001 Q1   2  12
2001 Q2   3  13
2001 Q3   4  14
2001 Q4   5  15
2002 Q1   6  16
2002 Q2   7  17
2002 Q3   8  18
2002 Q4   9  19
2003 Q1  10  20
```

3.2 직접 입력

직접 입력을 통해 데이터 객체를 생성하는 방법은 R Console 창을 통한 입력과 클립보드에 임시 저장된 내용을 불러들이는 방법, 자료 편집기를 사용하는 방법 등이 있다.

3.2.1 직접 입력

R Console 윈도우에 직접 데이터를 입력하는 방법은 벡터 객체를 생성하는 scan(), read.table()과 textConnection() 함수를 활용하는 것이다. 여기서 scan()과 read.table() 함수는 일반적으로 데이터를 직접 입력하는 기능보다는 텍스트 데이터 파일을 읽어들이는 기능으로 주로 활용되므로 관련 내용은 4장을 통해 살펴보도록 한다.

먼저 scan() 함수를 이용해 벡터 객체에 데이터를 입력하는 방법을 예제를 통해 살펴보자.

```
> ## scan() 함수
> direct <- scan()
1: 1
2: 2 3 4 5
6:
Read 5 items
> direct
[1] 1 2 3 4 5
> direct.2 <- scan(what=numeric(0))
1: 1
2: NA 3
4:
Read 3 items
> direct.2
[1]  1 NA  3
> direct.3 <- scan(what="")
1:  A B C
```

```
4: NA D
6:
Read 5 items
> direct.3
[1] "A" "B" "C" NA  "D"
```

데이터를 불러올 파일을 정의하지 않을 경우, scan() 함수는 화면에서 키보드를 통해 자료를 입력시킬 준비를 나타낸다. 데이터의 원소를 구분하는 방법은 디폴트가 공백(blank)이나 Enter↵ 이며 자료의 입력을 종료할 경우 Enter↵ 를 두 번 누르거나 단축키 Ctrl+z를 이용한다. 위의 예제 프로그램의 중간에 사용된 인수 what은 scan() 함수를 이용할 때 입력하는 데이터의 유형을 정의하는 것으로, direct.2는 수치형 데이터로 정의되었다. 수치형과 문자형 등 데이터 유형과 상관없이 결측치는 NA로 입력한다. 만약 what=“”으로 정의할 경우에는 입력되는 데이터의 유형을 R이 자동적으로 판단해 정의하게 된다. 또한 R 프로그램에서 문자형 데이터는 “”을 이용해서 표현되어야 하지만 데이터 입력 시에는 생략이 가능하다. 따라서 direct.3은 “”를 이용하지 않고 문자를 입력하였지만 문자형 데이터로 정의되었음을 확인할 수 있다.

scan() 함수를 통한 직접 입력은 벡터 형식의 1차원 데이터만을 입력할 수 있으므로, 행렬 형식의 2차원 데이터의 직접 입력은 문자형 데이터 객체를 파일로 인식해 활용할 수 있는 textConnection() 함수를 이용한다. 다음의 예제를 통해 문자형 데이터 객체인 myText를 정의하고 read.table() 함수와 textConnection() 함수를 이용해 Final.score를 생성하는 방법을 익혀보자.

```
> ## 2차원 데이터의 직접 입력
> myText <-
+ "id,name,gender,mid.1,mid.2,final
+  1,김,F,41,23,86
+  2,이,M,  ,42,90
+  3,박,M,25,29,76"
> Final.score <- read.table(textConnection(myText),header=TRUE, sep=",",
+    na.strings="  ", row.names="id")
> Final.score
  name gender mid.1 mid.2 final
```

```
1  김    F   41   23   86
2  이    M   NA   42   90
3  박    M   25   29   76
```

3.2.2 클립보드의 활용

클립보드(clipboard)[6]에 임시 저장된 내용도 read.table() 함수나 scan() 함수를 이용해 R 데이터로 생성할 수 있으나, 행렬 형식의 2차원 데이터 입력이나 변수명의 자동 입력 등 사용이 편리한 read.table() 함수를 이용하는 것이 바람직하다. <그림 3.1>과 같은 선택 영역이 클립보드에 저장된 경우 아래의 예제를 통해 R 데이터로 생성하는 방법을 살펴보자.

```
> ## 클립보드의 활용
> clipboard.1 < - read.table('clipboard', header=T)
> clipboard.1
  Var.1 Var.2
1     1     A
2     2     B
3     5     C
4     4     D
5     5     E
> clipboard.2 < - read.table('clipboard', col.names=c("X1", "X2"), skip=1)
> clipboard.2
 X1 X2
1  1  A
2  2  B
3  5  C
4  4  D
5  5  E
```

6) 컴퓨터에서 임시 저장 공간으로 사용하기 위해 확보된 메모리 영역.

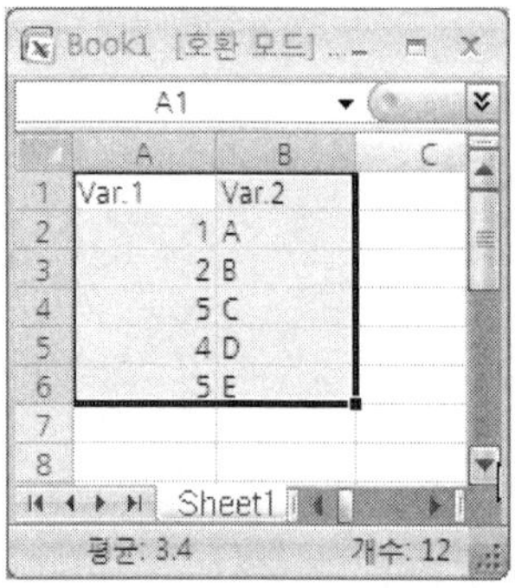

〈그림 3.1〉 클립보드 저장 내역

clipboard.1은 <그림 3.1>의 선택 영역과 같이 첫 행을 변수명으로 사용하여 2개의 변수와 5개의 관찰치를 가진 데이터로 생성되었으며, clipboard.2는 첫 행을 제외하고 변수명을 새롭게 정의하고 있음을 확인해보자. 예제를 통해 알 수 있듯이 클립보드(clipboard)의 내용을 read.table() 함수를 통해 R 데이터로 전환하는 것은 읽어들일 외부 파일명을 제외하고는 read.table() 함수의 문법을 그대로 적용할 수 있다.

3.2.3 자료 편집기(data editor)

R의 자료 편집기는 행렬이나 데이터 프레임 객체의 데이터 내용을 탐색하고 편집을 통한 수정이 가능한 스프레드시트(spreadsheet) 형식의 데이터 편집기이다. 2차원의 자료 객체(행렬, 배열, 데이터 프레임, 시계열 등)의 경우 자료 편집기(data editor) 윈도우를 통해 자료 객체의 데이터를 탐색하거나 편집을 통한 수정이 가능하다. 나머지 형식의 자료 객체는 그 정의 내용이 'R Editor' 화면에 나타나게 되고 그 내용을 수정하고 저장하면 변경된 내용이 자료 객체에 반영된다.

자료 편집기 창을 활성화시키는 방법은 R 함수인 fix()와 edit()를 이용하거나 R Concole 창의 풀다운 메뉴에서 **편집 →자료 편집기...**를 선택하는 것이다. 예를 들어, R의 데이터 세트인 InsectSprays를 자료 편집기로 탐색하기 위해서는 'fix(InsectSprays)' 또는 'edit(InsectSprays)'의 명령문을 실행하거나 풀다운 메뉴 **편집 →자료 편집기...**를 선택해 나타나는 <그림 3.2>와 같은 Question 창에 원하는 데이터 객체의 이름을 입력하고 〈OK〉를 선택하면 된다.

```
> # 데이터 탐색
> fix(InsectSprays)
> edit(InsectSprays)
```

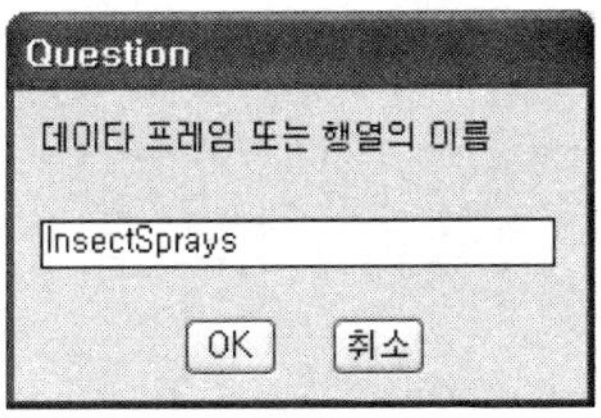

〈그림 3.2〉 Question 창

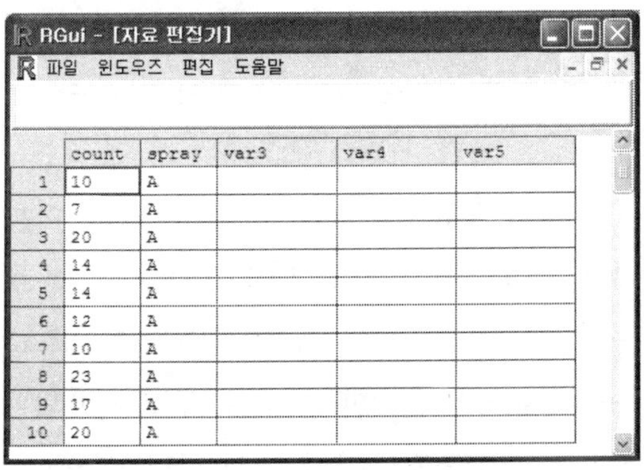

〈그림 3.3〉 자료 편집기: 데이터 InsectSprays

<그림 3.3>의 자료 편집기를 통해 데이터를 탐색하여 변수나 관찰치의 데이터 값을 수정하거나 추가 및 삭제하고 변수의 유형이나 이름을 정의할 수 있으며, 수정된 데이터에 대해 R 데이터 객체로 저장할 수 있다.

새로운 데이터를 R의 자료 편집기를 통해 입력하고자 할 경우, 간단한 방법은 아래의 예제와 같이 프로그램을 수행해 데이터 객체 Data.From.Editor를 임시로 정의하고 이를 <그림 3.4>와 같이 자료 편집기에 활성화한 후, 원하는 데이터를 스프레드시트(spreadsheet) 형식으로 입력하고 변수명 및 유형을 변경한 후 창을 닫으면 자료 편집기의 내용에 따라 Data.From.Editor의 데이터가 수정된다.

```
## 새로운 R 자료 편집기 열기
Data.From.Editor <- edit(data.frame())
```

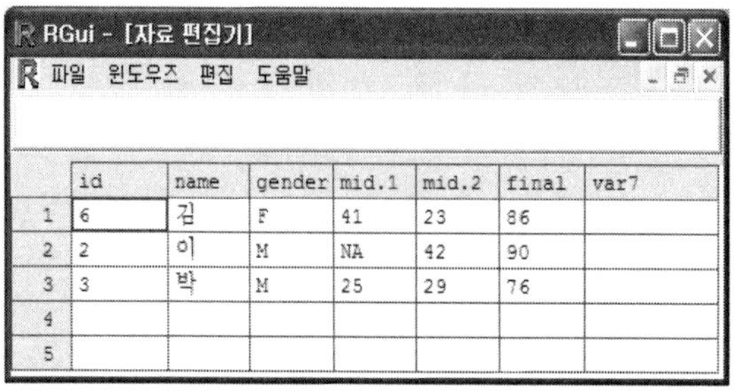

	id	name	gender	mid.1	mid.2	final	var7
1	6	김	F	41	23	86	
2	2	이	M	NA	42	90	
3	3	박	M	25	29	76	
4							
5							

〈그림 3.4〉 자료 편집기: 데이터 Data.From.Editor

3.3 데이터 객체의 속성

데이터 객체의 주요 속성은 자료의 유형(mode), 길이(length), 행과 열의 이름(names) 등이 있으며 자료의 특성에 따라 시계열 객체의 경우 시작 시간(start), 종료 시간(end), 관측 주기(frequency)를 포함하는 tsp가 있고 요인 객체의 경우 수준(level)이 있다. 데이터 객체의 속성은 해당 함수를 호출하여 출력할 수 있다. 주로 사용되는 벡터, 행렬, 데이터 프레임, 시계열 객체의 속성 추출을 예제를 통해 살펴보자.

벡터 객체의 속성은 자료의 유형(mode), 길이(length), 데이터 원소의 이름(names)이 있는데 각 함수를 통해 확인할 수 있다. 아래의 예제를 살펴보자. 5명 학생의 학점을 문자형으로 score.math 벡터 객체로 정의하였다. score.math의 데이터 유형은 mode() 함수를 통해 문자형임을 확인할 수 있고 벡터의 길이는 length() 함수를 통해 5임을 알 수 있다.

names() 함수는 객체의 원소 이름을 데이터로 갖는 함수로 score.math의 데이터 입력 시 c(강="B+", 김="C0" ,…)과 같이 원소 이름을 부여할 수도 있다. 예제에서는 names() 함수를 이용해서 데이터 원소의 이름을 정의하고 확인할 수 있다.

```
> ## 벡터 객체의 속성
> Score.Math <- c("B+","C0","A0","D-","A+")
> Score.Math
[1] "B+" "C0" "A0" "D-" "A+"
```

```
> mode(Score.Math)
[1] "character"
> length(Score.Math)
[1] 5
> names(Score.Math) <- c("강","김","박","이","최")
> names(Score.Math)
[1] "강" "김" "박" "이" "최"
> Score.Math
  강   김   박   이   최
"B+" "C0" "A0" "D-" "A+"
```

행렬 객체의 속성은 자료의 유형(mode), 길이(length), 차원(dimension), 행과 열의 이름이 있다. 자료의 유형은 데이터 원소들의 자료 유형이고 길이는 데이터 원소의 개수, 차원은 행과 열의 크기를 말한다. 다음의 예제를 보면 행렬의 각 속성에 대한 참조 방법을 알 수 있다. 여기서 dimnames()는 행렬 객체의 차원의 이름을 참조하거나 정의하기 위해 사용되는 함수이다. 차원의 이름을 정의하는 방법은 아래와 같이 차원별로 이름을 구분한 리스트 객체를 이용한다. 추가로 배열 객체의 속성 또한 자료의 유형(mode), 길이(length) 등 행렬과 동일하다.

```
> ## 행렬 객체의 속성
> matrix.6 <- matrix(seq(1,10)+1i, nrow=2)
> matrix.6
     [,1] [,2] [,3] [,4]  [,5]
[1,] 1+1i 3+1i 5+1i 7+1i  9+1i
[2,] 2+1i 4+1i 6+1i 8+1i 10+1i
> is.matrix(matrix.6)
[1] TRUE
> is.complex(matrix.6)
[1] TRUE
> mode(matrix.6)
[1] "complex"
> length(matrix.6)
[1] 10
> dim(matrix.6)
[1] 2 5
```

```
> nrow(matrix.6)
[1] 2
> ncol(matrix.6)
[1] 5
> dimnames(matrix.6)
NULL
> dimnames(matrix.6) <- list(paste("R",1:2,sep="."),paste("C",1:5,sep="."))
> matrix.6
     C.1  C.2  C.3  C.4   C.5
R.1 1+1i 3+1i 5+1i 7+1i  9+1i
R.2 2+1i 4+1i 6+1i 8+1i 10+1i
```

데이터 프레임 객체의 속성으로는 자료 유형(mode), 변수의 개수(length), 차원(dimension), 변수의 이름, 행의 이름, 차원의 이름 등이 있다. 여기서 주의해야 할 점은 자료 유형(mode)과 변수의 개수(length)로 벡터나 행렬 객체의 속성과 차이를 보이는데 이는 서로 다른 데이터 유형으로 정의되는 데이터 프레임의 특성과 관련이 있다. 아래는 앞서 정의된 데이터 프레임 Data.frame.3의 속성을 참조하는 예제이다. Data.frame.3의 자료 유형은 'list'로 출력되었고 length()에 의해서는 변수의 개수를 나타내는 4가 출력되었다. 따라서 데이터 프레임에서 자료의 크기는 length() 함수보다는 dim(), ncol(), nrow()을 사용하는 것이 적절하다.

```
> ## 데이터 프레임 객체의 속성
> Data.frame.3
  Var.1 Var.2 Vector.7 name
a     1     6        A    a
b     2     7        B    b
c     3     8        C    c
d     4     9        D    d
e     5    10        E    e
> mode(Data.frame.3)
[1] "list"
> length(Data.frame.3)
[1] 4
> names(Data.frame.3)
[1] "Var.1"    "Var.2"    "Vector.7" "name"
```

```
> row.names(Data.frame.3)
[1] "a" "b" "c" "d" "e"
> colnames(Data.frame.3)
[1] "Var.1"     "Var.2"     "Vector.7" "name"
> dim(Data.frame.3)
[1] 5 4
> ncol(Data.frame.3)
[1] 4
> nrow(Data.frame.3)
[1] 5
> dimnames(Data.frame.3)
[[1]]
[1] "a" "b" "c" "d" "e"

[[2]]
[1] "Var.1"     "Var.2"     "Vector.7" "name"
```

시계열 객체의 속성은 자료의 유형(mode), 자료의 길이(length)와 시작 시간(start), 종료 시간(end), 관측 주기(frequency)를 포함하는 tsp()로 아래의 예제와 같이 각 함수를 호출해 참조할 수 있다.

```
> ## 시계열 객체의 속성
> mode(TS.Matrix.1);
[1] "numeric"
> length(TS.Matrix.1)
[1] 20
> tsp(TS.Matrix.1)
[1] 2000.75 2003.00    4.00
> start(TS.Matrix.1);
[1] 2000    4
> end(TS.Matrix.1);
[1] 2003    1
> frequency(TS.Matrix.1)
[1] 4
```

4장 | 데이터 입력 및 출력

Lena Blais
This is to Certify, that
Professional Engineer
Civil Engineering
Water and Wells
Soil Testing and Plant Analysis
SOUTH TACOMA SWAMP
REMEDIAL INVESTIGATION
PHASE 1 REPORT

다양한 형식의 외부 데이터 파일을 R의 데이터 프레임 객체로 생성하는 방법과 R에서 생성된 데이터 객체를 외부 데이터 파일로 출력하는 방법에 대해 알아보자.

4.1 텍스트 데이터 불러오기

외부 데이터 파일을 읽어들여 생성되는 데이터 객체는 대부분 데이터 프레임으로, 변수(필드)와 관찰치(레코드)의 2차원으로 자료분석에 있어 가장 일반적인 데이터 구조라 할 수 있다. 각 변수의 자료 유형은 일치하지 않아도 되지만 변수별 관찰치의 수는 동일해야 한다.

텍스트 형식의 데이터 파일을 읽어들일 경우 read.table()과 scan() 함수가 가장 많이 사용되며, 데이터의 구분자에 따라 read.table()과 scan() 함수의 부분적인 기능을 가진 read.csv(), read.delim() 함수 등을 활용할 수 있다. 고정 포맷(fixed width format)으로 정의된 데이터의 경우는 read.fwf()와 read.fortran() 함수를 이용한다.

4.1.1 read.table() 함수

read.table()은 테이블 형식의 외부 데이터 파일로부터 각 행은 하나의 관찰치가 되며 각 열은 하나의 변수로 데이터를 읽어 데이터 프레임을 생성하는 R의 기본적인 함수이다. 주요 사용 문법은 <표 4.1>과 같다.

외부 파일에 데이터가 전혀 없을 경우, read.table()은 오류(error) 메시지를 출력하고 데이터 프레임은 생성하지 않는다. 이 경우 col.names 인수를 통해 변수의 이름이 정의되었거나 변수의 이름만이 파일의 첫 행에 있게 되고, header=TRUE로 정의된 경우 행의 수가 0인 데이터 프레임을 생성한다.

〈표 4.1〉 reab.table() 함수의 주요 문법

read.table(file, header = FALSE, sep = "", quote = "₩"'",dec = ".", row.names, col.names, as.is = !stringsAsFactors, na.strings = "NA", colClasses = NA, nrows = −1, skip = 0, check.names = TRUE, fill = !blank.lines.skip, strip.white = FALSE, blank.lines.skip = TRUE, comment.char = "#", allowEscapes = FALSE, flush = FALSE, stringsAsFactors = default.stringsAsFactors(), fileEncoding = "", encoding = "unknown")

여기서

file = "": 데이터를 읽어들일 외부의 텍스트 파일을 정의한다.

header =: 논리값으로 파일의 첫 행에 변수 이름의 포함 여부를 나타낸다. 정의하지 않을 경우 파일을 읽어들이는 과정을 통해 값이 정의되며, 만약 첫 번째 행의 원소가 (변수의 개수-1)일 경우에만 TRUE로 정의하도록 한다.

sep =: 데이터 원소를 구분하는 문자를 정의하는 것으로, 디폴트는 " "[하나 이상의 공란(blank)으로 입력 라인의 끝(end-of-line), 탭 등을 포함한다]이다.

quote =: 데이터에 값에 속한 "의 처리 방식을 정의하는 것으로 제거를 목적으로 한다면 quote =" "라 설정한다.

dec =: 소수점을 나타내는 한 바이트 문자(디폴트 ".")로 정의한다.

row.names=: 관찰치를 나타내는 행의 이름을 포함하는 벡터로, 디폴트는 관찰치의 순서대로 1,2,3... 으로 설정된다. 이를 정의하지 않더라도 header = TRUE이거나 col.names에 정의된 이름이 데이터의 열의 수보다 적을 경우에 디폴트로 row.names=1이 된다.

col.names=: 변수의 이름을 포함하는 벡터로, 디폴트는 변수의 이름을 "V1", "V2" 등으로 자동 생성한다.

as.is =: 문자형 변수로 전환할 변수의 이름을 정의한다. 문자형 변수는 범주형으로의 전환하는 것이 디폴트이며 추가로 문자형 변수 이외에 숫자형, 논리형 변수의 이름을 포함하는 문자형 벡터로 정의할 수 있다. 만약 모든 변수의 범주형화를 원한다면 아래의 인수 colclasses= "charcater"로 정의한다.

na.strings = : 디폴트인 NA와 공란 이외에 결측치를 나타내는 문자에 대한 문자형 벡터를 정의한다.

colclasses=: 문자형으로 각 변수의 형식을 정의하는 인수로 NA, NULL과 integer, character 등 기본 유형 및 factor, date, POSIXct[7] 의 정의가 가능하다.

nrows=: 입력할 행의 최대 수를 정의하는 것으로 양의 정수 이외에는 무시된다.

skip =: 데이터 입력 전에 무시할 행의 수(디폴트 0)를 정의한다.

---

7) 시계열 날짜나 시간을 나타내는 Date와 POSIXct에 대해서는 7.1절의 내용을 참조하기 바란다.

〈표 4.1〉 reab.table() 함수의 주요 문법(계속)

check.names=:	논리값으로 변수명에 대한 접합성 및 유일성을 확인한다(디폴트 TRUE).
fill=:	논리값으로 TRUE로 정의되면 관찰치의 몇몇 변수값이 존재하지 않아 각 행의 길이가 다를 경우, 부족한 변수값을 빈칸(blank)으로 채운다. 변수의 개수에 대한 정의는 col.names 인수의 내용을 참고하라.
strip.white=:	논리값으로 앞서 인수 sep이 공란 이외의 구분자로 설정되었을 때, 문자형 변수의 값이 처음과 끝에 공백을 포함하고 있을 경우, 이에 대한 제외 여부를 나타내며 디폴트는 TRUE로 공란을 제외한다.
blank.lines.skip =:	논리값으로 TRUE(디폴트)이면 입력 파일 내에 비어 있는 행은 무시한다. 반면 비어 있는 행은 nlines 인수나 skip 인수의 정의에서는 포함된다.
flush =:	논리값으로 TRUE는 파일의 한 행에서 주어진 변수를 모두 입력하였을 경우 그 행의 마지막으로 이동하게 한다. 그러나 만약 한 행에 여러 관찰치의 데이터가 있다면 FALSE(디폴트)로 정의되어야 한다.

예제를 통해 함수의 기능을 살펴보기 위해 이용할 텍스트 형식의 데이터 파일과 프로그램은 다음과 같다.

Text_Data_example_1		
	x	y
ID1	11	21
ID2	12	22
ID3	13	23
ID4	14	NA
ID5	miss	25

```
> ## read.table() 함수
> setwd("E://R 2.11.1/Data")
> read.table(file="Text_Data_example_1.txt",
+      header=TRUE)
      x  y
ID1   11 21
ID2   12 22
ID3   13 NA
ID4   14 24
```

```
ID5 miss 25
> class(read.table(file="Text_Data_example_1.txt",
+     header=TRUE)[,1])
[1] "factor"
> read.table(file="Text_Data_example_1.txt",
+     header=TRUE,na.strings=("miss"))
     x  y
ID1 11 21
ID2 12 22
ID3 13 NA
ID4 14 24
ID5 NA 25
> read.table(file="Text_Data_example_1.txt",
+     header=FALSE,na.strings=("miss"),skip=1,row.names=1)
    V2 V3
ID1 11 21
ID2 12 22
ID3 13 NA
ID4 14 24
ID5 NA 25
> read.table(file="Text_Data_example_1.txt",
+     header=FALSE,na.strings=("miss"),skip=1,
+     col.names=c("ID","x","y"),row.names="ID")
     x  y
ID1 11 21
ID2 12 22
ID3 13 NA
ID4 14 24
ID5 NA 25
```

첫 read.table() 명령문은 첫 행의 변수명이 열의 수 3보다 적으므로 첫 열을 행의 이름 변수로 정의하고 변수 x의 5번째 원소값이 "miss"로 결측치를 나타냈다. 그러나 이에 대한 인수가 정의되어 있지 않아 "miss"라는 문자형 값으로 인식되어 read.table() 함수의 문자형 변수의 처리에 따라 첫 번째 열은 범주형으로 변환되었다. 이러한 상황을 막기 위해서는 인수 na.string을 이용해서 문자형 결측치를 선언해야 한다.

세 번째, 네 번째 명령문은 변수명을 파일에서 불러들이지 않고 자동으로 생성되게 하거나 col.names 인수를 이용해 정의하는 예제이다. 추가로 행 이름을 정의하는 row.names 인수를 활용하는 방법도 익혀보자. 행의 이름은 전체 데이터로부터 특정 관찰치를 선택할 경우, 색인(index)으로 활용하기 편리하다.

4.1.2 scan() 함수

read.table() 함수는 2차원 행렬식의 모든 행과 열이 동일한 수의 값을 기록하고 있는 정형적인 데이터 파일을 읽어 다양한 형식의 변수를 갖는 데이터 프레임을 생성하는 데 주로 사용된다. 대용량 자료의 입력이나 아래의 예제 데이터 파일과 같은 비정형적인 데이터의 입력에 있어서는 scan() 함수를 이용해 리스트를 생성하고 데이터 프레임 형식으로 변환하는 as.data.fram() 함수를 활용할 수 있다.

Text_Data_example_2

```
 id    x    y
ID1   11   21   ID2   12   22
ID3   13
 23  ID4   14   NA
ID5 miss   25
```

<표 4.2>는 scan() 함수의 주요 문법을 정리한 것으로 read.table() 함수와 거의 동일하다. 추가로 인수 multi.line은 한 관찰치의 데이터 값이 두 줄 이상에 기록되어 있을 경우에 사용하는 것으로, 한 행에서 모든 변수의 값을 채우는 인수 fill=TRUE와 함께 사용하면 안 된다.

먼저 인수 flush와 fill에 대해 다음의 데이터 파일을 읽어들이는 다양한 예제를 통해 간략히 살펴보도록 하겠다.

Text_Data_example_3

```
 A       B       C
"11"    "12"    "13"    "21"
"31"    "32"    "33"
```

다음의 명령문은 Text_Data_example_3.txt 파일로부터 인수 what을 이용해 정의한 것과 같이 변수명이 ID, X, Y인 3개의 변수를 데이터 유형이 모두 문자형으로 읽어들이도록 하는 것이다.

```
> ## scan() 함수 1
> tmp <- scan(file="Text_Data_example_3.txt",what = list(ID="",X="",Y=""),skip=1)
Read 3 records
Warning message:
In scan(file, what, nmax, sep, dec, quote, skip, nlines, na.strings,  :
  읽은 항목수가 열수의 배수가 아니었습니다
> as.data.frame(tmp,row.names=NULL,options=FALSE)
  ID  X  Y
1 11 12 13
2 21 31 32
3 33
```

위의 프로그램을 실행하면 경고 메시지와 함께 4개의 레코드(record)를 읽어들인다(flush=FALSE, fill=FALSE 디폴트). 즉, 기록된 값을 정의된 변수순으로 반복해 할당하게 되며, 마지막 관찰치에서 설정한 변수에 들어갈 데이터 값이 부족한 경우는 빈 공백으로 채워지게 되는 것이다.

위의 scan() 함수에 인수 flush=TRUE를 추가하면 한 레코드에서 변수 개수보다 많은 관측값은 무시되므로 다음과 같이 2개의 레코드를 읽어들인다.

```
> ## scan() 함수 2
> tmp <- scan(file="Text_Data_example_3.txt",
+     what = list(ID="",X="",Y=""), skip=1, flush=TRUE)
Read 2 records
> as.data.frame(tmp,row.names=NULL,options=FALSE)
  ID  X  Y
1 11 12 13
2 31 32 33
```

〈표 4.2〉 scan() 함수 문법

scan(file = "", what = double(0), nmax = −1, n = −1, sep = "", quote = if(identical(sep, "₩n")) "" else "'₩"", dec = ".",skip = 0, nlines = 0, na.strings = "NA",flush = FALSE, fill = FALSE, strip.white = FALSE,quiet = FALSE, blank.lines.skip = TRUE, multi.line = TRUE, comment.char = "", allowEscapes = FALSE,encoding = "unknown") 여기서 file = "": 데이터를 읽어들일 외부의 텍스트 파일을 정의한다. ""로 정의된 경우에는 R 콘솔(console) 화면의 키보드 입력을 통해 데이터를 입력한다. what =: 입력될 데이터의 유형을 정의하는 것으로 벡터 객체로의 입력의 경우 logical, integer, numeric, complex, character 중 하나를 선택해 정의할 수 있다. 정의한 수만큼 변수가 생성되고 객체로 입력하는 경우는 복수 유형을 정의할 수 있으며, 정의된 what의 길이와 같은 수의 변수값을 한 행에 포함하고 있어야 한다. nmax = : 입력될 데이터 원소의 최대 개수를 양의 정수로 정의한다. −1(디폴트) 등 음의 정수이거나(동시에 인수 nline도 양의 정수로 정의되지 않았을 경우) 생략되면 정의된 파일 내용 전체를 읽어온다. n =: 입력될 데이터 원소의 최대 개수를 양의 정수로 정의한다. 디폴트는 무제한이다. sep =: 데이터 원소를 구분하는 문자를 정의하는 것으로 디폴트는 "" 또는 입력 라인의 끝(end-of-line)이다. 사용될 구분 기호는 1바이트 문자이어야 한다. quote =: 입력 종료를 의미하는 한 문자나 NULL로 정의한다. dec =: 소수점을 나타내는 1바이트 문자(디폴트 ".")로 정의한다. skip =: 데이터 입력 전에 무시할 행의 수(디폴트 0)를 정의한다. nlines=: 데이터를 읽어들일 행의 최대 수를 양의 정수로 정의한다. na.strings = : 결측치를 나타내는 문자에 대한 문자형 벡터를 정의한다. flush =: 논리값으로 TRUE는 파일의 한 행에서 주어진 변수를 모두 입력하였을 경우 그 행의 마지막으로 이동하게 한다. 그러나 만약 한 행에 여러 관찰치의 데이터가 있다면 FALSE(디폴트)로 정의되어야 한다. fill = : 논리값으로 TRUE는 한 행에서 주어진 변수를 모두 입력하지 못하였다면 미입력된 변수는 NULL 값을 갖도록 한다(디폴트 FALSE). quiet =: 논리값으로 FALSE(디폴트)이면 자료의 입력이 종료된 후 입력된 데이터 원소의 개수를 화면에 출력한다. blank.lines.skip =: 논리값으로 TRUE(디폴트)이면 입력 파일 내에 비어 있는 행은 무시한다. 반면 비어 있는 행은 nlines 인수나 skip 인수의 정의에서는 포함된다. multi.line = : 논리값으로 TRUE(디폴트)이면 하나의 관측치에 해당하는 변수의 데이터 값이 여러 행에 나누어져 있음을 나타낸다.

처음의 명령문에서 인수 flush=TRUE 대신에 fill=TRUE을 추가하면 다음과 같이 3개의 레코드를 읽어들인다. 해당 레코드에서 관측이 남는 경우 계속 변수에 할당하고 부족한 부분은 빈 공백으로 채워지는 점이 flush=TRUE 사용과 다른 점임을 알 수 있다.

```
> ## scan() 함수 3
> tmp <- scan(file="Text_Data_example_3.txt",
+     what = list(ID="",X="",Y=""), skip=1, fill=TRUE)
Read 3 records
> as.data.frame(tmp,row.names=NULL, options=FALSE)
  ID  X  Y
1 11 12 13
2 21
3 31 32 33
```

다음은 앞서 언급한 비정형 데이터 파일의 예제로 Text_Data_example_2.txt를 sacn 함수의 인수 flush와 multi.line의 설정을 통해 3개의 변수와 5개의 관찰치를 갖는 데이터 프레임으로 읽어들이는 프로그램 및 실행 결과이다.

```
> ## scan() 함수 4
> tmp <- scan(file="Text_Data_example_2.txt", skip=1, flush=FALSE,
+     multi.line=TRUE, na.strings=("miss"), what=list(ID="",X="",Y=""))
Read 5 records
> as.data.frame(tmp,row.names=NULL, options=FALSE)
   ID    X  Y
1 ID1   11 21
2 ID2   12 22
3 ID3   13 23
4 ID4   14 NA
5 ID5 <NA> 25
```

4.1.3 read.csv(), read.delim() 함수

이 함수들은 read.table() 함수와 동일한 역할을 하는 것으로 데이터의 원소를 구분하는 구분자가 쉼표(,)이거나 탭(tab)일 경우만 사용할 수 있다. 이 함수들은 read.table() 함수와 동일한 인수를 갖고 그 역할도 동일하지만 sep 인수의 디폴트값이 각각 ","와 "\t"로 차이가 있다. 분석 자료의 대부분이 구분자를 ","나 탭(tab)으로 사용하는 텍스트 파일임을 고려할 때 이들 함수들은 분석 데이터의 생성에 매우 유용하게 활용될 수 있다.

4.1.4 read.fwf(), read.fortran() 함수

외부의 데이터 파일이 데이터 원소들이 가지는 열의 범위(width)로 구분되어 있거나 포트란(fortran)에서 사용되는 고정 포맷으로 구분되어 있을 때 이를 R 데이터로 읽어들이는 함수는 read.fwf()와 read.fortran()이다. 두 함수의 사용 문법은 각각의 핵심적인 인수 width와 format을 제외하고는 read.table() 함수와 거의 유사하다. 예제를 통해 두 함수의 기능을 살펴보자.

다음은 read.fwf() 함수의 핵심 인수인 width 지정에 따른 출력결과의 차이를 살펴보기 위한 예제이다. 이를 위해 tempfile() 함수를 통해 임시 파일을 만들고 cat() 함수를 통해 텍스트를 기록하였다. 여기서 unlink(ff) 함수는 ff에 의해 생성된 파일과의 연결을 삭제하기 위한 함수이다.

```
> ff <- tempfile()
> cat(file=ff, "123456", "987654", sep="\n")
> read.fwf(ff,width=c(1,2,3))
  V1 V2  V3
1  1 23 456
2  9 87 654
> read.fwf(ff,width=c(1,-2,3))
  V1  V2
1  1 456
2  9 654
```

```
> read.fwf(ff,width=list(c(1,0,2,3),c(2,2,2)))
  V1 V2 V3  V4 V5 V6 V7
1  1 NA 23 456 98 76 54
> unlink(ff)
> cat(file=ff, "123", "987654", sep="\n")
> read.fwf(ff,width=c(1,0,2,3))
  V1 V2 V3  V4
1  1 NA 23  NA
2  9 NA 87 654
> unlink(ff)
```

각 변수의 열의 범위를 지정하는 인수 width의 값은 c(1,2,3)과 같은 정수형(integer)의 벡터로 지정될 수 있고, 지정된 width 값이 음의 정수일 경우에는 그 만큼의 열을 무시하게 되고 0일 경우에는 결측치로 표시된다. 만약 한 케이스에 대한 관측치가 여러 행에 나뉘어져 있을 경우에는 세 번째 read.fwf() 명령문과 같이 정수형의 벡터들의 리스트로 표시한다.

read.fwf() 함수의 핵심 인수는 format으로 다음의 데이터 포맷 중에서 선택적으로 정의된다. width 인수와 마찬가지로 한 케이스에 대한 관측값들이 한 행에 모두 기록되어 있을 경우 포맷(format)은 문자형 벡터로 정의되고, 한 케이스에 대한 관측값이 여러 행에 나누어 기록되었을 경우에는 문자형 벡터로 구성된 리스트로 정의된다.

구분	포맷
수치형	rFw.d / rDw.d (실수형)
	rIw (정수형)
문자형	rAw
제외	rXw
·	여기서 r, w, d는 양의 정수로 각각 반복 수, 전체 크기, 소수점 이하 크기를 나타낸다.

다음의 명령문 및 출력결과를 통해 read.fortran() 함수의 포맷(format) 지정에 따른 출력결과의 차이를 확인해보라.

```
> ## read.fortran() 함수
> ff <- tempfile()
> cat(file=ff, "123456", "987654", sep="\n")
> read.fortran(ff,format=c("F2.1","F2.0","I2"))
   V1 V2 V3
1 1.2 34 56
2 9.8 76 54
> read.fortran(ff,format=c("2F1.0","2X","2A1"))
  V1 V2 V3 V4
1  1  2  5  6
2  9  8  5  4
> unlink(ff)
> cat(file=ff, "123456AB", "987654CD", sep="\n")
> read.fortran(ff,format=list(c("2F3.1","A2"),c("3I2","2X")))
    V1   V2 V3 V4 V5 V6
1 12.3 45.6 AB 98 76 54
> unlink(ff)
```

4.2 외부 형식 데이터 불러오기

R은 다양한 형식으로 저장된 파일로부터 데이터를 읽어들이는 것이 가능하다. 지금까지 다룬 데이터들은 구분자가 다른 텍스트 파일로부터 데이터 프레임 객체로 읽어들이는 경우였다. 텍스트 파일로 저장된 데이터 이외에도 R의 데이터 생성에 사용할 수 있는 파일 형식은 매우 다양하다.

그 중에서 보편적으로 많이 사용되는 파일로는 dbf 파일과 excel 파일이 있다. 각각의 파일을 직접 읽어들이는 함수는 패키지 foreign 내의 read.dbf()와 패키지 gdata 내의 read.xls()로, 예를 들면 다음과 같다.

```
read.dbf(file="c:\exam.dbf", package="foreign")
read.xls(file="c:\exam.xls", sheet=1, package="gdata").
```

두 함수 모두 read.table() 함수와 유사하게 사용되며 사용 문법은 매우 간단하니 자세한 것은 도움말을 참조하기 바란다.

한편 SAS, SPSS, Minitab과 같이 여러 통계 소프트웨어에서 정의한 고유 형식의 데이터 파일들도 읽어들일 수 있다. 각각의 통계 패키지와 관련된 함수들은 패키지 foreign 내의 read.spss(), read.ssd(), read.mtp() 함수이다.

〈표 4.3〉 reab.spss() 함수의 주요 문법

```
read.spss(file, use.value.labels = TRUE, to.data.frame = FALSE, max.value.labels = Inf,
      trim.factor.names = FALSE, trim_values = TRUE, reencode = NA,
      use.missings = TRUE)
```

여기서

file = "":	데이터를 읽어들일 외부의 spss 데이터 텍스트 파일을 정의한다.
use.value.labels =:	논리값으로 SPSS 데이터 변수의 값에 설정된 레이블(label)을 R의 데이터 프레임으로 읽어 요인 형식의 변수로 사용할 것인가를 정의한다.
to.data.frame =:	데이터 프레임으로 생성 여부를 정의한다.
trim_values =:	논리값으로 use.value.labels = TRUE일 경우, 데이터 값이나 레이블(label)이 포함하고 있는 마지막의 공백의 제거 여부를 정의한다.
use.missings=:	논리값으로 SPSS 데이터 변수에 대해 사용자가 정의한 결측치의 포함 여부를 정의한다.

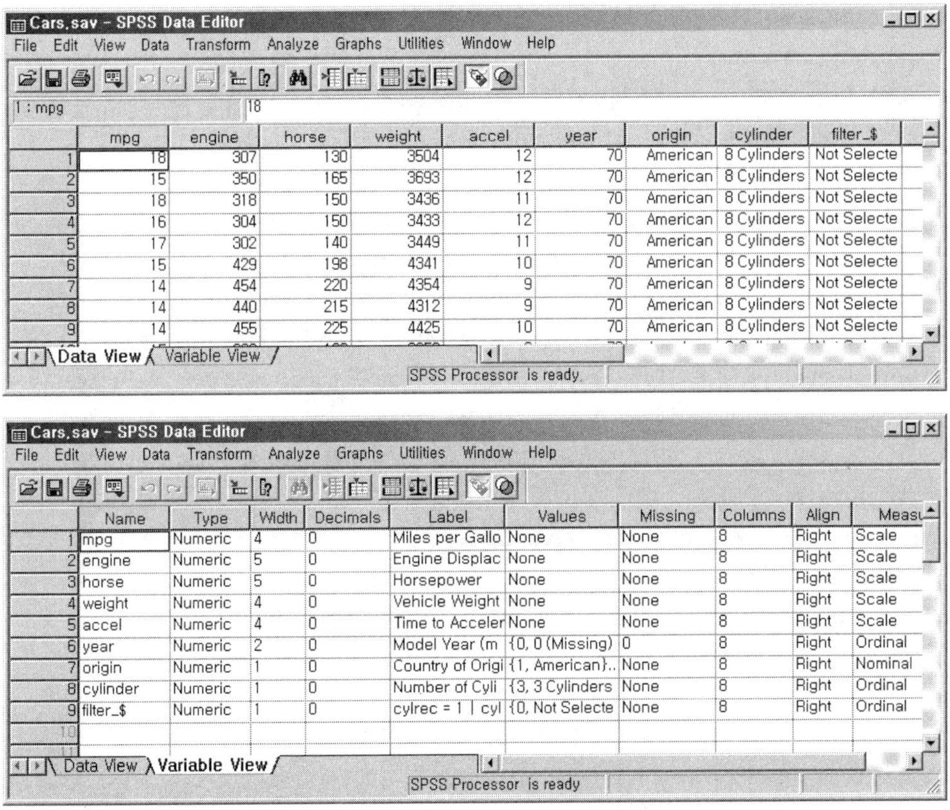

〈그림 4.1〉 SPSS 데이터 세트: Cars.sav

<표 4.3>은 함수 read.spss()의 주요 기능을 정리한 것으로, 이를 참고하여 <그림 4.1>의 SPSS의 예제 데이터 세트 Cars.sav를 R 데이터로 생성해보자. Cars.sav는 9개 변수와 406개 관찰치로 구성되어 있고 각 변수는 변수 레이블이 정의되어 있으며 이 중 범주형 데이터인 year, origin, cylinder, filter_$는 데이터 값의 레이블도 정의되어 있다. 변수 year는 0을 사용자가 결측치로 정의하고 있음을 확인해보자. 이를 R의 데이터 프레임으로 읽어들이기 위한 프로그램과 실행 결과는 아래와 같다

먼저 함수 read.spss()가 속한 foreign 라이브러리를 구동한 후, 데이터 값에 대한 레이블과 사용자가 정의한 결측치를 수용하기 위해 인수 use.value.labels, use.missings를 정의하였다. Cars.sav로부터 생성된 데이터 프레임 data.from.spss의 내용을 살펴보기 위해 head() 함수를 통해 첫 관찰치 5개를 출력하였으며, str() 함수를 통해 변수 레이블 및 변수값의 레이블이 그대로 유지되고 있음을 확인할 수 있다.

```
> ## read.spss() 함수
> library(foreign)
> data.from.SPSS <- read.spss(file="Cars.sav",
+         use.value.labels=TRUE, use.missings=TRUE, to.data.frame=TRUE)
> head( data.from.SPSS)
  MPG ENGINE HORSE WEIGHT ACCEL YEAR  ORIGIN    CYLINDER     FILTER_.
1  18     307   130    3504  12.0   70 American 8 Cylinders Not Selected
2  15     350   165    3693  11.5   70 American 8 Cylinders Not Selected
3  18     318   150    3436  11.0   70 American 8 Cylinders Not Selected
4  16     304   150    3433  12.0   70 American 8 Cylinders Not Selected
5  17     302   140    3449  10.5   70 American 8 Cylinders Not Selected
6  15     429   198    4341  10.0   70 American 8 Cylinders Not Selected
> str(data.from.SPSS)
'data.frame':   406 obs. of  9 variables:
 $ MPG      : num  18 15 18 16 17 15 14 14 14 15 ...
 $ ENGINE   : num  307 350 318 304 302 429 454 440 455 390 ...
 $ HORSE    : num  130 165 150 150 140 198 220 215 225 190 ...
 $ WEIGHT   : num  3504 3693 3436 3433 3449 ...
 $ ACCEL    : num  12 11.5 11 12 10.5 10 9 8.5 10 8.5 ...
 $ YEAR     : Factor w/ 13 levels "70","71","72",..: 1 1 1 1 1 1 1 1 1 1 ...
 $ ORIGIN   : Factor w/ 3 levels "American","European",..: 1 1 1 1 1 1 1 1 1 1 ...
 $ CYLINDER: Factor w/ 5 levels "3 Cylinders",..: 5 5 5 5 5 5 5 5 5 5 ...
 $ FILTER_.: Factor w/ 2 levels "Not Selected",..: 1 1 1 1 1 1 1 1 1 1 ...
 - attr(*, "variable.labels")= Named chr  "Miles per Gallon" "Engine Displacement
(cu. inches)" "Horsepower" "Vehicle Weight (lbs.)" ...
  ..- attr(*, "names")= chr  "MPG" "ENGINE" "HORSE" "WEIGHT" ...
```

SAS의 고유한 데이터 세트는 파일 이름의 확장자가 ssd0x, sas7bdat로 구분되는데, 이를 R의 데이터로 불러들이기 위한 함수 read.ssd()의 사용법은 <표 4.4>로 실제 함수 read.ssd()을 수행하기 위해서는 SAS 프로그램을 연동해야 하므로 SAS의 구동도 가능해야 함을 기억하자. 따라서 SAS의 구동이 여의치 않을 경우는 SAS 데이터 세트를 구분자가 쉼표(,)이거나 탭(tab)인 파일 또는 정의된 포맷을 갖는 텍스트 파일로 저장하여 이용하도록 한다.

〈표 4.4〉 reab.ssd() 함수의 주요 문법

read.ssd(libname, sectionnames) 여기서 libname = "": SAS 데이터 세트를 읽어들일 때 SAS의 라이브러리의 개념을 응용하여 데이터 세트의 저장 위치를 정의한다. sectionnames ="": 확장자가 ssd, ssd0x, sas7bat 인 SAS 데이터 세트 이름을 정의한다. sascmd ="": SAS를 연동하기 위해 파일 sas.exe의 저장 위치를 정의한다.

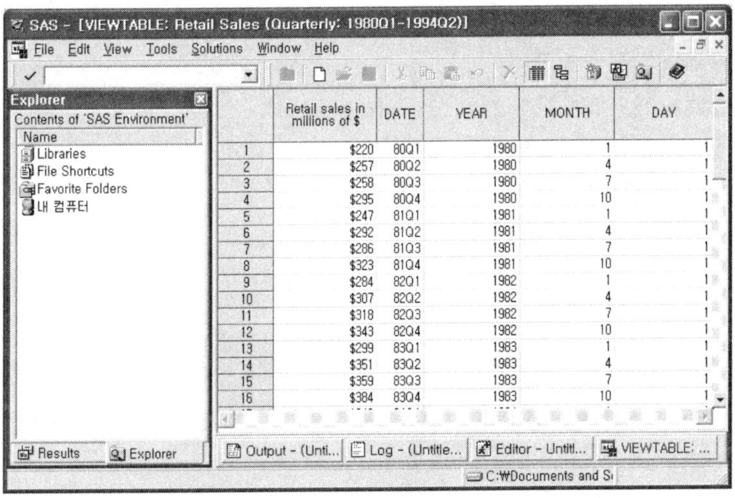

〈그림 4.2〉 SAS 데이터 세트 : retail.sas7bdat

함수 read.ssd()을 이용해 <그림 4.2>와 같이 5개 변수와 58개 관찰치로 구성된 SAS의 예제 데이터 세트 retail을 R 데이터로 생성해보자. 이를 R의 데이터 프레임 data.from.sas로 읽어들이기 위한 프로그램과 실행 결과는 아래와 같다. libname 인수를 통해 SAS 데이터 세트의 위치를, 인수 sectionnames를 통해 데이터 세트의 이름을 정의하고 SAS 프로그램의 연동을 위해 sas.exe 파일의 위치를 인수 sascmd을 통해 정의하였다. retail.sas7bdat로부터 생성된 data.from.sas의 내용을 살펴보기 위해 tail() 함수를 통해 마지막 관찰치 5개를 출력하였으며, str() 함수를 통해 5개 변수와 58개 관찰치가 불러들여졌음을 확인하였다.

```
> ## read.ssd() 함수
> data.from.sas <- read.ssd(libname="E://R 2.11.1//Data", sectionnames="retail",
+                  sascmd="C://Program Files//SAS//SAS 9.1//sas.exe")
> tail(data.from.sas)
   SALES  DATE YEAR MONTH DAY
53   758 12054 1993     1   1
54   909 12144 1993     4   1
55   920 12235 1993     7   1
56   991 12327 1993    10   1
57   876 12419 1994     1   1
58   998 12509 1994     4   1
> str(data.from.sas)
'data.frame':   58 obs. of  5 variables:
 $ SALES: num  220 257 258 295 247 292 286 323 284 307 ...
 $ DATE : num  7305 7396 7487 7579 7671 ...
 $ YEAR : num  1980 1980 1980 1980 1981 ...
 $ MONTH: num  1 4 7 10 1 4 7 10 1 4 ...
 $ DAY  : num  1 1 1 1 1 1 1 1 1 1 ...
```

또한 데이터베이스 내의 DB 테이블을 직접 읽어 R의 분석 자료로 생성할 수 있는데 이런 기능과 관련된 패키지는 DBI, RMySQL, RODBC 등이 있다. 6장의 내용을 참고하기 바란다.

4.3 데이터의 출력

자료 객체를 저장하는 방법은 저장 형식에 따라 구분되는데, R의 객체 형식에 따라 저장하는 방법은 1장에서 다룬 바와 같이 save() 함수를 이용하고, 외부의 텍스트 파일로 저장하는 방법은 write(), write.matrix(), write.table() 함수 등을 이용하며, 원하는 저장 형식에 따라 저장하려면 write.dbf(), write.foreign() 함수 등을 이용할 수 있다.

4.3.1 텍스트 파일로 저장

write() 함수는 주로 2차원의 행렬 데이터 객체를 텍스트 파일로 저장하는 기능을 하고, MASS 패키지에 속한 write.matrix() 함수는 행렬이나 데이터 프레임 객체를 저장하는 기능을 한다. 두 함수의 주요 사용 문법은 <표 4.5>와 같다.

〈표 4.5〉 write()와 write.matrix() 함수의 주요 사용 문법

write(x, file = "data", ncolumns = if(is.character(x)) 1 else 5, sep = " ")
write.matrix(x, file = "", sep = " ")

여기서

x =: 외부 파일에 저장할 데이터 이름을 정의한다.

file =: 데이터를 저장할 외부 파일 이름을 정의하고 ""의 경우에는 R 콘솔 화면에 출력된다.

ncolumns =: 저장할 데이터의 열의 개수를 정의한다.

sep=: 동일한 행 내의 변수값의 구분자를 ",", "\t" 등으로 정의한다. 디폴트는 " "으로 공백(blank)이다.

write() 함수는 변수명 등을 제외한 데이터 값만을 저장한다. 주의할 점은 2차원의 행렬 데이터 객체의 경우에 파일에 행과 열이 바뀌어 저장되므로 주어진 행과 열을 유지하기 위해서는 사전에 행과 열의 치환이 필요하다. 다음에서 t() 함수는 행렬의 치환 함수로 예제를 통해 행과 열의 치환 및 구분자의 정의 방법과 수행 결과 생성된 <표 4.6>의 파일 내용을 살펴보자.

```
> ## write() 함수
> x <- matrix(1:10,ncol=5);    x
     [,1] [,2] [,3] [,4] [,5]
[1,]    1    3    5    7    9
[2,]    2    4    6    8   10
> write(x, "E://R 2.11.1//Data//ex_write_1.txt")
> write(t(x), "E://R 2.11.1//Data//ex_write_2.txt", sep=",")
```

〈표 4.6〉 write() 예제를 통한 생성 파일

ex_write_1.txt	ex_write_2.txt
1 2 3 4 5 6 7 8 9 10	1,3,5,7,9 2,4,6,8,10

write.matrix() 함수는 MASS 패키지에 포함되어 있으므로 사전에 MASS 패키지를 구동하여야 하며, 데이터 값 이외에 변수명도 함께 저장되지만 관찰치 이름은 저장하지 않으므로 주의하도록 하자. 다음의 예제를 통해 활용법을 살펴보고 수행 결과 생성된 <표 4.7>의 파일 내용을 살펴보자.

```
> ## write.matrix() 함수
> setwd("E://R 2.11.1/Data")
> y <- read.table(file="Text_Data_example_1.txt", header=TRUE) ;  y
        x  y
ID1    11 21
ID2    12 22
ID3    13 NA
ID4    14 24
ID5 miss 25
> library(MASS)
> write.matrix(y, "E://R 2.11.1//Data//ex_write.matrix_1.txt")
```

〈표 4.7〉 write.matrix() 예제를 통한 생성 파일

ex_write.matrix_1.txt
x y 11 21 12 22 13 NA 14 24 miss 25

write.table() 함수는 일반적으로 자료 객체를 텍스트 형식의 외부 파일로 출력하는데 사용되는 것으로 변수명, 관찰치 명, 데이터의 유형 등 많은 정보를 포함하는 파일로 저

장할 수 있다. 사용 문법은 <표 4.8>과 같다. 참고로 write.csv() 함수는 write.table() 함수에 대해 동일한 문법으로 사용되며 인수 sep=','이 디폴트이다.

〈표 4.8〉 write.table ()함수의 사용 문법

```
write.table(x, file = "", append = FALSE, quote = TRUE, sep = " ", eol = "\n", na = "NA",
        dec = ".", row.names = TRUE, col.names = TRUE,
        qmethod = c("escape", "double"))
```

여기서

x ="": 외부 파일에 출력할 행렬이나 데이터 프레임의 이름으로, 만약 기타 형식의 자료 객체일 경우, 데이터 프레임의 형식을 갖도록 강제된다.

file =: 데이터를 저장할 외부 파일 이름으로 ""일 경우는 R 콘솔 화면에 출력된다.

append =: 논리값으로 TRUE이면 기존의 파일이 있을 경우, 출력값이 기존 파일 내용의 마지막에 연결되어 저장된다. FALSE(디폴트)이면 출력값이 기존 파일을 대체한다.

quote =: 논리값이나 수치형 벡터로 TRUE(디폴트)이면 문자형 변수값의 앞뒤에 ""이 결합되어 저장되고 수치형 벡터일 경우에는 ""을 추가해 저장할 변수의 열 위치를 나타낸다. 위의 두 경우 모두 행과 열의 이름은 ""을 추가해 저장한다. FALSE이면 모든 자료를 "" 없이 출력한다.

sep=: 동일한 행 내의 변수값의 구분 문자를 정의한다. 디폴트는 공백(blank)이다.

eol =: 각 행의 끝을 표시하는 구분자를 정의한다. 디폴트는 "\n"이다.

na=: 결측치 표현에 대한 정의로 디폴트는 "NA"이다

dec=: 소수점을 표시할 크기 1인 문자를 정의하며 디폴트는 "."이다.

row.names=: 논리값(디폴트 TRUE) 또는 행의 이름을 기록한 벡터로 TRUE이면 x의 행 이름이 동시에 출력되며 문자형 벡터일 경우는 정의된 값으로 새로운 행 이름을 정의해 함께 출력한다.

col.names=: 열 이름에 대해 row.names 인수와 동일한 정의를 한다.

qmethod=: 문자 데이터 값에 포함된 " 문자에 대한 처리 방법으로 "ecsape"(디폴트)의 경우 \로 전환되며 "double"일 경우는 중복해서 기록된다.

앞서 예제에 사용한 객체들을 write.table() 함수를 통해 텍스트 파일로 저장해 차이점을 비교해보자. 객체 x는 행과 열의 치환이 필요없이 원형식대로 디폴트 변수명인 'V1'~'V5'와 관찰치 '1', '2'를 갖는 데이터로 저장되었다. 객체 y는 데이터를 읽

어들이는 과정에서 데이터 값 'miss'로 인해 변수 x가 문자형으로 정의되었으며, 이를 구분하기 위해 변수 x의 데이터 값들이 “”을 포함하여 파일로 저장되었음을 확인해보자. 객체 z는 3차원 배열로 이를 write.table() 함수로 저장하고자 할 때는 먼저 2차원의 데이터 프레임 객체로 변환되며 실행 결과 저장된 파일의 내용은 <표 4.9>를 통해 확인할 수 있다.

```
> ## write.table() 함수
> write.table(x, "E://R 2.11.1//Data//ex_write.table_1.txt")
> write.table(y, "E://R 2.11.1//Data//ex_write.table_2.txt")
> z <- array(1:20, dim=c(5,2,2));  z
, , 1
     [,1] [,2]
[1,]    1    6
[2,]    2    7
[3,]    3    8
[4,]    4    9
[5,]    5   10
, , 2
     [,1] [,2]
[1,]   11   16
[2,]   12   17
[3,]   13   18
[4,]   14   19
[5,]   15   20
> write.table(z, "E://R 2.11.1//Data//ex_write.table_3.txt")
```

〈표 4.9〉 write.table() 예제를 통한 생성 파일

ex_write.table_1.txt	ex_write.table_2.txt	ex_write.table_3.txt
"V1" "V2" "V3" "V4" "V5" "1" 1 3 5 7 9 "2" 2 4 6 8 10	"x" "y" "ID1" "11" 21 "ID2" "12" 22 "ID3" "13" NA "ID4" "14" 24 "ID5" "miss" 25	"X1" "X2" "X3" "X4" "1" 1 6 11 16 "2" 2 7 12 17 "3" 3 8 13 18 "4" 4 9 14 19 "5" 5 10 15 20

4.3.2 외부 형식의 파일로 저장

R의 데이터는 텍스트 파일 이외에 dbf 파일이나 SAS, SPSS 등의 데이터 파일로 저장이 가능하다. foreign 패키지 내의 함수 write.dbf()는 R의 데이터 객체를 직접 dbf 형식의 파일로 저장하는데, R의 데이터 세트인 InsectSprays를 dbf 파일로 생성하는 프로그램은 아래와 같다.

```
## write.dbf() 함수
write.dbf(InsectSprays, "ex.write.dbf.dbf")
```

위의 프로그램을 수행해 생성된 파일 'ex.write.dbf.dbf'를 엑셀을 통해 <그림 4.3>과 같음을 확인해보자.

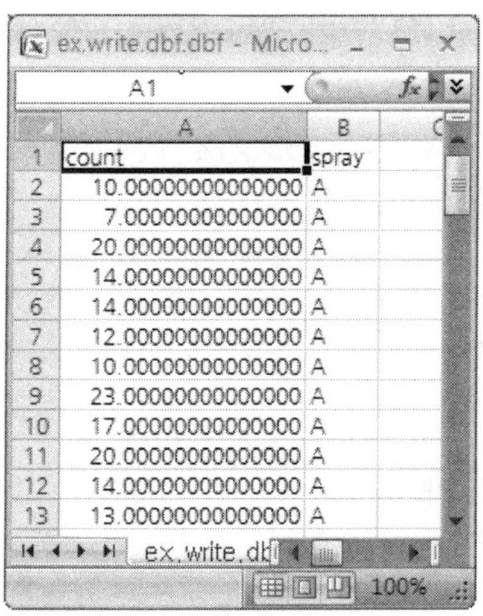

	A	B
1	count	spray
2	10.00000000000000	A
3	7.00000000000000	A
4	20.00000000000000	A
5	14.00000000000000	A
6	14.00000000000000	A
7	12.00000000000000	A
8	10.00000000000000	A
9	23.00000000000000	A
10	17.00000000000000	A
11	20.00000000000000	A
12	14.00000000000000	A
13	13.00000000000000	A

〈그림 4.3〉 ex.write.dbf.dbf 파일

foreign 패키지 내의 write.foreign() 함수는 R의 데이터 객체를 텍스트 파일로 저장하고 이 파일을 SAS, SPSS 형식의 데이터로 읽어들일 수 있도록 각각의 문법에 맞는 프로그램 파일을 생성한다. 아래의 프로그램은 R의 데이터 세트인 InsectSprays를 SAS와 SPSS 형식으로 생성하기 위해 write.foreign() 함수를 이용한 것이다.

```
## write.foreign() 함수
write.foreign(InsectSprays,datafile="ex_write.foreign_1.txt",
                        codefile="ex_write.foreign_1.sas",package="SAS")
write.foreign(InsectSprays,datafile="ex_write.foreign_2.txt",
                       codefile="ex_write.foreign_2.sps",package="SPSS")
```

프로그램 수행 후 ex_write.foreign_1.txt, ex_write.foreign_1.sas 파일과 ex_write.foreign_2.txt, ex_write.foreign_2.sps 파일이 생성되었음을 확인해보라. 데이터를 구분자 ','로 저장한 텍스트 파일인 ex_write.foreign_1.txt와 ex_write.foreign_2.txt는 유사하며 각각의 프로그램 파일은 <표 4.10>과 같다. <그림 4.4>는 SAS와 SPSS를 구동한 후에 각각의 프로그램을 실행하여 얻을 수 있는 데이터 형태이다.

〈표 4.10〉 ex_write.foreign_1.sas와 ex_write.foreign_2.sps 파일

ex_write.foreign_1.sas	ex_write.foreign_2.sps
* Written by R; * write.foreign(InsectSprays, datafile = "ex_write.foreign_1.txt", ; PROC FORMAT value spray 1 = "A" 2 = "B" 3 = "C" 4 = "D" 5 = "E" 6 = "F" ; DATA rdata ; INFILE "ex_write.foreign_1.txt" DSD LRECL= 8 ; INPUT count spray ; FORMAT spray spray. ; RUN;	DATA LIST FILE= "ex_write.foreign_2.txt" free (",") / count spray . VARIABLE LABELS count "count" spray "spray" . VALUE LABELS / spray 1 "A" 2 "B" 3 "C" 4 "D" 5 "E" 6 "F" . EXECUTE.

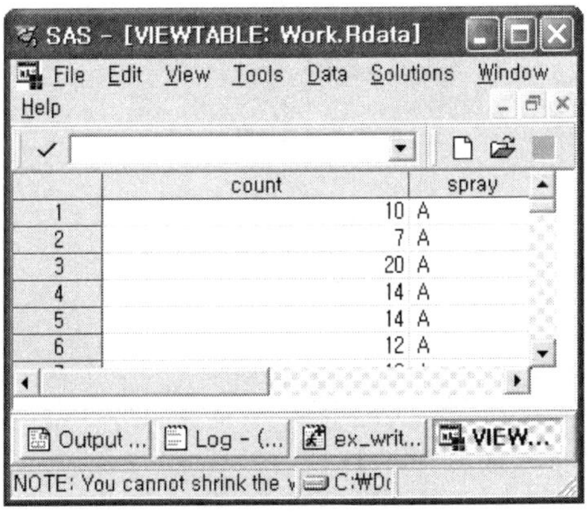

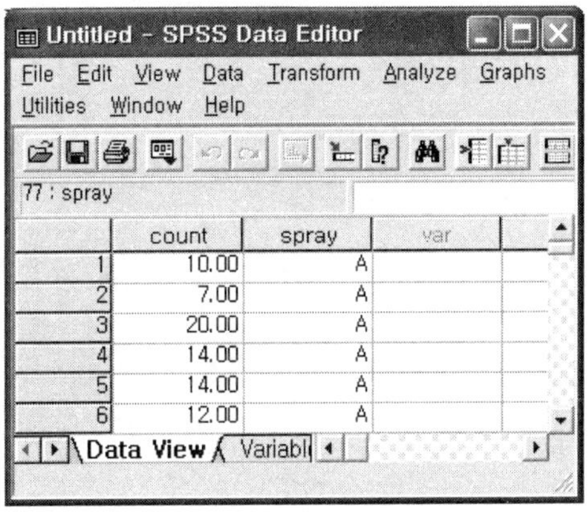

〈그림 4.4〉 생성된 SAS와 SPSS 데이터 세트

5장 데이터 구조의 변경 및 결합

5.1 변수 및 관찰치의 선택

5.2 데이터의 변형

5.3 데이터의 요약

5.4 데이터의 결합

전체 자료 객체 중에서 특정 변수(열) 또는 관찰치(행)를 선택하는 방법과 데이터의 변환, 요약, 정렬 등의 변형 방법, 복수의 데이터 객체에 대한 결합 방법에 대해 알아보자.

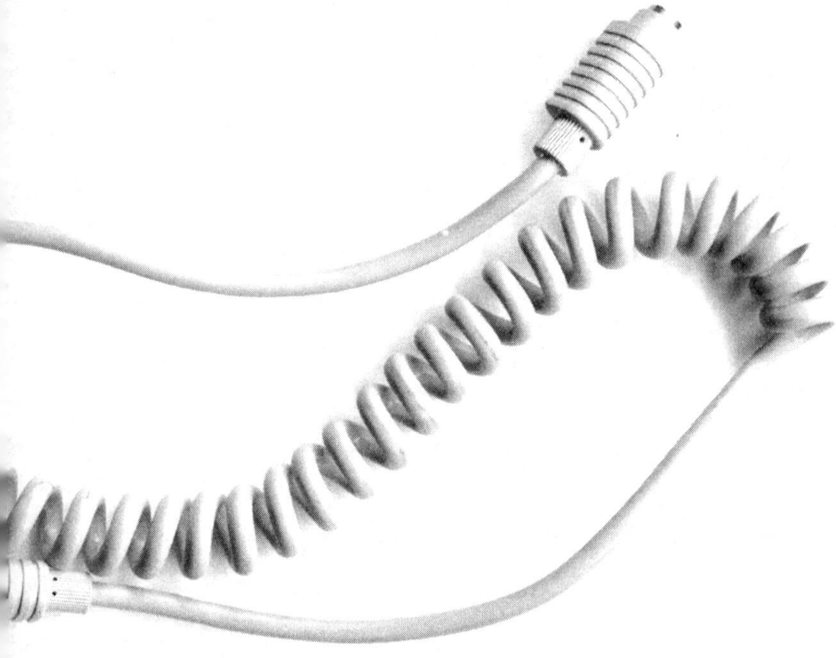

5.1 변수 및 관찰치의 선택

데이터 객체에서 특정 변수(열)나 관찰치(행)을 선택하는 방법은 인덱스(index), $ 기호, 부분집합(subset) 등을 활용하는 것으로 사용자의 선호나 상황에 따라 편리한 방식을 사용하면 된다.

5.1.1 변수의 선택

원하는 자료의 차원별 위치를 정의하기 위해 연산자 [ ], [[ ]]을 사용하는 인덱스 기법은 기존에 정의된 자료 객체 중 일부를 활용하거나 변환시킬 때 유용하게 사용된다. 여기서 연산자 [[ ]]은 리스트 객체의 원소 추출에 주로 사용되며 이를 제외한 나머지 다른 형식의 원소 추출에서는 1차원의 인수를 가질 경우, [ ]와 동일한 기능을 한다. 일반적으로 인덱싱에 사용되는 인수는 정수형이나 추가로 논리형, 문자형도 가능하고 인덱싱에서 정수형으로 주어진 1차원의 인수는 객체 내 원소의 순서(행 기준)를 기준으로 추출된다.

예제를 통해 변수 선택에 있어 인덱스의 다양한 사용법에 대해 살펴보자. 사용될 예제 데이터는 후각 자극이 학습에 미치는 효과에 대한 실험 결과로 21명의 실험 참여자의 속성 및 총 6회의 미로 찾기에 걸린 시간으로 구성된 data.scents로 <표 5.1>과 같다.

실험 참여자의 속성을 제외하고 실험 결과인 변수 T11~T13, T21~T23에 대해 정수형 인수를 갖는 인덱스 기법을 통해 선택하는 방법은 아래 프로그램과 같다.

```
## 변수의 선택 : 인덱스 활용
data.scents <- read.table("E://R 2.11.1//data_scents.TXT",header=T)
data.scents[,6:11]                    # 1
data.scents[6:11]                     # 2
data.scents[,c(6,7,8,9,10,11)]        # 3
data.scents[,-(1:5)]                  # 4
data.scents[,-c(1:5,7:8,10:11)]       # 5
```

위의 프로그램에서 #1은 데이터의 원소를 정의하는 연산자 [행,열]을 통해 가장 기본적인 방법으로 data.scents[,6:11]은 data.scents의 6~11번째 변수를 선택하도록 한다. 이는 변수를 명확하게 구분하여 정의하는 콤마(,)를 생략하고 사용하는 #2와 동일하나 프로그램 작성 및 해석의 편리성을 위해 #1과 같이 관찰치(행)와 변수(열)을 명확히 구분하는 것을 추천한다. #3은 연속하지 않은 변수의 번호를 선택할 경우 편리한 c() 함수를 이용하는 방법으로, 예를 들어 첫 번째 실험 결과만을 선택할 경우, data.scents[,c(6,9)]로 표현된다. #4, #5 프로그램은 전체 데이터 중 선택에서 제외할 변수를 표현하는 음의 정수를 인수로 하는 경우로 #4는 6~11번째 변수를, #5는 6번째와 9번째 변수 이외의 모든 변수를 제외하도록 한다.

〈표 5.1〉 data.scents 데이터

[변수]
- ID: 구분
- Sex: 성별
- SM: 흡연 여부, No/Yes
- Age: 연령
- Order: 실험 순서, 1(후각 비자극)/2(후각 자극)
- T11~T13: 3회의 후각 비자극 실험 결과
- T21~T23: 3회의 후각 자극 실험 결과

ID	Sex	SM	Age	Order	T11	T12	T13	T21	T22	T23
1	M	N	23	1	38.4	27.7	25.7	53.1	30.6	30.2
2	F	Y	43	2	46.2	57.2	41.9	54.7	43.3	56.7
3	M	N	43	1	72.5	57.9	51.9	74.2	53.4	42.4
4	M	N	32	2	38.0	38.0	32.2	49.6	37.4	34.4
5	M	N	15	1	82.8	57.9	64.7	53.6	48.6	44.8
6	F	Y	37	2	33.9	32.0	31.4	51.3	35.5	42.9
7	F	N	26	1	50.4	40.6	40.1	44.1	46.9	42.7
8	F	N	35	2	35.0	33.1	43.2	34.0	26.4	24.8
9	M	N	26	1	32.8	26.8	33.9	34.5	25.1	25.1
10	F	N	31	2	60.1	53.2	40.4	59.1	87.1	59.2
11	F	Y	35	1	75.1	63.1	58.0	67.3	43.8	42.2
12	F	Y	55	2	57.6	57.7	61.5	75.5	126.6	48.4
13	F	Y	25	1	55.5	63.3	44.6	41.1	41.8	32.0
14	M	Y	39	2	49.5	45.8	35.3	52.2	53.8	48.1
15	M	N	25	1	40.9	35.7	37.2	28.3	26.0	33.7
16	M	N	26	2	44.3	46.8	39.4	74.9	45.3	42.6
17	M	Y	33	1	93.8	91.9	77.4	77.5	55.8	54.9
18	M	N	62	2	47.9	59.9	52.8	50.9	58.6	64.5
19	F	Y	54	1	75.2	54.1	63.6	70.1	44.0	43.1
20	F	N	38	2	46.2	39.3	56.6	60.3	47.8	52.8
21	M	N	65	1	56.3	45.8	58.9	59.9	36.8	44.3

출처: http://lib.stat.cmu.edu/DASL/Datafiles/Scents.html

연산자 []와 [[]]의 차이는 앞서 언급한 바와 같이 리스트 구성 원소의 추출에서만 차이를 보인다. 아래의 예제를 통해 확인해보자. y[3]과 y[[3]]의 출력결과를 보면 유사하지만 출력결과의 표현에는 차이를 보인다. y[3]과 y[[3]]의 길이와 유형을 확인해 보면 y[3]은 리스트 객체로 길이가 1이지만 y[[3]]은 추출된 원천과 상관없이 벡터 객체로 길이가 2임을 확인할 수 있다.

```
> ## 연산자 []와 [[]]의 차이
> y <- list(1,2,c=c(4,5),d=list(e=6,f="seven"),8)
> y[3]
$c
[1] 4 5
> y[[3]]
[1] 4 5
> is.list(y[3])
[1] TRUE
> is.list(y[[3]])
[1] FALSE
> is.vector(y[3])
[1] TRUE
> is.vector(y[[3]])
[1] TRUE
> length(y[3])
[1] 1
> length(y[[3]])
[1] 2
```

논리형 인수를 갖는 인덱스 기법은 선택하고자 하는 변수에 참인 논리값을 정의하는 것으로, 예제 데이터 data.scents의 변수 T11~T13, T21~T23을 선택하는 아래의 프로그램은 11개의 변수에 직접 참과 거짓의 논리값을 할당해 변수를 선택하고 있다. 문자형 인수를 갖는 인덱스 기법은 변수명을 활용하는 것으로, 가장 기본적으로 선택하고자 하는 변수명을 나열하면 된다.

```
## 변수의 선택 : 논리형 인덱스 활용
data.scents[,c(F,F,F,F,F,T,T,T,T,T,T)]
data.scents[,as.logical(c(0,0,0,0,0,1,1,1,1,1,1))]
data.scents[,as.logical(c(rep(0,5),rep(1,6)))]
data.scents[,c("T11","T12","T13","T21","T22","T23")]
```

위에서 정의한 인수를 활용해 예제 데이터 data.scents의 변수 T11~T13 중에서 아래와 같이 select.vars.1~select.vars.4를 통해 선택할 변수를 표현하는 다양한 방법에 대해 익혀보자. 각 데이터를 이용해 변수 T11~T13을 선택하는 방법은 data.scents[,select.vars.1]과 같고 문자형 데이터의 처리에 대한 paste(), substr(), grep() 함수의 사용법은 7장을, 주어진 조건을 만족하는 인덱스를 추출하는 which() 함수의 사용법은 도움말을 참조하기 바란다.

```
> ## 변수의 선택 : 다양한 활용
> select.vars.1 <- paste("T1",1:3, sep="")
> select.vars.2 <- substr(names(data.scents),1,2)=="T1"
> select.vars.3 <- grep("^T1",names(data.scents))
> select.vars.4 <- names(data.scents) %in% c("T11","T12","T13")
> select.vars.5 <- which(names(data.scents) %in% c("T11","T12","T13"))
> select.vars.1
[1] "T11" "T12" "T13"
> select.vars.2
 [1] FALSE FALSE FALSE FALSE FALSE  TRUE  TRUE  TRUE FALSE FALSE FALSE
> select.vars.3
[1] 6 7 8
> select.vars.4
 [1] FALSE FALSE FALSE FALSE FALSE  TRUE  TRUE  TRUE FALSE FALSE FALSE
> select.vars.5
[1] 6 7 8
```

인덱스 기법 이외에 $ 기호를 이용한 변수 선택 방법은 '$변수명'을 통해 활용한다. 예제 데이터 data.scents의 변수 T11~T13를 선택하는 프로그램은 다음과 같다.

```
## 변수의 선택 : $ 활용 1
data.frame(data.scents$T11,data.scents$T12,data.scents$T13)
```

$ 기호를 이용해 리스트 객체 등과 같은 3차 이상의 데이터 객체의 하위 차수 데이터에 대한 변수 선택이 가능한데 앞서 예제에 사용한 리스크 객체 y의 경우, 아래의 예제와 같이 yde, ydf로 선택이 가능하다.

```
> ## 변수의 선택 : $ 활용 2
> y <- list(1,2,c=c(4,5),d=list(e=6,f="seven"),8)
> y
[[1]]
[1] 1

[[2]]
[1] 2

$c
[1] 4 5

$d
$d$e
[1] 6

$d$f
[1] "seven"

[[5]]
[1] 8

> y$d$e
[1] 6
> y$d$f
[1] "seven"
>
```

subset() 함수는 데이터 객체 중에서 조건을 만족하는 데이터의 정의된 변수를 선택하는 것으로 사용 문법은 <표 5.2>와 같다. 변수 선택은 select 인수를 통해 이루어지며, 방법은 아래의 프로그램과 같이 앞선 예제에서의 사용법과 동일하다.

```
## 변수의 선택 : subset() 함수
subset(data.scents, select=c(6,7,8,9,10,11))
subset(data.scents, select=as.logical(c(rep(0,5),rep(1,3),rep(0,3))))
subset(data.scents, select=grep("^T1",names(data.scents)))
```

〈표 5.2〉 subset() 함수의 주요 사용 문법

subset(x, subset, select, drop = FALSE)
여기서
x =: 일부가 선택되어질 데이터 객체를 정의한다.
subset =: 선택할 데이터 원소나 행의 논리식을 나타내며 결측치에 대해서 거짓(false)으로 정의된다.
select =: 선택할 데이터의 변수(열)를 나타낸다.

5.1.2 관찰치의 선택

데이터 객체에서 특정 관찰치(행)를 선택하는 방법은 인덱스(index), 부분집합(subset) 등을 활용하는 것으로, 그 사용법은 변수를 선택하는 것과 유사하다. 먼저 인덱스 기법을 활용하는 아래의 예제를 살펴보자. 여기서 nrow() 함수는 데이터 객체의 행의 수를 나타낸다.

```
## 관찰치의 선택 : 인덱스 활용
data.scents[6:11,]
data.scents[c(6,7,8,9,10,11),]
data.scents[-c(1:5,12:nrow(data.scents)),]
```

관찰치(행)의 이름이 정의되어 있을 경우, 이를 이용하는 방법은 다음의 예제와 같고 R의 데이터 객체에 주어지는 관찰치의 이름은 디폴트로 관찰치의 순서대로 정의되는 “1”, “2”, ...이다.

```
> ## 관찰치의 선택 : 관찰치명 활용
> rownames(data.scents)
 [1] "1"  "2"  "3"  "4"  "5"  "6"  "7"  "8"  "9"  "10" "11" "12" "13" "14" 
"15" "16"
[17] "17" "18" "19" "20" "21"
> data.scents[c("1","2","3","4","5","6"),]
  ID Sex SM Age Order  T11  T12  T13  T21  T22  T23
1  1   M  N  23     1 38.4 27.7 25.7 53.1 30.6 30.2
2  2   F  Y  43     2 46.2 57.2 41.9 54.7 43.3 56.7
3  3   M  N  43     1 72.5 57.9 51.9 74.2 53.4 42.4
4  4   M  N  32     2 38.0 38.0 32.2 49.6 37.4 34.4
5  5   M  N  15     1 82.8 57.9 64.7 53.6 48.6 44.8
6  6   F  Y  37     2 33.9 32.0 31.4 51.3 35.5 42.9
```

관찰치의 선택에 현실적으로 가장 많이 활용되는 방법은 특정 변수의 값을 기준으로 하는 논리식을 이용하는 것이다. 다음의 프로그램을 통해 활용법을 익혀보자.

```
## 관찰치의 선택 : 논리식 활용
data.scents[data.scents$ID<=6,]
data.scents[data.scents[1,] %in% c(1,2,3,4,5,6),]
data.scents[!data.scents["Sex"] == "M",]
data.scents[data.scents$Sex=="M" & data.scents$Age>=40,]
data.scents[!(data.scents$Sex=="F" & data.scents$SM=="N"),]
data.scents[which(data.scents$SM=="N"),]
```

변수와 관찰치를 동시에 선택해야 하는 경우는 5.1.1절의 변수 선택 방법과 관찰치 선택 방법을 동시에 표현하거나 이와 유사한 subset() 함수를 이용한다. 아래의 예제 프로그램을 참조하도록 하자.

```
## 변수와 관찰치의 선택
data.scents[data.scents$Sex == "M",c(6,9)]
subset(data.scents, subset=(Sex == "M"), select=c(6,9))
```

참고로 선택적으로 데이터 값을 변화시키고자 할 경우, 위와 같은 표현식이 유용하게 사용된다. 예를 들어 데이터 data.scents의 남성 참가자의 첫 번째 실험의 관측시간이 80 이상일 경우는 전체 실험 관측을 오류로 정의해 결측치로 변경하고자 한다면, R 프로그램을 추가로 사용하지 않고 아래와 같이 적용할 수 있다.

```
> ## 선택적 데이터 값 변화
> data.scents[data.scents$Sex == "M",c(6:11)]
    T11  T12  T13  T21  T22  T23
1  38.4 27.7 25.7 53.1 30.6 30.2
3  72.5 57.9 51.9 74.2 53.4 42.4
4  38.0 38.0 32.2 49.6 37.4 34.4
5  82.8 57.9 64.7 53.6 48.6 44.8
9  32.8 26.8 33.9 34.5 25.1 25.1
14 49.5 45.8 35.3 52.2 53.8 48.1
15 40.9 35.7 37.2 28.3 26.0 33.7
16 44.3 46.8 39.4 74.9 45.3 42.6
17 93.8 91.9 77.4 77.5 55.8 54.9
18 47.9 59.9 52.8 50.9 58.6 64.5
21 56.3 45.8 58.9 59.9 36.8 44.3
> data.scents[data.scents$Sex == "M" & data.scents$T11 >= 80,c(6:11)] <- NA
> data.scents[data.scents$Sex == "M",c(6:11)]
    T11  T12  T13  T21  T22  T23
1  38.4 27.7 25.7 53.1 30.6 30.2
3  72.5 57.9 51.9 74.2 53.4 42.4
4  38.0 38.0 32.2 49.6 37.4 34.4
5    NA   NA   NA   NA   NA   NA
9  32.8 26.8 33.9 34.5 25.1 25.1
14 49.5 45.8 35.3 52.2 53.8 48.1
15 40.9 35.7 37.2 28.3 26.0 33.7
16 44.3 46.8 39.4 74.9 45.3 42.6
17   NA   NA   NA   NA   NA   NA
18 47.9 59.9 52.8 50.9 58.6 64.5
21 56.3 45.8 58.9 59.9 36.8 44.3
```

5.2 데이터의 변형

이 절에서는 데이터 객체에 대해 정의된 변수를 기준으로 정렬하거나 기존 변수를 이용한 새로운 변수의 생성과 mean()과 같은 함수를 통해 전체 데이터 또는 주어진 그룹(예를 들어 남/여)별 데이터의 요약 방법에 대해 살펴보자.

5.2.1 데이터의 정렬

R에서 데이터의 정렬은 정렬 기준 변수에 따라 순서대로 관찰치의 인덱스를 추출하고 이를 이용해 데이터를 재배열하는 방식을 따른다. 정렬 기준에 따라 관찰치의 인덱스를 추출하는 함수는 sort(), order()가 있는데 둘 이상의 정렬 기준을 정의할 수 있는 order() 함수가 일반적으로 사용된다. order() 함수의 사용 문법은 <표 5.3>과 같다. 아래의 예제를 통해 order() 함수를 이용한 정렬 방법을 익혀보자.

〈표 5.3〉 order() 함수의 사용 문법

```
order(..., na.last = TRUE, decreasing = FALSE)

여기서
          ... =: 정렬할 숫자형, 복소수형, 문자형, 논리형 벡터 객체들을 정의한다.
     na.last =: 논리값으로 정렬 기준에 포함된 결측치에 대한 처리 방법으로, 디폴트는(FALSE)
                마지막으로 정렬하는 것이고 TRUE일 경우 처음으로 정렬한다.
  decreasing=: 논리값으로 역순으로 정렬 여부를 정의한다.
```

```
> ## order() 함수 1
> attach(data.scents)
> MyO <- order(Sex,Age)
> MyO
 [1] 13  7 10  8 11  6 20  2 19 12  5  1 15  9 16  4 17 14  3 18 21
> data.scents[MyO,]
```

```
   ID Sex SM Age Order  T11  T12  T13  T21   T22  T23
13 13   F  Y  25     1 55.5 63.3 44.6 41.1  41.8 32.0
7   7   F  N  26     1 50.4 40.6 40.1 44.1  46.9 42.7
10 10   F  N  31     2 60.1 53.2 40.4 59.1  87.1 59.2
8   8   F  N  35     2 35.0 33.1 43.2 34.0  26.4 24.8
11 11   F  Y  35     1 75.1 63.1 58.0 67.3  43.8 42.2
6   6   F  Y  37     2 33.9 32.0 31.4 51.3  35.5 42.9
20 20   F  N  38     2 46.2 39.3 56.6 60.3  47.8 52.8
2   2   F  Y  43     2 46.2 57.2 41.9 54.7  43.3 56.7
19 19   F  Y  54     1 75.2 54.1 63.6 70.1  44.0 43.1
12 12   F  Y  55     2 57.6 57.7 61.5 75.5 126.6 48.4
5   5   M  N  15     1 82.8 57.9 64.7 53.6  48.6 44.8
1   1   M  N  23     1 38.4 27.7 25.7 53.1  30.6 30.2
15 15   M  N  25     1 40.9 35.7 37.2 28.3  26.0 33.7
9   9   M  N  26     1 32.8 26.8 33.9 34.5  25.1 25.1
16 16   M  N  26     2 44.3 46.8 39.4 74.9  45.3 42.6
4   4   M  N  32     2 38.0 38.0 32.2 49.6  37.4 34.4
17 17   M  Y  33     1 93.8 91.9 77.4 77.5  55.8 54.9
14 14   M  Y  39     2 49.5 45.8 35.3 52.2  53.8 48.1
3   3   M  N  43     1 72.5 57.9 51.9 74.2  53.4 42.4
18 18   M  N  62     2 47.9 59.9 52.8 50.9  58.6 64.5
21 21   M  N  65     1 56.3 45.8 58.9 59.9  36.8 44.3
> detach(data.scents)
```

위의 프로그램 및 출력결과를 살펴보면 data.scents의 Sex, Age의 순서에 따라 정렬한 관찰치의 인덱스를 벡터 MyO에 할당하였고, 이를 이용해 data.scents의 관찰치를 정렬하였다. Sex, Age에 의해 정렬된 출력결과를 확인해보자. 여기서 사용된 attach() 함수는 data.scents의 변수인 Sex, Age를 data.scents$Sex와 data.scents$Age로 표현해야 하는 번거로움을 줄이기 위하여 관련된 데이터 프레임의 이름을 지정하는 것으로 취소는 detach() 함수를 이용한다.

order() 함수의 인수인 decreasing은 정의된 정렬 기준 모두에 대해 역순으로 정렬하도록 하는 것으로, 정렬 기준의 일부를 역순으로 정렬하고자 할 경우 문자형을 제외하고 다음의 예제와 같이 음의 기호를 적절히 활용할 수 있다.

```
## order() 함수 2
attach(data.scents)
My02 <- order(Sex,-Age)
My02 <- order(Sex,-Age,decreasing = TRUE)
My02 <- order(Sex,Age,decreasing = TRUE)
detach(data.scents)
```

참고로 정렬된 인덱스를 출력하는 order() 함수와 달리 rank()는 기준값에 대해 관찰치의 순위를 추출하는 것으로 사용 문법은 <표 5.4>와 같다.

〈표 5.4〉 rank() 함수의 사용 문법

rank(x, na.last = TRUE, ties.method = c("average", "first", "random", "max", "min"))
여기서
... =: 정렬의 기준이 되는 숫자형, 복소수형, 문자형, 논리형 벡터 객체 들을 정의한다.
na.last =: 논리값으로 정렬 기준에 포함된 결측치에 대한 처리 방법으로 디폴트는(TRUE) 마지막으로 정렬하는 것이고 FALSE일 경우 처음으로 정렬하는 것이다.
ties.method=: 같은 값에 대한 순위를 할당하는 방법에 대해 정의한다.

5.2.2 변수의 생성

주어진 데이터의 변수를 이용해 새로운 변수를 생성하는 방법은 다양한 연산자 및 함수를 이용해 새로운 변수를 생성하고 이를 데이터의 새로운 변수로 할당하는 방식으로 간단하다. 추가로 생성할 변수가 많을 경우, 아래의 transform() 함수를 사용하는 것이 유용하나 기존에 생성되어 있는 변수만이 새로운 변수의 정의에 사용될 수 있음을 기억하자.

```
## 변수의 생성 1
data.scents$T1.mean <- (data.scents$T11+data.scents$T12+data.scents$T13)/3
data.scents[,"T2.mean"]
        <- (data.scents[,"T21"]+data.scents[,"T22"]+data.scents[,"T23"])/3
```

```
data.scents[,14] <- (data.scents[,12]+data.scents[,13])/2
colnames(data.scents)
data.scents <- transform(data.scents,
                T1.mean=(T11+T12+T13)/3,
                T2.mean=(T21+T22+T23)/3,
                T12.mean=(T11+T12+T13+T21+T22+T23)/6)
```

주어진 조건의 만족 여부에 따른 변수의 생성에는 7장에서 언급될 ifelse() 함수를 사용하는 것이 편리하다. 예를 들어 data.scents 데이터에 대해 흡연 여부를 판단해 흡연자의 경우, 첫 번째 시행된 후각 자극 실험 처음 측정치에 대해 (−5)를 적용하고자 할 경우에 대한 아래의 프로그램을 살펴보자. ifelse() 함수의 첫 번째 인수는 조건식, 두 번째 인수는 정의된 조건식을 만족할 경우, 세 번째 인수는 조건식을 만족하지 않을 경우의 실행 프로그램이다. ifelse() 함수의 실행 후에 조건을 만족하는 11,13,17,19 번째 실험 참가자의 변수 T21의 값이 변화된 것을 확인해보자.

```
> ## 변수의 생성 2
> data.scents[SM=="Y",]
   ID Sex SM Age Order  T11  T12  T13  T21   T22  T23
2   2   F  Y  43     2 46.2 57.2 41.9 54.7  43.3 56.7
6   6   F  Y  37     2 33.9 32.0 31.4 51.3  35.5 42.9
11 11   F  Y  35     1 75.1 63.1 58.0 67.3  43.8 42.2
12 12   F  Y  55     2 57.6 57.7 61.5 75.5 126.6 48.4
13 13   F  Y  25     1 55.5 63.3 44.6 41.1  41.8 32.0
14 14   M  Y  39     2 49.5 45.8 35.3 52.2  53.8 48.1
17 17   M  Y  33     1 93.8 91.9 77.4 77.5  55.8 54.9
19 19   F  Y  54     1 75.2 54.1 63.6 70.1  44.0 43.1
> data.scents[,9] <- ifelse(SM=="Y" & Order==1,
+                    data.scents[,9]-5,data.scents[,9])
> data.scents[SM=="Y",]
   ID Sex SM Age Order  T11  T12  T13  T21   T22  T23
2   2   F  Y  43     2 46.2 57.2 41.9 54.7  43.3 56.7
6   6   F  Y  37     2 33.9 32.0 31.4 51.3  35.5 42.9
11 11   F  Y  35     1 75.1 63.1 58.0 62.3  43.8 42.2
12 12   F  Y  55     2 57.6 57.7 61.5 75.5 126.6 48.4
13 13   F  Y  25     1 55.5 63.3 44.6 36.1  41.8 32.0
```

```
14 14   M  Y  39      2 49.5 45.8 35.3 52.2  53.8 48.1
17 17   M  Y  33      1 93.8 91.9 77.4 72.5  55.8 54.9
19 19   F  Y  54      1 75.2 54.1 63.6 65.1  44.0 43.1
```

5.3 데이터의 요약

데이터의 요약은 주로 mean(), sum(), var(), sd(), quantile(), min(), max() 등과 같이 데이터의 대표값을 출력하는 함수를 통해 이루어진다. 주어진 수치형 데이터 객체의 형식에 따라 출력되는 결과는 차이를 보인다. 아래의 예제를 살펴보자. 숫자형 데이터로 구성된 벡터 객체인 as.matrix(data.scents[,6:11])에 대한 mean() 함수의 적용은 전체 데이터의 값을 대상으로 하나의 결과를 출력하고, 데이터 프레임 객체에 대해서는 요약의 기준이 변수 단위로 각 변수에 대해 mean() 함수의 적용 결과를 출력한다.

```
> ## 데이터의 요약 1
> mean(as.matrix(data.scents[,6:11]))
[1] 49.53571
> mean(data.scents[,6:11])
     T11      T12      T13      T21      T22      T23
53.92381 48.94286 47.17619 55.53333 48.31429 43.32381
```

1차원 이상의 자료 객체에 대해 함수를 적용할 경우, 행 기준과 열 기준의 적용을 구분해야 할 경우가 있다. 이러한 함수의 적용 기준과 관계된 함수가 apply()이며, 사용 문법은 <표 5.5>와 같다. 아래의 예제를 통해 apply() 함수의 사용 방법을 익혀보자. 추가로 함수의 적용 결과를 리스트 객체로 생성하는 lapply() 함수에 대해 참고해 보자.

〈표 5.5〉 apply() 함수 사용 문법

apply(x, margin, fun, ...)	
여기서	
x:	함수를 적용할 데이터 객체
margin=:	함수의 적용 기준을 정의하는 것을 1은 행 기준, 2는 열 기준의 적용을 나타내고 c=(1,2)는 행과 열에 동시에 적용한다.
fun=:	적용할 함수의 이름을 정의한다.
...:	fun 인수에 정의된 함수의 인수를 정의한다.

```
> ## apply() 함수
> apply(data.scents[1:5,6:8],1,max)
   1    2    3    4    5
38.4 57.2 72.5 38.0 82.8
> apply(data.scents[1:5,6:8],2,max)
 T11  T12  T13
82.8 57.9 64.7
> apply(data.scents[1:5,6:8],c(1,2),max)
   T11  T12  T13
1 38.4 27.7 25.7
2 46.2 57.2 41.9
3 72.5 57.9 51.9
4 38.0 38.0 32.2
5 82.8 57.9 64.7
> data.scents <- transform(data.scents,
                 T1.max=apply(data.scents[,6:8],1,max),
                 T2.max=apply(data.scents[,9:11],1,max))
> lapply(data.scents[1:5,6:8],max)
$T11
[1] 82.8

$T12
[1] 57.9

$T13
[1] 64.7
```

데이터 요약의 가장 일반적인 경우는 하나의 속성으로 정의된 그룹별로 데이터의 요약치를 산출하는 경우이다. 예를 들어 data.scents 데이터에 대해 남/여 집단에 대해 6개의 측정치의 평균을 산출하는 경우가 있을 수 있다. 또는 하나의 관측 기준으로부터 반복해서 측정치를 얻은 경우로 예를 들어 한 고객이 여러 번 구매한 내역을 포함하는 거래이력 데이터를 다룰 경우 자료의 요약 및 분석을 위한 자료 처리는 대부분 하나의 관측기준인 고객별 특성치(예를 들어 평균 등)를 구하는 것이다.

이러한 목적으로 사용될 수 있는 함수가 tapply(), aggregate(), by() 등이다. 이는 주어진 그룹 변수(예를 들어 성별)를 기준으로 자료의 요약치를 생성하는 함수로 문법은 <표 5.5>의 apply() 함수와 유사하고 margin 인수 대신에 그룹 변수를 정의한다. 자세한 내용은 도움말을 참조하기 바라며, 주의할 점은 tapply() 함수는 벡터 데이터 객체에 대해서만 요약이 가능하다는 것이다. 아래의 예제를 살펴보자.

```
> ## tapply(), aggregate(), by() 함수
> attach(data.scents)
The following object(s) are masked from 'data.scents (position 3)':

    Age, ID, Order, Sex, SM, T11, T12, T13, T21, T22, T23
The following object(s) are masked from 'data.scents (position 4)':

    Age, ID, Order, Sex
> tapply(data.scents[,6],data.frame(SM,Sex),mean)
   Sex
SM       F        M
  N 47.925 50.43333
  Y 57.250 71.65000
> aggregate(data.scents[,6],data.frame(SM,Sex),mean)
  SM Sex        x
1  N   F 47.92500
2  Y   F 57.25000
3  N   M 50.43333
4  Y   M 71.65000
> by(data.scents[,6],data.frame(SM,Sex),mean)
SM: N
Sex: F
[1] 47.925
```

```
-------------------------------------------------------
SM: Y
Sex: F
[1] 57.25
-------------------------------------------------------
SM: N
Sex: M
[1] 50.43333
-------------------------------------------------------
SM: Y
Sex: M
[1] 71.65
> aggregate(data.scents[,6:11],data.frame(SM,Sex),mean)
  SM Sex      T11      T12      T13      T21      T22      T23
1  N   F 47.92500 41.55000 45.07500 49.37500 52.05000 44.87500
2  Y   F 57.25000 54.56667 50.16667 60.00000 55.83333 44.21667
3  N   M 50.43333 44.05556 44.07778 53.22222 40.20000 40.22222
4  Y   M 71.65000 68.85000 56.35000 64.85000 54.80000 51.50000
> by(data.scents[,6:11],data.frame(SM,Sex),mean)
SM: N
Sex: F
   T11    T12    T13    T21    T22    T23
47.925 41.550 45.075 49.375 52.050 44.875
-------------------------------------------------------
SM: Y
Sex: F
     T11      T12      T13      T21      T22      T23
57.25000 54.56667 50.16667 60.00000 55.83333 44.21667
-------------------------------------------------------
SM: N
Sex: M
     T11      T12      T13      T21      T22      T23
50.43333 44.05556 44.07778 53.22222 40.20000 40.22222
-------------------------------------------------------
SM: Y
Sex: M
  T11   T12   T13   T21   T22   T23
```

```
71.65 68.85 56.35 64.85 54.80 51.50
> detach(data.scents)
```

함수에 따라 결과는 동일하지만 출력 형식이 차이를 보이는데, tapply() 함수의 출력결과는 행렬 객체이고 aggregate(), by()는 주어진 데이터의 상황에 따라 다르지만 일반적으로 리스트 객체이다.

그룹별 데이터 요약 방법 중에서 기준값에 대해 그룹별로 정렬해 가장 처음 또는 가장 마지막의 데이터의 산출을 필요로 할 경우가 있다. 예를 들어 고객의 구매 이력 중 첫 구매 또는 가장 최근 구매 기록만을 추출하는 경우를 생각해 볼 수 있다. data.scents 데이터에 대해 성별, 연령별 데이터의 정렬은 order() 함수를 이용하고 데이터에서 성별로 연령에 대해 첫 관찰치와 마지막 관찰치를 추출하는 함수인 head()와 tail()을 이용해 아래의 프로그램을 수행하면 된다.

```
> attach(data.scents)
> MyO <- order(Sex,Age)
> by(data.scents[MyO,],data.frame(Sex),head, n=1)
Sex: F
  ID Sex SM Age Order  T11  T12  T13  T21  T22  T23
7  7   F  N  26     1 50.4 40.6 40.1 44.1 46.9 42.7
-----------------------------------------------------------------
Sex: M
   ID Sex SM Age Order  T11  T12  T13  T21  T22 T23
13 13   F  Y  25     1 55.5 63.3 44.6 41.1 41.8  32
> by(data.scents[MyO,],data.frame(Sex),tail, n=1)
Sex: F
   ID Sex SM Age Order  T11  T12  T13  T21  T22  T23
18 18   M  N  62     2 47.9 59.9 52.8 50.9 58.6 64.5
-----------------------------------------------------------------
Sex: M
   ID Sex SM Age Order  T11  T12  T13  T21  T22  T23
21 21   M  N  65     1 56.3 45.8 58.9 59.9 36.8 44.3
>detach(data.scents)
```

5.4 데이터의 결합

분석 과정에서 다루는 데이터는 분석 전에 읽어들인 원자료(raw data)에서 원하는 정보를 추출 및 요약하거나 여러 데이터 프레임의 데이터를 결합해 정보를 통합하는 과정이 필요하다. 이 절에서는 두 데이터 프레임을 각각 관찰치가 증가하는 세로결합 및 변수가 증가하는 가로결합을 통해 데이터의 구조를 변경하는 방법들을 살펴본다.

5.4.1 데이터의 세로결합: 관찰치의 증가

2장에서 이미 살펴보았던 함수 rbind()에 의해 데이터 프레임의 세로결합이 이루어진다. 예제를 위해 data.scents 데이터를 아래와 같이 30세 이하의 관찰 대상에 대해 성별에 따라 두 데이터 객체로 구분하고 각각에서 T12와 T23을 제외하도록 한다.

```
> ## 데이터의 세로결합 1
> data.scents.f <- data.scents[Sex=="F" & Age<=30,  -7]
> data.scents.m <- data.scents[Sex=="M" & Age<=30, -11]
> data.scents.f
   ID Sex SM Age Order  T11  T13  T21  T22  T23
7   7   F  N  26     1 50.4 40.1 44.1 46.9 42.7
13 13   F  Y  25     1 55.5 44.6 41.1 41.8 32.0
> data.scents.m
   ID Sex SM Age Order  T11  T12  T13  T21  T22
1   1   M  N  23     1 38.4 27.7 25.7 53.1 30.6
5   5   M  N  15     1 82.8 57.9 64.7 53.6 48.6
9   9   M  N  26     1 32.8 26.8 33.9 34.5 25.1
15 15   M  N  25     1 40.9 35.7 37.2 28.3 26.0
16 16   M  N  26     2 44.3 46.8 39.4 74.9 45.3
```

rbind() 함수를 이용해 data.scents.f와 data.scents.m을 아래와 같이 가로로 결합해 보자. 먼저 결합하는 두 데이터가 동일한 변수를 갖도록 처음 6열까지만을 결합하는 경우, 오류 없이 수행되는 것을 확인할 수 있다. 그러나 두 데이터의 변수 구성이 다른 전체 데이터의 결합은 변수명이 일치하지 않아 실행할 수 없음에 대한 오류 메시지가 나타난다.

```
> ## 데이터의 세로결합 2
> rbind(data.scents.f[,1:6],data.scents.m[,1:6])
   ID Sex SM Age Order  T11
7   7   F  N  26     1 50.4
13 13   F  Y  25     1 55.5
1   1   M  N  23     1 38.4
5   5   M  N  15     1 82.8
9   9   M  N  26     1 32.8
15 15   M  N  25     1 40.9
16 16   M  N  26     2 44.3
> rbind(data.scents.f,data.scents.m)
이하에 에러match.names(clabs, names(xi)) :
  names do not match previous names
```

보통 세로로 결합되는 두 자료는 변수가 동일한 경우가 많지만 두 자료의 변수들이 동일하지 않은 경우가 더욱 일반적이다. 따라서 두 데이터 프레임의 세로결합 이전에 두 자료의 변수를 일치시키는 사전 작업이 선행되어야 한다. 아래의 사용자 정의함수[8] set.data()은 위의 기능이 포함되도록 세로결합 함수 set.data()를 정의한 것이다. 결합 이전에 두 자료의 변수 집합의 합집합을 구하고 각 변수집합과 합집합을 비교해 차집합의 각 원소(변수명)를 새로운 변수로 생성하는 과정을 거쳐 두 데이터 프레임의 변수를 일치시켜 나간다. 이러한 과정에서 새로 추가되는 변수의 자료 유형은 기존의 변수의 속성을 참조하여 생성된다. 최종적으로 변수집합이 동일하게 변환된 두 데이터 프레임에 세로결합 함수 rbind()를 적용한다. 출력결과를 통해 이를 확인해 보자.

8) 사용자 정의 함수에 대한 내용은 7장을 참조 바란다.

```
> ## 데이터의 세로결합 3
> set.data <- function(df1,df2) {
+      all.name <- union(colnames(df1),colnames(df2))
+      diff.name1 <- setdiff(all.name,colnames(df1))
+      diff.name2 <- setdiff(all.name,colnames(df2))
+      tmp.df1 <- df1
+      tmp.df2 <- df2
+      if(length(diff.name1)>0) {
+          for (i in 1:length(diff.name1)) {
+             tmp <- matrix(NA,nrow=nrow(df1))
+             mode(tmp) <- mode(df2[,diff.name1[i]])
+             colnames(tmp) <- diff.name1[i]
+             tmp.df1 <- cbind(tmp.df1,tmp) } }
+      if(length(diff.name2)>0) {
+          for (i in 1:length(diff.name2)) {
+             tmp <- matrix(NA,nrow=nrow(df2))
+             mode(tmp) <- mode(df1[,diff.name2[i]])
+             colnames(tmp) <- diff.name2[i]
+             tmp.df2 <- cbind(tmp.df2,tmp) } }
+      rbind(tmp.df1, tmp.df2) }
> set.data(data.scents.f,data.scents.m)
   ID Sex SM Age Order  T11  T13  T21  T22  T23  T12
7   7   F  N  26     1 50.4 40.1 44.1 46.9 42.7   NA
13 13   F  Y  25     1 55.5 44.6 41.1 41.8 32.0   NA
1   1   M  N  23     1 38.4 25.7 53.1 30.6   NA 27.7
5   5   M  N  15     1 82.8 64.7 53.6 48.6   NA 57.9
9   9   M  N  26     1 32.8 33.9 34.5 25.1   NA 26.8
15 15   M  N  25     1 40.9 37.2 28.3 26.0   NA 35.7
16 16   M  N  26     2 44.3 39.4 74.9 45.3   NA 46.8
```

5.4.2 데이터의 가로결합: 변수의 증가

두 데이터 프레임의 결합에 있어 세로결합보다 더 자주 사용되는 것이 가로결합이다. 예를 들어 한 데이터 프레임에는 고객에 따라 구매 상품과 계약 속성이 포함되어 있고 다른 하나에는 고객의 성별, 연령, 소득 등의 고객 속성이 포함되어 있다고 하자.

분석 목적이 고객 속성에 따른 상품 구매 형태를 비교하는 것이라면 두 데이터 프레임을 결합해 고객 속성과 상품 속성을 하나의 자료로 만드는 것이 필요하다.

〈표 5.6〉 merge() 함수 사용 문법

```
merge(x, y, by = intersect(names(x), names(y)),by.x = by, by.y = by, all = FALSE,
      all.x = all, all.y = all,sort = TRUE, suffixes = c(".x",".y"),incomparables = NULL,...)
```

여기서

x, y:	결합할 두 데이터 프레임
by, by.x, by.y =:	정수, 변수명, 논리값 등으로 관찰치를 결합할 기준이 되는 변수를 정의하는 것이다. by를 통해 두 자료에 동시에 존재하는 변수를 정의하거나 혹은 by.x와 by.y를 통해 자료 x와 자료 y의 기준변수를 각각 정의할 수 있다. 디폴트는 두 변수집합의 교집합인 intersect (names(x), names(y))이다.
all, all.x, all.y =:	논리값으로 by(by.x, by.y) 인수에 의해 서로 일치되지 않은 관찰치를 새로운 데이터 프레임에의 포함 여부를 결정한다. 만약 FALSE이면 기준변수의 값이 일치하는 경우에만 새로운 데이터 프레임에 포함시킨다.
sort =:	논리값으로 새로운 데이터 프레임을 by 인수에 정의된 변수를 기준으로 정렬할 것인지를 결정한다.
suffixes =:	by 인수에 정의되지 않은 변수에 대해 새로운 데이터 프레임 내 변수명을 정의하는 것으로, 이는 만약 나머지 변수 중 x, y에 동시에 존재하는 이름이 있다면 구분을 위해 사용될 접미사(디폴트 .x, .y)를 정의한다.
incomparables =:	결합의 기준이 되는 변수의 값 중 비교가 불가능한 값을 정의한다.

데이터 프레임의 가로결합에 주로 사용되는 함수는 merge()로 사용 문법은 <표 5.6>과 같다. 2장에서 다룬 함수 cbind()를 사용할 수도 있으나 cbind()의 경우 관찰치의 수가 동일하고 각 행이 동일한 관측대상에 대한 관찰치를 갖는 경우에만 유효하다. 예제를 위해 data.scents 데이터를 아래와 같이 흡연 습관의 관찰 대상에 대해 그들의 속성과 실험 측정치의 두 데이터로 다음과 같이 구분하도록 한다.

```
> ## 데이터의 가로결합 1
> data.scents.1 <- data.scents[SM=="Y",1:5]
> data.scents.2 <- data.scents[SM=="Y" & Sex=="F" ,c(1,2,6:11)]
> data.scents.2[2,2]="M"
> data.scents.1
   ID Sex SM Age Order
```

```
2   2   F  Y  43     2
6   6   F  Y  37     2
11 11   F  Y  35     1
12 12   F  Y  55     2
13 13   F  Y  25     1
14 14   M  Y  39     2
17 17   M  Y  33     1
19 19   F  Y  54     1
> data.scents.2
   ID Sex  T11  T12  T13  T21   T22  T23
2   2   F 46.2 57.2 41.9 54.7  43.3 56.7
6   6   M 33.9 32.0 31.4 51.3  35.5 42.9
11 11   F 75.1 63.1 58.0 67.3  43.8 42.2
12 12   F 57.6 57.7 61.5 75.5 126.6 48.4
13 13   F 55.5 63.3 44.6 41.1  41.8 32.0
19 19   F 75.2 54.1 63.6 70.1  44.0 43.1
```

아래의 예제를 통해 data.scents.1과 data.scents.2의 가로결합을 시도해보자. 먼저 변수 ID를 기준으로 두 데이터 프레임의 가로결합은 기준변수 ID가 두 데이터에 존재하며 동일한 값을 갖는 경우에만 이루어진다. 또한 두 자료에 동시에 존재하는 변수 Sex는 생성된 새로운 데이터 프레임에서는 인수 suffixes의 정의를 통해 디폴트인 Sex.x와 Sex.y가 아닌 Sex.1과 Sex.2로 변경되었음을 알 수 있다. 인수 all=TRUE인 경우에는 두 데이터에 동시에 존재하지 않는 기준변수 ID에 대해서도 나머지 관찰치는 결측치를 포함하게 된다. 다음으로 인수 incomparables=c(2)를 정의함으로 인해 ID가 2인 경우는 비교가 불가능해 결합에서 제외됨을 확인할 수 있다.

```
> ## 데이터의 가로결합 2
> merge(x=data.scents.1, y=data.scents.2, by="ID", suffixes=c(".1",".2"))
  ID Sex.1 SM Age Order Sex.2  T11  T12  T13  T21   T22  T23
1  2     F  Y  43     2     F 46.2 57.2 41.9 54.7  43.3 56.7
2  6     F  Y  37     2     M 33.9 32.0 31.4 51.3  35.5 42.9
3 11     F  Y  35     1     F 75.1 63.1 58.0 67.3  43.8 42.2
4 12     F  Y  55     2     F 57.6 57.7 61.5 75.5 126.6 48.4
5 13     F  Y  25     1     F 55.5 63.3 44.6 41.1  41.8 32.0
6 19     F  Y  54     1     F 75.2 54.1 63.6 70.1  44.0 43.1
```

```
> merge(x=data.scents.1, y=data.scents.2, by="ID", all=TRUE)
  ID Sex.x SM Age Order Sex.y  T11  T12  T13  T21   T22  T23
1  2     F  Y  43     2     F 46.2 57.2 41.9 54.7  43.3 56.7
2  6     F  Y  37     2     M 33.9 32.0 31.4 51.3  35.5 42.9
3 11     F  Y  35     1     F 75.1 63.1 58.0 67.3  43.8 42.2
4 12     F  Y  55     2     F 57.6 57.7 61.5 75.5 126.6 48.4
5 13     F  Y  25     1     F 55.5 63.3 44.6 41.1  41.8 32.0
6 14     M  Y  39     2  <NA>   NA   NA   NA   NA    NA   NA
7 17     M  Y  33     1  <NA>   NA   NA   NA   NA    NA   NA
8 19     F  Y  54     1     F 75.2 54.1 63.6 70.1  44.0 43.1
> merge(x=data.scents.1, y=data.scents.2, by="ID", incomparables=c(2))
  ID Sex.x SM Age Order Sex.y  T11  T12  T13  T21   T22  T23
1  6     F  Y  37     2     M 33.9 32.0 31.4 51.3  35.5 42.9
2 11     F  Y  35     1     F 75.1 63.1 58.0 67.3  43.8 42.2
3 12     F  Y  55     2     F 57.6 57.7 61.5 75.5 126.6 48.4
4 13     F  Y  25     1     F 55.5 63.3 44.6 41.1  41.8 32.0
5 19     F  Y  54     1     F 75.2 54.1 63.6 70.1  44.0 43.1
```

추가로 data.scents.1과 data.scents.2의 가로결합에 ID와 Sex가 기준변수로 동시에 정의됨에 따라 Sex 변수값이 일치하지 않음으로 인해 ID가 6인 관찰치는 제외되었다. 또한 두 데이터의 기준변수를 각각 Order와 ID로 정의한 경우 두 값이 일치하는 data.scents.1의 ID가 2, 6, 12, 14인 관찰치와 data.scents.2의 ID가 2인 관찰치가 결합되었음을 확인해보자.

```
> ## 데이터의 가로결합 3
> merge(x=data.scents.1, y=data.scents.2, by=c("ID","Sex"))
  ID Sex SM Age Order  T11  T12  T13  T21   T22  T23
1 11   F  Y  35     1 75.1 63.1 58.0 67.3  43.8 42.2
2 12   F  Y  55     2 57.6 57.7 61.5 75.5 126.6 48.4
3 13   F  Y  25     1 55.5 63.3 44.6 41.1  41.8 32.0
4 19   F  Y  54     1 75.2 54.1 63.6 70.1  44.0 43.1
5  2   F  Y  43     2 46.2 57.2 41.9 54.7  43.3 56.7
> merge(x=data.scents.1, y=data.scents.2, by.x="Order", by.y="ID")
  Order ID Sex.x SM Age Sex.y  T11  T12  T13  T21  T22  T23
1     2  2     F  Y  43     F 46.2 57.2 41.9 54.7 43.3 56.7
```

```
2       2  6     F  Y  37     F 46.2 57.2 41.9 54.7 43.3 56.7
3       2 12     F  Y  55     F 46.2 57.2 41.9 54.7 43.3 56.7
4       2 14     M  Y  39     F 46.2 57.2 41.9 54.7 43.3 56.7
```

다음은 데이터의 요약 결과를 원 데이터에 결합해 자료분석을 위한 새로운 변수를 생성하는 예제이다. data.scents의 성별로 T11 변수의 표준화 값을 생성해보자. 아래는 성별로 평균과 표준편차를 구해 Sex를 기준으로 원 데이터에 가로결합 후 T11 변수의 표준화된 변수인 Z를 생성하는 프로그램이다.

```
## 데이터의 가로결합 4
mean <- aggregate(data.scents[,6],data.frame(Sex),mean)
sd <- aggregate(data.scents[,6],data.frame(Sex),sd)
colnames(sd)[2]="sd"
colnames(mean)[2]="mean"
data.scents.t <- merge(x=data.scents,  y=mean,by="Sex")
data.scents.t <- merge(x=data.scents.t,y=sd,by="Sex")
data.scents.t$Z <- (data.scents.t$T11-data.scents.t$mean)/data.scents.t$sd
data.scents.t
```

마지막으로 데이터를 그룹별로 정열하고 각 그룹 내 순위별 데이터 및 마지막 관찰치를 추출하는 다음의 예제를 살펴보자. 데이터 data.scents를 Sex와 Order별로 정렬하고 각 그룹별 순위인 G.rank와 관찰치수인 length를 생성해 정렬된 데이터와 가로결합하여 기본 데이터를 완성한 후 각 그룹별 첫 번째, 두 번째 그리고 마지막 관찰치로 구성된 데이터를 생성하였다.

```
## 데이터의 가로결합 5
attach(data.scents)
MyO <- order(Sex,Order)
data.scents.o <- data.scents[MyO,]
k <- 1
G.rank <- c(1:nrow(data.scents.o))
for ( i in 1:nrow(data.scents.o)) {
    if ( i < nrow(data.scents.o)) {
        if ( (data.scents.o$Sex[i] == data.scents.o$Sex[i+1]) &
```

```
            (data.scents.o$Order[i] == data.scents.o$Order[i+1]) )
          { G.rank[i] = k; k <- k+1; } else
          { G.rank[i] = k; k <-   1; } }
    if ( i == nrow(data.scents.o) ) G.rank[nrow(data.scents.o)] <- k
    }
data.scents.o <- cbind(data.scents.o,G.rank)
n <- aggregate(data.scents[,6],data.frame(Sex,Order),length)
colnames(n)[3]="length"
data.scents.o <- merge(x=data.scents.o,y=n,by=c("Sex","Order"))
detach(data.scents)
attach(data.scents.o)
data.scents.o
data.scents.1st <- data.scents.o[G.rank == 1 ,]
data.scents.2nd <- data.scents.o[G.rank == 2 ,]
data.scents.last <- data.scents.o[G.rank == length ,]
data.scents.1st
data.scents.2nd
data.scents.last
detach(data.scents.o)
```

6장 | 데이터베이스와 SQL

이 장에서는 R을 이용하여 MS Excel, MS Access, dBase 등과 같은 여러 유형의 데이터베이스에 접근하는 방법을 살펴본다. 또한 sqldf 패키지를 이용하여 원하는 포맷의 데이터를 만드는 방법을 설명한다.

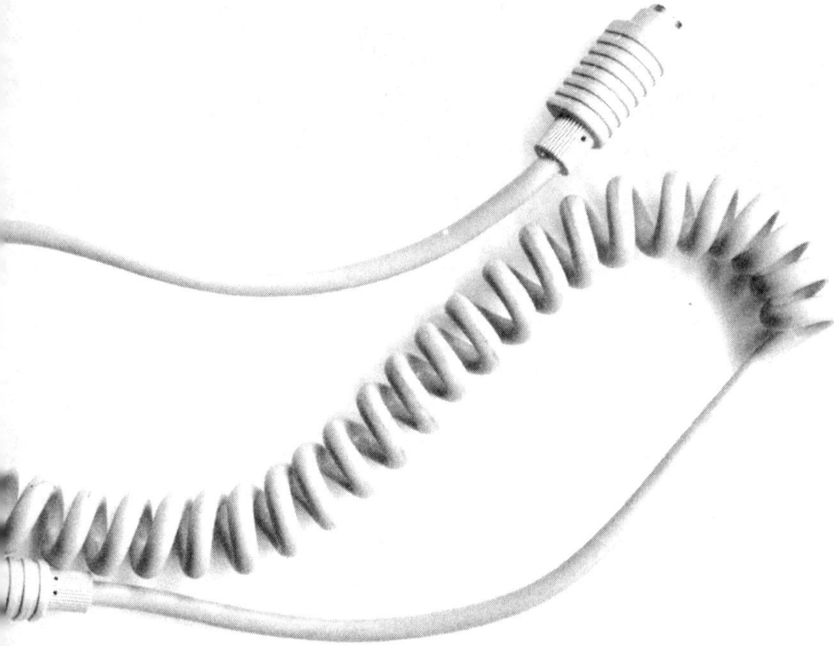

6.1 데이터베이스와 R 패키지

ODBC(Open Database Connectivity)는 데이터베이스에 접근하기 위한 소프트웨어의 표준 규격이다. 프로그램 내에 ODBC 문장을 사용하면 MS Access, dBase, DB2, Excel, Text 등 여러 종류의 데이터베이스에 접근이 가능하다. SQL(Structured Query Language)은 관계형 데이터베이스 관리 시스템에서 자료의 검색과 관리, 데이터베이스 스키마 생성과 수정 등 데이터베이스에의 접근, 관리, 조정을 위해 고안된 구조화된 질의어이다.

R에서 MS Access, dBase, DB2, Excel, Text 등 여러 유형의 데이터베이스에 접근해서 검색, 관리, 생성, 수정 등의 작업을 쉽게 하기 위해서는 ODBC나 SQL 문장을 사용할 수 있는 관련된 패키지를 추가로 설치해야 한다.

RODBC, sqldf, RMySQL, DBI 등이 이와 관련된 패키지이다. RODBC는 ODBC 데이터베이스에 연결하여 작업할 수 있도록 하며, RMySQL은 MySQL 데이터베이스에 대한 R 인터페이스를 제공한다. sqldf는 R에서의 데이터 프레임 테이블에 대한 SQL 질의 작업을 할 수 있도록 해준다. 이들 패키지를 추가 설치하는 방법은 주 메뉴의 **패키지 → 패키지 인스톨**을 선택한 후 해당 패키지를 설치하면 된다.

이 장에서는 여러 패키지 중 RODBC 중심으로 ODBC 데이터베이스에 연결하여 작업하는 방법을 간략히 살펴보고, sqldf 패키지를 이용해 다양한 형태의 데이터 변형을 위한 SQL 질의 방법을 알아본다.

6.2 RODBC의 활용

RODBC 패키지는 ODBC 데이터베이스에 접근 가능한 함수, 데이터 프레임과 SQL 테이블 간의 조작, 읽기, 저장, 복사 등을 다룰 수 있는 함수들로 구성되어 있다. 이들 함수의 사용 방법을 살펴보기 전에 먼저 데이터 소스명(DSN: data source name)을 ODBC 관리자에 등록하도록 하자. DSN을 설정하면 데이터가 저장된 데이터베이스의 종류에 관계없이 데이터베이스에 연결하여 데이터를 읽어올 수 있다.

6.2.1 DSN 설정

윈도우의 제어판에 들어가 **관리 도구**를 선택한다. <그림 6.1>과 같이 **관리 도구** 디렉터리에서 **데이터 원본(ODBC)**을 선택하여 클릭한다. 다음 단계로 <그림 6.2>의 **ODBC 데이터 원본 관리자**에서 **시스템** DSN 탭을 클릭한 후 우측의 〈**추가**〉 버튼을 누른다.

<추가> 버튼을 누르면 <그림 6.3>과 같이 **새 데이터 원본 만들기** 창이 열리고 우측 바를 이용해서 연결시키고자 하는 드라이버를 지정한다. 예를 들어, 엑셀 데이터 파일이면 해당 버전에 따라서 <그림 6.3>에서와 같이 Microsoft Excel Driver (*.xls, *.xlsx, *.xlsm, *.xlsb)를 선택할 수 있다.

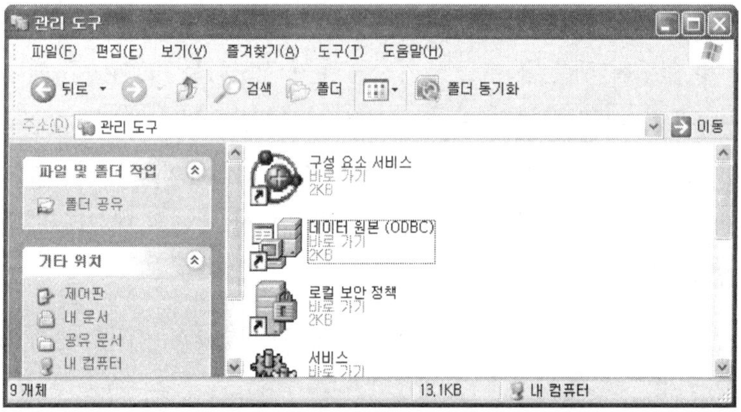

〈그림 6.1〉 제어판의 관리 도구에서 데이터 원본(ODBC) 선택

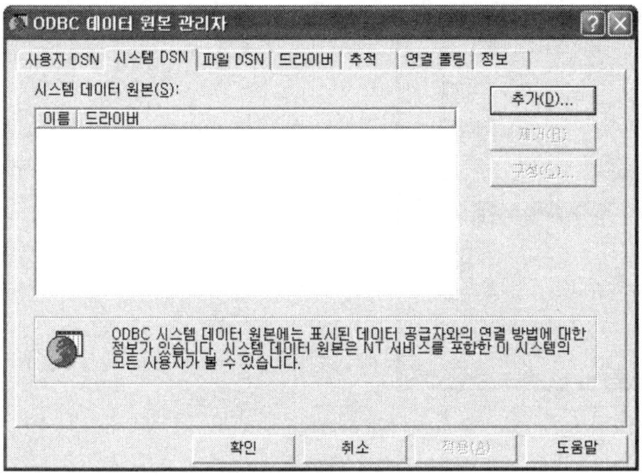

〈그림 6.2〉 ODBC 데이터 원본 관리자

엑셀 드라이버를 지정한 후 **〈마침〉** 버튼을 클릭하면 <그림 6.4>와 같이 ODBC Microsoft Excel **설정** 대화상자가 열리고 **〈통합문서 선택〉** 버튼을 눌러 해당 파일이 어디에 있는지 지정하도록 한다. <그림 6.4>의 예에서는 cellular.xls 파일을 지정한 후 데이터 원본 이름과 설명을 각각 'cellular', 'cellular data'로 입력한 결과이다. 여기서 **〈확인〉** 버튼을 누르면 <그림 6.5>와 같이 ODBC 데이터 원본 관리자의 **시스템** DSN 탭에서 지정한 파일 이름과 해당 데이터베이스 드라이버가 등록되어 있는 것을 확인할 수 있다.

만약 데이터베이스 드라이버로 Microsoft Access를 설정했다면 <그림 6.6>과 같은 대화상자에서 데이터베이스 원본 파일을 지정할 수 있다. <그림 6.6>에서 볼 수 있듯이 원본 파일은 'c:\breast cancer survival(2007).accdb'이며 이를 'breast cancer2'라는 데이터 원본 이름으로 ODBC 관리자에 등록한 것임을 알 수 있다. 우측에 있는 **고급** 탭을 열어 로그인 이름과 암호를 부여할 수도 있다.

〈그림 6.3〉 데이터베이스 드라이버 설정

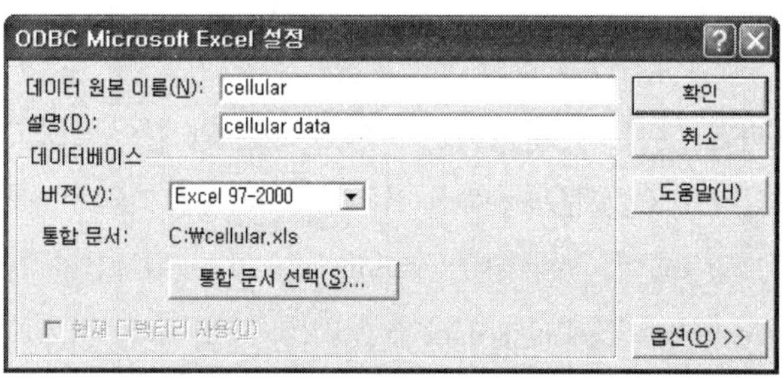

〈그림 6.4〉 데이터베이스 파일 설정

〈그림 6.5〉 데이터베이스 드라이버와 파일 설정 후 결과 화면

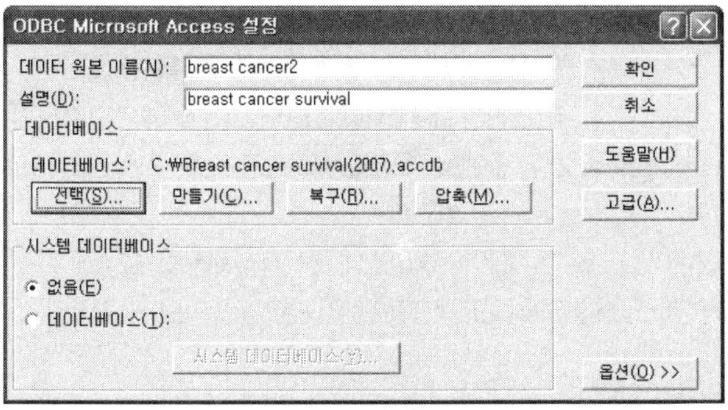

〈그림 6.6〉 Microsoft Access 데이터베이스 드라이버에 DSN 등록하기

<그림 6.7>로부터 시스템 DSN 탭에서 Excel과 Access 드라이버에 연결되어 있는 데이터베이스 파일의 이름을 확인할 수 있다.

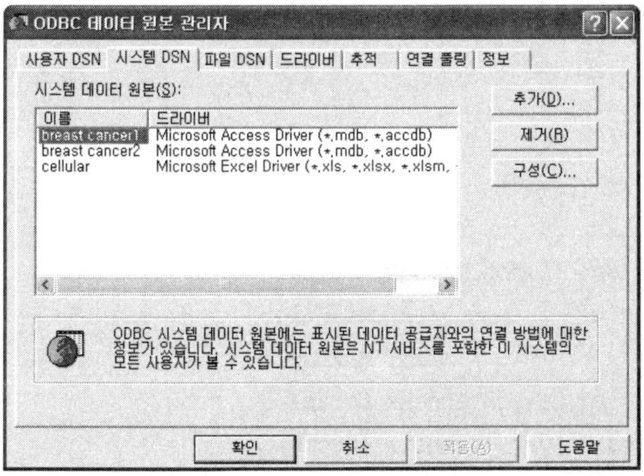

〈그림 6.7〉 Excel과 Access 드라이버에 연결된 데이터 원본 이름

6.2.2 R에서의 데이터베이스 접근

이제는 R에서 ODBC에 cellular라는 DSN으로 등록되어 있는 Access 데이터베이스를 불러와 보자. 이를 위해서는 RODBC 라이브러리를 불러온 후 ODBC 데이터베이스의 특정 파일에 연결해야 한다. R에서 다음과 같이 작업하도록 하자.

```
library(RODBC)
odbcDataSources()                        # ODBC 데이터 소스 리스트를 확인하기
channelA <- odbcConnect("cellular")      # ODBC 데이터베이스 cellular에  연결하기
channelB <- odbcConnect("breast cancer2") #ODBC 데이터베이스 breast cancer2에
                                            연결하기
odbcGetInfo(channelA)    # 접근한 channelA 데이터베이스에 대한 상세정보 보기
odbcGetInfo(channelB)    # 접근한 channelB 데이터베이스에 대한 상세정보 보기
```

여기서 odbcDataSources()는 ODBC 데이터 소스 리스트를 확인하고 싶을 경우 사용할 수 있는 함수로, 작업 가능한 ODBC 데이터 소스 리스트를 보여준다. odbcGetInfo()는 접근한 ODBC 데이터베이스에 대한 상세 정보를 확인하고자 할 때 사용하는 함수이다. 아래 결과는 프로그램을 수행시킨 결과이다. odbcGetInfo()에 의한 결과를 보면 celluar와 breast cancer2가 모두 Microsoft Office 2007 Access로 작성되어 있음을 알 수 있다.

```
> install.packages("RODBC")
> library(RODBC)
> odbcDataSources()
                                                 dBASE Files
   "Microsoft Access dBASE Driver (*.dbf, *.ndx, *.mdx)"
                                                 Excel Files
"Microsoft Excel Driver (*.xls, *.xlsx, *.xlsm, *.xlsb)"
                                          MS Access Database
              "Microsoft Access Driver (*.mdb, *.accdb)"
                                                    cellular
"Microsoft Excel Driver (*.xls, *.xlsx, *.xlsm, *.xlsb)"
                                              breast cancer1
              "Microsoft Access Driver (*.mdb, *.accdb)"
                                              breast cancer2
              "Microsoft Access Driver (*.mdb, *.accdb)"

> channelA <- odbcConnect("cellular")
> channelB <- odbcConnect("breast cancer2")
> odbcGetInfo(channelA)
                                                 DBMS_Name
                                                   "EXCEL"
```

```
                DBMS_Ver
            "08.00.0000"
         Driver_ODBC_Ver
                 "03.51"
        Data_Source_Name
              "cellular"
             Driver_Name
           "ACEODBC.DLL"
              Driver_Ver
"Microsoft Office 2007 Access database engine"
                ODBC_Ver
            "03.52.0000"
             Server_Name
                 "EXCEL"
> odbcGetInfo(channelB)
               DBMS_Name
                "ACCESS"
                DBMS_Ver
            "12.00.0000"
         Driver_ODBC_Ver
                 "03.51"
        Data_Source_Name
        "breast cancer2"
             Driver_Name
           "ACEODBC.DLL"
              Driver_Ver
"Microsoft Office 2007 Access database engine"
                ODBC_Ver
            "03.52.0000"
             Server_Name
                "ACCESS"
```

만약 DSN 설정 시 사용자 ID로 'stat'을 지정하고 패스워드로 '1111'을 설정했다면 다음과 같이 데이터베이스에 연결할 때 이를 포함시켜야 한다.

```
channelB <- odbcConnect("breast cancer2", uid="stat", pwd="1111")
```

6.2.3 RODBC 패키지에서 사용되는 함수들

RODBC 패키지에서 제공되는 함수들의 내용을 간략하게 살펴보도록 하자.

- odbcConnect: ODBC 데이터베이스에 연결시킨다. dsn은 등록되어 있는 데이터 소스명으로 문자형이다.

  (예) odbcConnet(dsn="test", uid="stat", pswd="secret")

- odbcClose: ODBC 데이터베이스에의 연결을 종료한다. 모든 데이터베이스와의 연결을 종료하고자 할 경우에는 odbcCloseAll()을 사용한다. 여기서 channel은 특정 데이터베이스에 연결시킨 채널명을 나타낸다.

  (예) odbcClose(channel)

- odbcDataSources: ODBC 데이터 소스 리스트를 보여준다.

  (예) odbcDataSouces(type=c("all", "user", "system"))

  odbcDataSources(type="system")

- odbcGetInfo: ODBC 연결에 관한 상세 정보를 보여준다.

  (예) odbcGetInfo(channel)

- sqlColumns: ODBC 데이터베이스 테이블의 질의열구조(query column structure)를 제공한다. 아래 예제는 연결된 데이터베이스 channelA에 있는 테이블 cellular에 포함되어 있는 변수들의 정보를 제공하고 있다. 여기서 COLUMN_NAME은 테이블 cellular에 있는 변수명을 나타내며 DATA_TYPE과 DATA_NAME은 데이터 유형과 길이를 나타낸다.

```
> sqlColumns(channelA, "cellular")
    TABLE_CAT TABLE_SCHEM TABLE_NAME COLUMN_NAME DATA_TYPE TYPE_NAME
1 C:\\cellular        <NA>  cellular$     minutes         8    NUMBER
2 C:\\cellular        <NA>  cellular$        bill         8    NUMBER
3 C:\\cellular        <NA>  cellular$    business         8    NUMBER
```

```
4 C:\\cellular        <NA>  cellular$       los       8    NUMBER
5 C:\\cellular        <NA>  cellular$    income       8    NUMBER
6 C:\\cellular        <NA>  cellular$     score       8    NUMBER
(이하 생략)
```

- sqlFetch: ODBC 데이터베이스의 한 테이블의 모든 변수 또는 일부를 데이터 프레임으로 읽어온다. 아래 예제는 channelA의 celluar 테이블에서 최대 5 케이스만을 불러들인 결과이다.

```
> sqlFetch(channelA, "cellular", max=5, rows_at_time=10)
   minutes     bill business      los   income    score
1 276.4638 48.43370 28.11263 3.499310 68.85603 64.97563
2 189.0091 61.93149 22.57386 2.415376 77.31441 52.64984
3 197.4942 47.90316 27.48192 2.417206 56.88761 63.71926
4 256.7715 66.92326 44.83792 2.338351 75.22863 72.10529
5 274.8229 72.77973 37.55945 3.378791 87.60368 83.44579
```

- sqlQuery(), sqlGetResults(): ODBC 데이터베이스에 SQL 질의를 하고 그 결과를 받을 수 있는 함수이다.

  (예) sqlQuery(channel, "select state, murder from USArrests
  where rape > 30 order by murder")

만약 sheet 3장으로 구성된 엑셀 파일이 'stat'으로 저장되어 있는 경우 다음과 같이 연결하여 테이블을 확인하고 SQL 질의를 통해 변수들을 아래 예와 같이 조작할 수 있다.

```
> library(RODBC)
> channel <- odbcConnect("stat")
> sqlTables(channel)
  TABLE_CAT TABLE_SCHEM TABLE_NAME   TABLE_TYPE REMARKS
1  C:\\stat        <NA>    year08$ SYSTEM TABLE    <NA>
2  C:\\stat        <NA>    year09$ SYSTEM TABLE    <NA>
3  C:\\stat        <NA>    year10$ SYSTEM TABLE    <NA>
> year08 <- sqlFetch(channel, "year08")  # 첫 번째 sheet의 데이터를 가져온다.
```

```
> year08
    id   name score
1 1001 나통계   100
2 1002 김갑수    70
3 1003 박비야    80
> # 두 번째 sheet year09에 있는 모든 데이터 가져오기
> year09 <- sqlQuery(channel, "select * from [year09$]")
> year09
    id   이름 score
1 2001 박보람    86
2 2002 이휘창    79
3 2003 윤기상    95
> # 두 번째 sheet에서 score가 80점을 초과하는 리스트만 올림차순으로 출력하기
> score09 <- sqlQuery(channelB, "select * from [year09$]
+          where score > 80 order by score")
> score09
    id   이름 score
1 2001 박보람    86
2 2003 윤기상    95
```

그밖에 sqlCopy, sqlDrop, sqlSave, sqlTables, sqlTypeInfo 등의 함수들이 제공되는데 자세한 사용 문법은 도움말을 참조하도록 한다.

6.3 sqldf를 이용한 SQL 질의

sqldf 패키지를 설치하면 R 데이터 프레임에서 SQL 질의가 가능하다. sqldf에 포함되어 있는 예제를 중심으로 다양한 사용 방법을 살펴보도록 한다.

6.3.1 조건에 맞는 케이스 선택하기

아래 예제는 warpbreak 데이터 세트의 초반부 데이터를 head() 함수를 이용하여 a1r로 저장한 결과와 sqldf() 함수를 사용하여 데이터 warpbreaks에서 처음부터 6번째까지의 데이터를 a1s로 저장시키는 과정을 담고 있다. 마지막으로 함수 identical을 사용하여 두 데이터 세트가 동일한지를 확인할 수 있다. 이를 SQL 질의어로 할 경우에는 프로그램에서와 같이 sqldf() 함수를 이용하며 "select * from 데이터명 limit 케이스 수" 형식을 취한다. 여기서 *는 모든 변수들을 선택한 것을 의미한다.

```
> warpbreaks
   breaks wool tension
1      26    A       L
2      30    A       L
3      54    A       L
4      25    A       L
5      70    A       L
6      52    A       L
7      51    A       L
8      26    A       L
9      67    A       L
10     18    A       M
(이하 중략)
52     15    B       H
53     16    B       H
54     28    B       H
> a1r <- head(warpbreaks)
> a1r
  breaks wool tension
1     26    A       L
2     30    A       L
3     54    A       L
4     25    A       L
5     70    A       L
6     52    A       L
> a1s <- sqldf("select * from warpbreaks limit 6")
```

```
> a1s
  breaks wool tension
1     26    A       L
2     30    A       L
3     54    A       L
4     25    A       L
5     70    A       L
6     52    A       L
> identical(a1r, a1s)
[1] TRUE
```

5.1절에서 설명한 subset() 함수를 이용하면 원데이터의 일부 조건을 만족하는 케이스들만 선택하여 새로운 데이터 세트를 만들 수 있다. 아래 예제에서는 데이터 CO2에서 변수 Plant의 값이 'Qn'으로 시작하는 케이스들만 부분적으로 선택하여 데이터를 만들었다. 여기서 사용되는 grepl()은 문자열에서 조건을 만족하는지 여부를 반환하는 논리함수이다. 이와 유사한 역할을 하는 함수로는 grep(value = TRUE)와 grep(value = FALSE)가 있다. 이에 대해서는 7장을 참조하기 바란다. 한편 동일한 결과를 얻기 위해 SQL 질의어를 이용할 경우 sqldf("select * from CO2 where Plant like 'Qn%'")와 같이 사용하면 된다.

```
> #subset
> CO2
   Plant        Type  Treatment conc uptake
1    Qn1      Quebec nonchilled   95   16.0
2    Qn1      Quebec nonchilled  175   30.4
3    Qn1      Quebec nonchilled  250   34.8
4    Qn1      Quebec nonchilled  350   37.2
5    Qn1      Quebec nonchilled  500   35.3
6    Qn1      Quebec nonchilled  675   39.2
7    Qn1      Quebec nonchilled 1000   39.7
8    Qn2      Quebec nonchilled   95   13.6
9    Qn2      Quebec nonchilled  175   27.3
10   Qn2      Quebec nonchilled  250   37.1
(이하 생략)
```

```
> a2r <- subset(CO2, grepl("^Qn", Plant))
> a2r
   Plant   Type  Treatment conc uptake
1     Qn1 Quebec nonchilled   95   16.0
2     Qn1 Quebec nonchilled  175   30.4
3     Qn1 Quebec nonchilled  250   34.8
4     Qn1 Quebec nonchilled  350   37.2
5     Qn1 Quebec nonchilled  500   35.3
(중략)
16    Qn3 Quebec nonchilled  175   32.4
17    Qn3 Quebec nonchilled  250   40.3
18    Qn3 Quebec nonchilled  350   42.1
19    Qn3 Quebec nonchilled  500   42.9
20    Qn3 Quebec nonchilled  675   43.9
21    Qn3 Quebec nonchilled 1000   45.5
> a2s <- sqldf("select * from CO2 where Plant like 'Qn%'")
> a2s
   Plant   Type  Treatment conc uptake
1     Qn1 Quebec nonchilled   95   16.0
2     Qn1 Quebec nonchilled  175   30.4
3     Qn1 Quebec nonchilled  250   34.8
4     Qn1 Quebec nonchilled  350   37.2
5     Qn1 Quebec nonchilled  500   35.3
(중략)
16    Qn3 Quebec nonchilled  175   32.4
17    Qn3 Quebec nonchilled  250   40.3
18    Qn3 Quebec nonchilled  350   42.1
19    Qn3 Quebec nonchilled  500   42.9
20    Qn3 Quebec nonchilled  675   43.9
21    Qn3 Quebec nonchilled 1000   45.5
> all.equal(a2r, a2s, check.attributes=FALSE)
[1] TRUE
```

다음은 데이터 farms에서 변수 Manag에 문자값 BF, HF가 있는 케이스들만 모아서 새로운 데이터 세트를 만드는 예제이다. subset() 함수를 이용하면 subset(데이터명, 변수명 %in% c("BF", "HF"))와 같이 사용하여 부분집합을 만들 수 있다. sqldf() 함수를 이용할 경우에는 sqldf("select * from 데이터명 where 변수명 in ('BF', 'HF')")와 같이 질의어를 사용하면 된다. 자세한 사항은 도움말을 참조하기 바란다.

```
> data(farms, package="MASS")
> a3r <- subset(farms, Manag %in% c("BF", "HF"))
> print(a3r)
   Mois Manag Use Manure
2    M1    BF  U2     C2
5    M1    HF  U1     C2
6    M1    HF  U2     C2
7    M1    HF  U3     C3
8    M5    HF  U3     C3
9    M4    HF  U1     C1
10   M2    BF  U1     C1
11   M1    BF  U3     C1
> a3s <- sqldf("select * from farms where Manag in ('BF', 'HF')")
> print(a3s)
  Mois Manag Use Manure
1   M1    BF  U2     C2
2   M1    HF  U1     C2
3   M1    HF  U2     C2
4   M1    HF  U3     C3
5   M5    HF  U3     C3
6   M4    HF  U1     C1
7   M2    BF  U1     C1
8   M1    BF  U3     C1
> row.names(a3r) <- NULL
> identical(a3r, a3s)
[1] TRUE
```

다음 예제는 데이터 farms로부터 변수 Mois 값이 M1인 데이터 세트와 M2인 데이터 세트를 새로이 생성한 후 행으로 결합시키는 것이다. 이는 5장에서 이미 설명한 rbind() 함수를 이용하게 되는데 SQL 질의어로 할 경우에는 sqldf("select * from 데이터1 union all select * from 데이터2")와 같이 문법을 사용해야 한다. 여기서 union all은 두 데이터 프레임의 조건을 만족시키는 모든 케이스들에서 중복된 행을 포함시켜 출력하도록 하는 것이다. union만 사용하면 중복된 케이스는 제외된다. union 대신

minus를 사용할 경우 두 데이터 세트 간의 차집합에 해당되는 케이스를 출력시키며 intersect를 사용하면 일종의 교집합에 해당되는 케이스들이 출력된다.

```
> a4r <- subset(farms, Mois == 'M1')
> a4s <- sqldf("select * from farms where Mois ='M1'", row.names=TRUE)
> identical(a4r, a4s)
[1] TRUE
>
> a5r <- subset(farms, Mois == 'M2')
> a5s <- sqldf("select * from farms where Mois ='M2'", row.names=TRUE)
> identical(a5r, a5s)
[1] TRUE
>
> a6r <- rbind(a4r, a5r)
> a6r
   Mois Manag Use Manure
1    M1    SF  U2     C4
2    M1    BF  U2     C2
5    M1    HF  U1     C2
6    M1    HF  U2     C2
7    M1    HF  U3     C3
11   M1    BF  U3     C1
18   M1    NM  U1     C0
3    M2    SF  U2     C4
4    M2    SF  U2     C4
10   M2    BF  U1     C1
17   M2    NM  U1     C0
> a6s <- sqldf("select * from a4s union all select * from a5s")
> a6s
   Mois Manag Use Manure
1    M1    SF  U2     C4
2    M1    BF  U2     C2
3    M1    HF  U1     C2
4    M1    HF  U2     C2
5    M1    HF  U3     C3
6    M1    BF  U3     C1
7    M1    NM  U1     C0
8    M2    SF  U2     C4
```

```
9    M2    SF  U2     C4
10   M2    BF  U1     C1
11   M2    NM  U1     C0
> row.names(a6r) <- NULL
> identical(a6r[-1], a6s[-1])
[1] TRUE
```

다음 예제는 데이터 iris에서 첫 3 케이스를 선택해서 iris3.dat파일로 저장한 후 저장된 데이터 파일로부터 직접 데이터를 불러오는 경우이다. 이때는 readLines() 함수를 이용해야 된다. sqldf()에서는 file() 함수를 통해 데이터를 저장한 후 질의가 가능하다. file() 함수는 데이터 세트를 연결하여 직접 새로운 데이터 세트를 생성시켜 준다. 아래 예에서는 파일 데이터를 저장한 데이터 세트 iris3을 가지고 sqldf() 함수에서 SQL 질의가 이루어지고 있다.

```
> write.table(head(iris, 3), "iris3.dat", sep = ",", quote = FALSE)
> # look at contents of iris3.dat
> readLines("iris3.dat")
[1] "Sepal.Length,Sepal.Width,Petal.Length,Petal.Width,Species"
[2] "1,5.1,3.5,1.4,0.2,setosa"
[3] "2,4.9,3,1.4,0.2,setosa"
[4] "3,4.7,3.2,1.3,0.2,setosa"
> # set up file connection
> iris3 <- file("iris3.dat")
> sqldf("select * from iris3 where Sepal_Width > 3")
  Sepal_Length Sepal_Width Petal_Length Petal_Width Species
1          5.1         3.5          1.4         0.2  setosa
2          4.7         3.2          1.3         0.2  setosa
```

6.3.2 변수의 조작

다음은 변수들의 일부 값들에 대하여 기초통계량을 구하고 해당 변수를 생성시켜보자. 보통 이를 위해서는 aggregate() 함수를 아래 예제와 같이 사용한다. aggregate(iris[1:2], iris[5], mean)은 iris 데이터의 첫 번째 변수와 두 번째 변수에 대해 다섯 번째 변수를 기준으로 평균을 계산하도록 하는 것이다. 그 결과 붓꽃 종류별로 Sepal.Length, Sepal.Width의 평균이 계산되었다. 이를 SQL 질의어로 할 경우, 평균값 계산은 avg() 함수를 이용하고 평균 계산을 위한 그룹변수는 group by 뒤에 오도록 한다. 즉, 아래 문장은 Sepal_Length 길이가 6 이상인 케이스만을 모아놓은 a7s1 데이터로부터 Sepal_Length, Sepal_Width의 평균을 Species의 그룹별로 계산한 후 계산된 결과를 나타내는 세 변수만 최종적으로 가져오도록 하는 것이다. 그 결과 모든 케이스를 가지고 평균을 계산한 결과와 차이가 있음을 알 수 있다.

```
> sqldf("select Species, avg(Sepal_Length) 'Sepal.Length',
+                avg(Sepal_Width) 'Sepal.Width' from a8s1 group by Species"

> a7r <- aggregate(iris[1:2], iris[5], mean)
> print(a7r)
     Species Sepal.Length Sepal.Width
1     setosa        5.006       3.428
2 versicolor        5.936       2.770
3  virginica        6.588       2.974
>
> a7s1 <- sqldf("select * from iris where Sepal_Length > 5", row.names=TRUE)
> a7s <- sqldf("select Species, avg(Sepal_Length) 'Sepal.Length',
+                avg(Sepal_Width) 'Sepal.Width' from a7s1 group by Species")
> print(a7s)
     Species Sepal.Length Sepal.Width
1     setosa     5.313636    3.713636
2 versicolor     5.997872    2.804255
3  virginica     6.622449    2.983673
>
> all.equal(a7r, a7s)
[1] "Component 2: Mean relative difference: 0.02304379"
[2] "Component 3: Mean relative difference: 0.03593166"
```

다음 예제는 rbind()와 by를 이용해서 평균값을 계산한 결과 a8r과 sqldf()와 group by 문을 이용한 결과 a8s가 동일함을 보여주는 예제이다. 특정 변수별로 통계량을 계산하고 싶을 경우 아래 예제와 같이 group by 문을 활용하여 SQL 질의가 가능하다.

여기서 avg(Sepal_Length) 'mean.Sepal.Length'는 Sepal_Length의 평균을 계산한 후 해당 변수를 mean.Sepal.Length로 출력하도록 한다.

```
> a8r <- do.call(rbind, by(iris, iris[5], function(x) with(x,
+ data.frame(Species = Species[1],
+ mean.Sepal.Length = mean(Sepal.Length),
+ mean.Sepal.Width = mean(Sepal.Width),
+ mean.Sepal.ratio = mean(Sepal.Length/Sepal.Width)))))
> a8r
              Species mean.Sepal.Length mean.Sepal.Width mean.Sepal.ratio
setosa         setosa             5.006            3.428         1.470188
versicolor versicolor             5.936            2.770         2.160402
virginica   virginica             6.588            2.974         2.230453
> row.names(a8r) <- NULL
> a8s <- sqldf("select Species, avg(Sepal_Length) `mean.Sepal.Length`,
+ avg(Sepal_Width) `mean.Sepal.Width`,
+ avg(Sepal_Length/Sepal_Width) `mean.Sepal.ratio` from iris
+ group by Species")
> a8s
     Species mean.Sepal.Length mean.Sepal.Width mean.Sepal.ratio
1     setosa             5.006            3.428         1.470188
2 versicolor             5.936            2.770         2.160402
3  virginica             6.588            2.974         2.230453
> all.equal(a8r, a8s)
[1] TRUE
```

다음은 데이터 warpbreaks에서 변수 breaks 값의 순위를 부여한 후 처음부터 3개의 케이스를 a9r로 생성시킨 결과이다. a9r의 첫 열은 breaks 값의 관찰치 번호가 원자료에서 23, 11, 50임을 나타낸다. 두 데이터 세트가 동일한지 확인하기 위해 행의 값을 NULL로 만든 후 비교하고 있다.

```
> # head - bottom 3 breaks
> a9r <- head(warpbreaks[order(warpbreaks$breaks), ], 3)
> a9r
   breaks wool tension
```

```
23      10    A       H
14      12    A       M
50      13    B       H
> a9s <- sqldf("select * from warpbreaks order by breaks limit 3")
> a9s
  breaks wool tension
1      10    A       H
2      12    A       M
3      13    B       H
> # attributes(a9r) <- attributes(a9s) <- NULL
> row.names(a9r) <- NULL
> identical(a9r, a9s)
[1] TRUE
```

R에서 table()은 교차테이블을 생성시키는 함수이다. a10r은 데이터 warpbreaks에서 변수 tension과 wool을 이용하여 교차테이블을 만든 결과이다. 두 변수의 수준별 조합에서 관측된 케이스가 각각 모두 9임을 알 수 있다. 이와 같은 결과를 sqldf() 함수를 통해 구하고자 할 경우에는

```
sqldf("select sum(wool='A'), sum(wool='B') from warpbreaks group by tension")
```

와 같이 작성해야 한다. 여기서 group by 문 뒤에 지정한 변수 tension이 행 변수가 되었고 sum() 함수를 이용해 빈도를 계산한 wool 변수가 열변수가 되었음을 알 수 있다.

```
> # table
> a10r <- table(warpbreaks$tension, warpbreaks$wool)
> a10r
    A B
  L 9 9
  M 9 9
  H 9 9
> a10s <- sqldf("select sum(wool = 'A'), sum(wool = 'B')
+    from warpbreaks group by tension")
> a10s
  sum(wool = 'A') sum(wool = 'B')
```

```
1              9              9
2              9              9
3              9              9
> all.equal(as.data.frame.matrix(a10r), a10s, check.attributes = FALSE)
[1] TRUE
```

한편 두 데이터 세트에 대하여 merge()를 사용한 경우와 sqldf()를 사용한 결과 간 차이를 살펴보도록 하자. A 데이터 세트의 케이스 수가 B 데이터 세트의 케이스 수보다 작다. 따라서 merge(A,B)를 사용하면 A 전체에 대해서 B의 각 케이스가 결합됨을 알 수 있다. sqldf()를 사용하면 A의 각 체이스에 대해서 B의 모든 케이스가 결합됨을 알 수 있다. 이와 반대로 데이터의 순서를 바꾸어 실행한 결과와도 비교해보기 바란다.

```
> A <- data.frame(a1 = c(1, 2, 1), a2 = c(2, 3, 3), a3 = c(3, 1, 2))
> A
  a1 a2 a3
1  1  2  3
2  2  3  1
3  1  3  2
> B <- data.frame(b1 = 1:2, b2 = 2:1)
> B
  b1 b2
1  1  2
2  2  1
> a11s <- sqldf("select * from A, B")
> a11s
  a1 a2 a3 b1 b2
1  1  2  3  1  2
2  1  2  3  2  1
3  2  3  1  1  2
4  2  3  1  2  1
5  1  3  2  1  2
6  1  3  2  2  1
> a11r <- merge(A, B)
> a11r
  a1 a2 a3 b1 b2
```

```
1  1  2  3  1  2
2  2  3  1  1  2
3  1  3  2  1  2
4  1  2  3  2  1
5  2  3  1  2  1
6  1  3  2  2  1
> Sort <- function(DF) DF[do.call(order, DF),]
> all.equal(Sort(a11s), Sort(a11r), check.attributes = FALSE)
[1] TRUE
>
> # 순서바꾸기
> a12s <- sqldf("select * from B, A")
> a12s
  b1 b2 a1 a2 a3
1  1  2  1  2  3
2  1  2  2  3  1
3  1  2  1  3  2
4  2  1  1  2  3
5  2  1  2  3  1
6  2  1  1  3  2
> a12r <- merge(B, A)
> a12r
  b1 b2 a1 a2 a3
1  1  2  1  2  3
2  2  1  1  2  3
3  1  2  2  3  1
4  2  1  2  3  1
5  1  2  1  3  2
6  2  1  1  3  2
> Sort <- function(DF) DF[do.call(order, DF),]
> all.equal(Sort(a12s), Sort(a12r), check.attributes = FALSE)
[1] TRUE
```

다음은 조인(join)에 대해서 살펴보도록 하자. 조인은 외부조인(outer join)과 내부조인(inner join)이 있다. 내부조인은 두 데이터 테이블에 공통적으로 들어 있는 변수에 일치하는 값이 있을 때마다 두 테이블의 케이스를 결합시키는 것이다. 즉 결합시킬 대상이 있을 때만 결합된다. 모든 from 절에는 내부조인 연산을 사용할 수 있다.

반면 외부조인은 결합시킬 대상이 없을 경우에도 두 데이터 테이블을 결합시킬 수 있다. 이것이 큰 차이점이다. 이 때문에 외부조인은 기준이 되는 데이터 테이블을 지정해야 한다. 이는 결합시킬 대상이 없는 경우에라도 기본적으로 나타낼 데이터 테이블을 정해준다는 것을 뜻한다.

다음 예제를 살펴보도록 하자. 내부조인을 나타내는 다음의 merge() 함수는 데이터 세트 d1에서의 변수 a값과 데이터 세트 d2에서의 변수 c값이 일치하는 케이스들만 결합해서 선택하도록 한다. all=FALSE는 자연조인(natural join)을 나타낸다. 자연조인(natural join)은 데이터 테이블 간에 중복된 변수가 있을 경우, 한 개만 표시하는 것을 뜻한다.

(예) merge(d1, d2, by.x='a', by.y='c', all=FALSE)

다음은 외부조인과 내부조인에 대한 예제이다.

```
> # 데이터 생성하기
>  d1 = data.frame(a=1:5, b=rnorm(5))
>  d2 = data.frame(c=3:7, d=rnorm(5))
>
> # 외부조인(outer join)
>  merge(d1, d2, all=FALSE)
   a          b c          d
1  1  1.8603017 3 -1.5503195
2  2 -0.4473344 3 -1.5503195
3  3 -1.6364969 3 -1.5503195
4  4  0.3535315 3 -1.5503195
5  5  0.4470317 3 -1.5503195
6  1  1.8603017 4 -1.3880278
7  2 -0.4473344 4 -1.3880278
8  3 -1.6364969 4 -1.3880278
9  4  0.3535315 4 -1.3880278
10 5  0.4470317 4 -1.3880278
(중략)
21 1  1.8603017 7 -1.0271503
22 2 -0.4473344 7 -1.0271503
23 3 -1.6364969 7 -1.0271503
24 4  0.3535315 7 -1.0271503
```

```
25 5  0.4470317  7 -1.0271503
>
> # 내부조인(inner join)
>     merge(d1, d2, by.x='a', by.y='c', all=FALSE)
  a         b          d
1 3 -1.6364969 -1.5503195
2 4  0.3535315 -1.3880278
3 5  0.4470317  0.5059787
>
```

아래 예제는 외부조인, 내부조인, 왼쪽 외부조인(left outer join), 오른쪽 외부조인(right outer join) 등에 대한 것이다. 두 데이터 세트 ds1, ds2에 대하여 내부조인을 위하여 merge(ds1, ds2)을 실행시킨 결과와 SQL 질의어로 "select Id, Product, Area from ds1 join ds2 using(ID)"한 결과가 동일함을 알 수 있다. 왼쪽 외부조인을 위하여 merge(ds1, ds2, all.x=TRUE)를 실행시킨 결과와 SQL 질의어로 "select Id, Product, Area from ds1 left join ds2 using(ID)"를 이용한 결과를 비교해보자. 여기서 왼쪽 외부조인은 두 테이블을 조인해서 내부조인의 결과와 일치하지 않는 왼쪽 테이블의 행을 반환하는 조인임을 알 수 있다. 오른쪽 외부조인은 마찬가지 상황에서 오른쪽 테이블의 행을 반환하는 조인이다.

```
> ds1 = data.frame(Id=c(1:6),  Product=c(rep("iPad",3),rep("iPhone",3)))
> ds2 = data.frame(Id=c(2,4,6), Area=c(rep("Seoul",2),  rep("Pusan",1)))
> ds1
  Id Product
1  1    iPad
2  2    iPad
3  3    iPad
4  4  iPhone
5  5  iPhone
6  6  iPhone
> ds2
  Id  Area
1  2 Seoul
2  4 Seoul
3  6 Pusan
```

```
> #외부조인
> merge(ds1, ds2, all=TRUE)
  Id Product  Area
1  1    iPad  <NA>
2  2    iPad Seoul
3  3    iPad  <NA>
4  4  iPhone Seoul
5  5  iPhone  <NA>
6  6  iPhone Pusan
> #왼쪽 외부조인
> merge(ds1, ds2, all.x=TRUE)
  Id Product  Area
1  1    iPad  <NA>
2  2    iPad Seoul
3  3    iPad  <NA>
4  4  iPhone Seoul
5  5  iPhone  <NA>
6  6  iPhone Pusan
> #오른쪽 외부조인
> merge(ds1, ds2, all.y=TRUE)
  Id Product  Area
1  2    iPad Seoul
2  4  iPhone Seoul
3  6  iPhone Pusan
> #내부조인
> merge(ds1, ds2)
  Id Product  Area
1  2    iPad Seoul
2  4  iPhone Seoul
3  6  iPhone Pusan
> merge(ds1, ds2, by="Id")
  Id Product  Area
1  2    iPad Seoul
2  4  iPhone Seoul
3  6  iPhone Pusan
>
> library(sqldf)
```

```
>  # 내부조인
> ds3 <- sqldf("select Id, Product, Area  from ds1 join ds2 using(ID)")
> ds3
  Id Product  Area
1  2    iPad Seoul
2  4  iPhone Seoul
3  6  iPhone Pusan
> # 왼쪽 외부조인
> ds4 <- sqldf("select Id, Product, Area  from ds1 left join ds2 using(ID)")
> ds4
  Id Product  Area
1  1    iPad  <NA>
2  2    iPad Seoul
3  3    iPad  <NA>
4  4  iPhone Seoul
5  5  iPhone  <NA>
6  6  iPhone Pusan
```

7장 자료의 처리 및 프로그래밍

자료 객체를 다루는 데 있어 유용한 함수를 정리하고, R의 조건문, 반복문, 제어문 등의 프로그램 언어를 통한 사용자 정의 함수를 생성해본다.

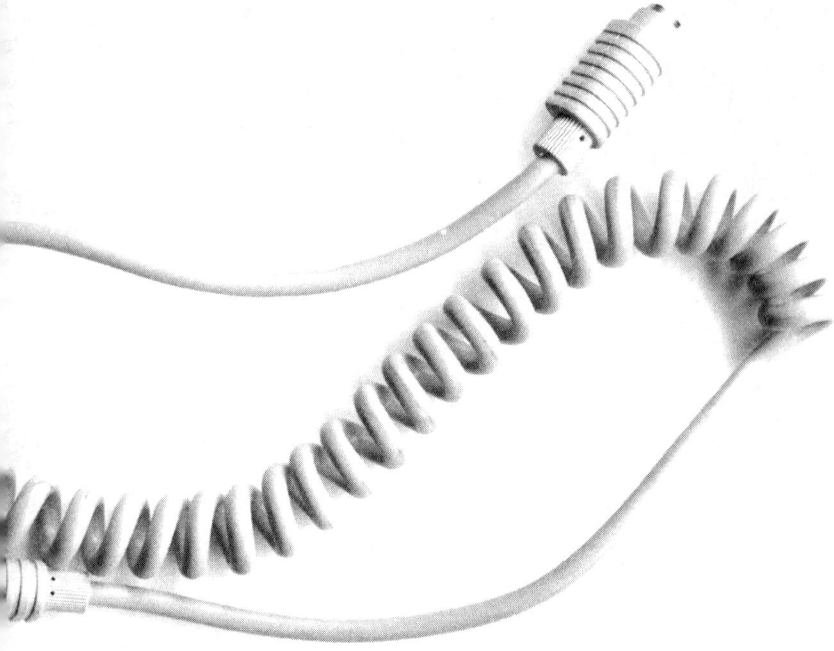

7.1 함수의 적용

자료 객체에 대해서는 2장에서 소개한 기본 연산자들을 이용하여 산술 계산이 가능할 뿐만 아니라 자료 객체의 특성에 따른 연산(예를 들어 두 행렬의 곱)을 통해 사용자의 요구에 부합한 다양한 변형 및 정보의 추출이 가능하다. 이 절에서는 이러한 자료 객체의 변형(變形)에 대해 살펴보도록 하자.

7.1.1 자료 객체의 기본 연산 함수

상수와 자료 객체에 대한 기본 연산자에 의한 계산은 상수와 원소 사이의 연산을 통해 이루어진다. 만약 객체의 길이와 연산을 위해 정의된 상수의 길이가 다를 경우, 재생규칙에 따라 R은 상수를 반복시켜 객체의 길이와 동일하게 변환한 후 계산을 수행한다.

객체와 객체 사이의 연산은 두 객체의 차원이 동일할 경우 수행된다. 연산자가 특정한 자료 객체의 유형에만 적용될 경우, 다른 유형의 객체에 대한 해당 연산자의 적용은 처리 전에 원하는 유형으로의 변형이 선행된다.

아래의 예제를 살펴보자. 자료 객체인 행렬 x1의 모든 원소를 대상으로 상수와 산술, 비교, 논리 연산이 가능함을 보이고 있다. 상수의 크기가 연산에 부적절할 경우 재생규칙을 통해 상수의 크기를 행렬 크기와 동일하게 확대하는 것을 알 수 있다.

```
> ## 기본 연산
> x1 <- matrix(1:8, nrow=2)
> x1*3
     [,1] [,2] [,3] [,4]
[1,]    3    9   15   21
[2,]    6   12   18   24
> x1%%2==1 & x1 > 2
      [,1]  [,2]  [,3]  [,4]
[1,] FALSE  TRUE  TRUE  TRUE
[2,] FALSE FALSE FALSE FALSE
```

```
> x1*c(10.20)
     [,1] [,2] [,3] [,4]
[1,] 10.2 30.6 51.0 71.4
[2,] 20.4 40.8 61.2 81.6
> x1*c(10,20)
     [,1] [,2] [,3] [,4]
[1,]   10   30   50   70
[2,]   40   80  120  160
> x1%in%c(5,8)
[1] FALSE FALSE FALSE FALSE  TRUE FALSE FALSE  TRUE
> tmp <- x1%in%c(5,8)
> rbind(tmp[1:4],tmp[5:8])
      [,1]  [,2]  [,3]  [,4]
[1,] FALSE FALSE FALSE FALSE
[2,]  TRUE FALSE FALSE  TRUE
```

위의 예제에서 tmp 계산에서 사용되고 있는 연산자 %in%는 벡터의 집합 연산자로 원소의 포함 여부에 대한 논리값을 산출한다. 따라서 c(5,8)이므로 5와 8에 해당되는 위치에만 TRUE가 출력되어 있고 나머지 원소들에 대해서는 FALSE를 출력하고 있다. 이처럼 행렬에 적용되는 경우에는 행렬을 벡터로 변환하는 작업(함수 as.vector())이 자동으로 선행된다. 따라서 결과를 보면 x1의 열들을 결합해 벡터로 변경하여 연산을 수행하였음을 알 수 있다.

<표 2.1>의 기본 연산자 이외에 함수 형식의 논리 연산자나 벡터 사이의 집합 연산자는 <표 7.1>과 같다. 추가로 행렬의 연산에 사용되는 연산자나 함수 등은 8장의 내용을 참조하기 바란다.

〈표 7.1〉 논리 연산 및 집합 연산 함수

구분	함수	설명
논리	xor(x,y)	배타적 논리합(exclusive OR)
연산	is.TRUE(x)	참(TRUE)의 여부
함수	any(x,y,...)	하나 이상의 원소의 참/거짓 여부
(논리값 벡터)	all(x,y,...)	모든 원소의 참/거짓 여부
집합	union(x, y)	벡터 x, y의 합집합
연산	intersect(x, y)	벡터 x, y의 교집합
함수	setdiff(x, y)	벡터 x, y의 차집합
(벡터)	setequal(x, y)	벡터 x, y의 원소 집합의 동일성
	is.element(e1, set)(= %in%)	set 벡터 내 e1과 동일한 원소의 존재 여부

논리 연산이나 벡터의 합집합, 교집합 등에 대한 함수의 적용은 익숙할 것이므로 setequal() 함수에 대해 알아보자. 이는 정의된 두 벡터의 원소의 동일성을 확인하는 함수로 데이터 값의 위치와 상관없이 주어진 벡터를 구성하는 유일한(unique) 값의 집합이 동일한지를 확인한다. 아래의 예제를 살펴보면 벡터 x, y, z가 모두 동일한 값으로 구성되어 있으므로 setequal() 함수의 적용 결과는 모두 TRUE임을 알 수 있다.

```
> ## setequal() 함수
> x <- c(1,1,2,2,3,3,4,4,5,5)
> y <- 2*c(1:5)
> z <- 2*c(5:1)
> setequal(x,y)
[1] TRUE
> setequal(y,z)
[1] TRUE
```

7.1.2 유용한 함수 및 적용

주어진 자료 객체의 데이터 값을 요약하는 함수 중 기본적인 것을 정리한 것이 <표 7.2>이다. 대부분의 함수의 기능은 익숙한 것들이므로 예제를 통해 몇 가지 함수에 대한 기능을 알아보자. 일부의 함수들에 대해서는 10장에서 언급될 것이며, 자세한 사항은 도움말을 참조하기 바란다.

〈표 7.2〉 유용한 함수

구분	함수	기능
데이터 요약	length() sum() prod() cumsum() cumprod() cummin() cummax()	원소의 수 원소의 합 원소의 곱 누적합 곱의 누적합 최소값의 누적합 최대값의 누적합
대표값	mean() median() max() min() which.max() which.min() unique() range() var() cor()	평균 중위수 최대값 최소값 최대값의 인덱스 최소값의 인덱스 데이터를 구성하는 유일한 원소 c(min(), max()) 분산 상관계수
정렬	rev() rank() sort() order()	원소의 역순 주어진 객체의 원소들의 순위 하나의 기준으로 주어진 객체의 원소들의 정렬 둘 이상의 기준으로 주어진 객체의 원소들의 정렬
문자형	toupper() tolower() nchar() strsplit() strtrim() substr() paste() grep() regexpr() gregexpr() sub() gsub()	대문자로의 전환 소문자로의 전환 문자의 길이 문자형 데이터를 정해진 구분자로 분리 정의된 길이의 문자만을 추출 문자의 일부분을 선택 혹은 변경 문자의 결합 문자형 데이터 중 정의된 문자를 포함하는 인덱스 문자형 데이터 중 정의된 문자의 위치를 출력(첫 번째) 문자형 데이터 중 정의된 문자의 위치를 출력(모두) 문자 중 정의된 내용과 같은 경우 치환(첫 번째) 문자 중 정의된 내용과 같은 경우 치환(모두)
기타	scale() subset() sample() match() which() choose() any() gl() diff()	중심화 원소의 일부 선택 복원/비복원의 임의 샘플링 일치하는 원소 추출 조건을 만족하는 원소의 인덱스 조합의 수 원소 중 임의의 한 원소 주어진 수준에 따른 요인 생성 정의된 위치만큼 차이나는 데이터 원소 사이의 차

cummin()과 cummax() 함수는 주어진 데이터를 처음부터 순서대로 비교해서 현재 위치까지에서 가장 작은 값 또는 가장 큰 값을 출력한다. 아래의 예제를 살펴보면 c(3:1, 2:0, 4:2)에 대해 cummin() 함수의 경우, 첫 번째 원소인 3까지의 최소값이 3이므로 첫 번째 위치의 출력값은 3이고 두 번째는 이전까지의 최소값인 3과 첫 번째 원소인 2까지의 최소값이 2이므로 두번째 위치의 출력값은 2이다. 이러한 과정을 반복해 각 위치에 해당하는 결과값을 출력하게 된다. cummax() 함수는 최대값에 대해 위의 과정을 반복해 결과값을 출력한다.

```
> ## cummin()과 cummax() 함수
> c(3:1, 2:0, 4:2)
[1] 3 2 1 2 1 0 4 3 2
> cummin(c(3:1, 2:0, 4:2))
[1] 3 2 1 1 1 0 0 0 0
> cummax(c(3:1, 2:0, 4:2))
[1] 3 3 3 3 3 3 4 4 4
```

which.min()과 which.max() 함수는 데이터의 최소값과 최대값의 인덱스를 추출하는 함수로 아래의 예제를 살펴보면 상황에 따라 최소값 및 최대값의 추출뿐 아니라 해당 데이터에서 그들의 위치를 추출할 수 있어 유용하게 사용된다. 데이터를 구성하는 유일한 원소를 추출하는 기능을 하는 unique()는 주어진 데이터에서 원소의 출현 순서에 따라 유일한 원소를 출력한다.

```
> ## which.min()과 which.max() 함수
> min(c(3:1, 2:0, 4:2)); which.min(c(3:1, 2:0, 4:2))
[1] 0
[1] 6
> max(c(3:1, 2:0, 4:2)); which.max(c(3:1, 2:0, 4:2))
[1] 4
[1] 7
> ## unique() 함수
> unique(c(3:1, 2:0, 4:2))
[1] 3 2 1 0 4
```

문자형 데이터에 대한 함수 중 strsplit()은 정의된 구분자를 기준으로 문자형 데이터를 분리하는 것으로, 아래의 예제를 살펴보면 구분자 NULL의 경우 주어진 문자형 데이터를 공백을 포함해 문자 하나하나를 분리하고, 구분자가 e로 정의된 경우 각 데이터 원소를 e를 기준으로 분리하며 구분자가 e는 제외되는 것을 알 수 있다.

```
> ## strsplit() 함수
> strsplit("A text I want to display with spaces", NULL)
[[1]]
 [1] "A" " " "t" "e" "x" "t" " " "I" " " "w" "a" "n" "t" " " "t" "o" " " "d"
[19] "i" "s" "p" "l" "a" "y" " " "w" "i" "t" "h" " " "s" "p" "a" "c" "e" "s"
> strsplit(c(as = "asfef", qu = "qwerty", "yuiop[", "b", "stuff.blah.yech"), "e")
$as
[1] "asf" "f"

$qu
[1] "qw"  "rty"

[[3]]
[1] "yuiop["

[[4]]
[1] "b"

[[5]]
[1] "stuff.blah.y" "ch"
```

문자 데이터의 일부만을 추출하는 strtrim()과 substr() 함수 중 strtrim() 함수는 첫 문자로부터 추출할 문자의 수를 정의하고, substr() 함수는 추출을 원하는 시작 위치와 마지막 위치를 표현해 추출하는 것이다. 아래의 예제를 통해 사용법을 익혀보자.

```
> ## strtrim()과 substr() 함수
> strtrim(c("abcdef", "abcdef", "abcdef"), c(1,5,10))
[1] "a"      "abcde"  "abcdef"
> substr(rep("abcdef",4),1:4,4:5)
[1] "abcd" "bcde" "cd"   "de"
> x <- c("asfef", "qwerty", "yuiop[", "b", "stuff.blah.yech")
> substr(x, 2, 5)
[1] "sfef" "wert" "uiop" ""     "tuff"
```

```
> substring(x, 2, 4:6)
[1] "sfe"    "wert"   "uiop[" ""        "tuff"
```

grep() 함수는 문자형 데이터 중 정의된 문자를 포함하는 데이터의 인덱스를 추출하며, regexpr()와 gregexpr() 함수는 정의된 문자가 출현하는 위치를 추출하는 것으로 regexpr()는 첫 출현 위치만을, gregexpr()은 모든 출현 위치를 추출한다. 아래의 예제를 살펴보면 3개의 문자형 데이터 원소로 구성된 language 객체에 대해 grep() 함수는 정의된 e를 포함하는 자료의 인덱스를 추출하므로 인덱스 1 2 3을 모두 출력하고 정의된 h를 포함하는 자료로 인덱스 2 3을 출력한다.

```
> ## grep() 함수
> language <- c("korean","english","chinese")
> grep("e",language)
[1] 1 2 3
> grep("h",language)
[1] 2 3
```

아래의 예제에서 regexpr() 함수는 각 자료에 정의된 문자 e의 첫 출현 위치를 출력하는 것으로, language 객체에 대해서는 4 1 5를 출력하고 문자 h의 경우는 첫 번째 데이터 원소인 korean에 없으므로 −1 7 2가 출력되었다. gregexpr() 함수는 문자 e의 모든 출현 위치를 출력하는 것으로 각각 4, 1, 5 7이 출력되었음을 확인해보자.

```
> ## regexpr()와 gregexpr() 함수
> regexpr("e",language)
[1] 4 1 5
attr(,"match.length")
[1] 1 1 1
> regexpr("h",language)
[1] -1  7  2
attr(,"match.length")
[1] -1  1  1
> gregexpr("e",language)
[[1]]
[1] 4
attr(,"match.length")
[1] 1
```

```
[[2]]
[1] 1
attr(,"match.length")
[1] 1
[[3]]
[1] 5 7
attr(,"match.length")
[1] 1 1
```

7.1.3 날짜형 변수

앞에서 R 데이터의 기본 유형은 크게 논리형, 문자형, 수치형으로 구분하였다. 여기서는 시계열분석이나 생존분석 등에서 주요 정보로 분석 시 다루게 되는 날짜형 변수에 대해 살펴보도록 하겠다. 날짜형 변수는 시간의 차이를 구하는 함수 difftime() 등을 활용해 분석에 필요한 정보를 추출하고자 할 때 용이하다.

날짜형 변수를 생성하는 가장 쉬운 방법은 문자형으로 읽어들이고 이를 날짜형 함수로 변환시킨 후 분석에 사용하는 것이다. 아래의 예제는 문자형으로 생성된 날짜 데이터를 함수 as.Date()를 이용하여 날짜형 변수로 변환하는 것으로 문자 "02/27/92"는 "1992-02-27"의 날짜형으로 바뀐다. 날짜형 변수로 변형된 후에는 일자(day)를 기준으로 아래와 같은 산술연산이 가능하다. 이외에도 survival 패키지 내의 다양한 날짜 변형 함수들에 대해서는 도움말을 참조하기 바란다.

```
> ## 날짜형 변수
> d <- as.Date(c("02/27/92","01/14/92","04/16/93"), "%m/%d/%y")
> d
[1] "1992-02-27" "1992-01-14" "1993-04-16"
> d + 25
[1] "1992-03-23" "1992-02-08" "1993-05-11"
> d - 10
[1] "1992-02-17" "1992-01-04" "1993-04-06"
> d > "1993-01-01"
[1] FALSE FALSE  TRUE
> difftime(d[1],d[2],units="day")
```

```
Time difference of 44 days
> difftime(d[1],d[2],units="week")
Time difference of 6.285714 weeks
```

마지막으로 1차원 이상의 자료 객체에 대해 함수를 적용할 경우, 행 기준과 열 기준의 적용을 구분해야 할 경우가 있다. 예를 들어, 데이터 프레임에 대한 함수의 적용은 거의 대부분이 변수인 열을 기준으로 한다. 이러한 함수의 적용과 관계된 함수가 apply()이며 활용법에 대해서는 5.3절을 참고하기 바란다.

7.2 R 프로그래밍 및 사용자 정의 함수

R에서 제공되는 연산이나 함수 이외에 조건문, 반복문 등을 이용한 프로그래밍을 통해 다양한 형태의 출력결과를 얻을 수 있는 프로그램을 작성할 수 있다. 또한 사용자가 자주 사용하는 프로그램의 경우는 함수와 관련된 인수를 정의하여 선언함으로써 간단히 적용할 수 있는데, 이러한 함수를 사용자 정의 함수라고 한다. 이 절에서는 그러한 프로그램 작성에 필요한 문법과 사용자 정의 함수의 작성 방법에 대해 알아보도록 한다.

7.2.1 조건문

R의 조건문과 조건문 기능을 하는 함수로는 다음과 같은 종류가 있다.

- if (조건) 명령문
- if (조건) 명령문1 else 명령문2
- ifelse(조건, 명령문1, 명령문2)
- switch(기준, 조건1, 명령문1, 조건2, 명령문2, ...)

if()는 괄호 안의 조건이 참일 경우 명령문1을 수행하는 것으로 거짓이면 정의된 명령문2를 수행하게 된다. 이를 결합한 함수 형식의 조건문이 ifelse()이며 기능은 동일하다. switch()는 ifelse() 함수의 확장으로, 나열된 조건의 내용에 따라 대응되는 명령문들을 수행하게 된다. 여기서 조건은 다양한 형태를 취하며 상황에 따라 참, 거짓 여부가 결정되는 것이어야 한다.

아래의 예제를 통해 if()와 ifelse() 함수에 대해 살펴보자. 먼저 0~1 사이의 균일분포에서 생성한 난수에서 0.5를 뺀 값인 x에 대해 제곱근값을 출력시켜보자. 예제에서 보듯이 if()를 사용한 세 명령문의 출력결과는 모두 같다. 만약 조건에 따라 여러 문장을 수행해야 한다면 { }으로 묶어서 표현하고 if()는 중복해서 여러 번 사용할 수 있다.

```
> ## if 조건문
> x <- runif(1)-0.5; x
[1] -0.2673441
> sqrt(ifelse(x >= 0, x, NA))
[1] NA
> if ( x >= 0 ) sqrt(x)
> if ( x >= 0 ) sqrt(x) else print("x is negative")
[1] "x is negative"
> if ( x >= 0 ) {print("x is positive"); paste("sqrt(x) is ",sqrt(x))} else
+           paste(x," is negative")
[1] "-0.267344107618555  is negative"
> if ( x >= 0 ) {print("x is positive"); paste("sqrt(x) is ",sqrt(x))} else
+           paste(x," is negative")
[1] "-0.267344107618555  is negative"
> if ( x >= -0.5 & x <= 0.5) {
+     if ( x >= 0 ) {print("x is positive"); paste("sqrt(x) is ",sqrt(x))} else
+           paste(x," is negative") } else
+     paste(x," is worng number")
[1] "-0.267344107618555  is negative"
```

switch()는 조건이 참, 거짓에 따라 양분되는 것이 아니라 조건의 값에 따라 여러 가지 다른 명령문의 수행이 가능하다. 아래의 예제에서는 type의 값에 따라 자료 x에 대한 여러 가지 통계량 값을 출력하는 것이다. 주어진 type의 값에 대한 조건이 없는 마지막 명령문은 앞서 정의된 조건을 모두 만족하지 않을 경우 수행한다. 따라서

type="else"인 경우는 range(x)를 출력하였다.

```
> ## switch 문
> x <- 1:10
> type <- "mean"
> switch(type,
+         mean = mean(x),
+         median = median(x),
+         sd=sd(x),
+         range(x))
[1] 5.5
> type <- "else"
> switch(type,
+         mean = mean(x),
+         median = median(x),
+         sd=sd(x),
+         range(x))
[1]  1 10
```

7.2.2 반복문

일정한 조건하에서 정의된 명령문의 반복 수행을 지시하는 R의 반복문의 종류는 다음과 같다.

- for (반복) 명령문
- while (조건) 명령문
- repeat 명령문

for()는 정의된 반복 형태에 따라 명령문을 수행하는 것이고 while()은 조건이 참인 경우에만 명령문을 수행한다. repeat()는 조건 없이 명령문을 반복 수행하는 것으로 무한 반복 수행을 막기 위해서는 반복 수행을 끝낼 7.2.3절의 무조건 분기문을 반드시 포함해야 한다. 다음은 1에서 10까지의 합을 구하는 반복문의 다양한 표현에 대한 예제이다. repeat()에서의 break는 조건을 만족시키면 루프(loop)를 빠져나가도록 하는 함수이다.

```
> ## 반복문
> sum1 <- 0
> i1 <- 1
> for ( i1 in seq(1,10,by=1) ) sum1 <- sum1 + i1
>
> sum2 <- 0
> i2 <- 1
> while ( i2 <= 10 ) { sum2 <- sum2 + i2; i2 <- i2 + 1 }
>
> sum3 <- 0
> i3 <- 1
> repeat { sum3 <- sum3 + i3; i3 <- i3 + 1; if ( i3 > 10 ) break }
>
> c(i1, sum1, i2, sum2, i3, sum3)
[1] 10 55 11 55 11 55
```

또한 반복문은 조건문과 동일한 형태로 중복해서 사용할 수 있다. 아래의 예제는 다음의 계산을 위해 반복문을 중복하여 사용한 예이다.

$$\sum_{i=1}^{5}\sum_{j=1}^{5} i \times j$$

```
> ## 반복문 중복
> sum1 <- 0
> for ( i in (1:5) ) { for ( j in (1:5) ) sum1 <- sum1 + i*j }
>
> sum2 <- 0
> i <- 1
> while ( i <= 5 ) { j <- 1;
+         while ( j <= 5 ) { sum2 <- sum2 + i*j; j <- j + 1 }
+         i <- i + 1 }
>
> sum3 <- 0
```

```
> i <- 1
> repeat { j <- 1 ;
+        repeat { sum3 <- sum3 + i*j; j <- j + 1 ;if ( j > 5 ) break }
+        i <- i + 1; if ( i > 5 ) break }
>
>  c(sum1,sum2,sum3)
[1] 225 225 225
```

7.2.3 무조건 분기문

무조건 분기문은 주로 반복문의 실행을 제어하는 목적으로 사용되는 명령문으로 break와 next문이 있다. 앞에서 보았듯이 break문은 반복 실행을 무조건 빠져나가도록 하고 next문은 다음의 반복 실행 단계로 이동하게 한다. 아래의 예제는 next문을 이용해 1에서 10까지 짝수의 합을 구하는 예제이다.

```
> ## 무조건 분기문
> sum1 <- 0
> i <- 1
> for ( i in 1:10 ) { if ( i %% 2 != 0 ) next; sum1 <- sum1 + i }
>
> sum2 <- 0
> i <- 0
> while ( i <= 10 ) { i <- i + 1;
+                     if ( i %% 2 != 0 ) next;
+                     sum2 <- sum2 + i }
>
> sum3 <- 0
> i <- 0
> repeat { i <- i + 1;
+          if ( i %% 2 != 0 ) next;
+          if ( i > 10 ) break;
+          sum3 <- sum3 + i }
>
> c(sum1,sum2,sum3)
[1] 30 30 30
```

7.2.4 사용자 정의 함수

R에서는 다양한 함수들과 더불어 사용자의 편의에 따라 함수를 정의할 수 있고 이를 통해 프로그램을 간단하고 효율적으로 작성할 수 있다. 이렇게 사용자가 정의한 함수 또한 고유 형식을 가진 객체이며, 함수를 정의하기 위한 명령문은 '**함수 이름 <- function(인수들) {명령문}**'이다. R에서 제공되는 함수 역시 이러한 형식에 따라 작성된 것으로 이를 확인하기 위해 아래와 같이 함수 객체의 이름(예를 들어 matrix)을 입력하면 그 함수의 정의 내용을 볼 수 있다.

```
> ## matrix 객체
> matrix
function (data = NA, nrow = 1, ncol = 1, byrow = FALSE, dimnames = NULL)
{
    data <- as.vector(data)
    if (missing(nrow))
        nrow <- ceiling(length(data)/ncol)
    else if (missing(ncol))
        ncol <- ceiling(length(data)/nrow)
    .Internal(matrix(data, nrow, ncol, byrow, dimnames))
}
<environment: namespace:base>
```

임의의 두 벡터 x, y의 곱의 합을 계산하는 함수를 만들어보자. 인수 x, y에 대해 sum(x*y)으로 정의된 함수명을 '곱의합'이라고 하자. 이는 함수 객체이고 그 내용은 함수명 '곱의합'을 입력함으로써 참조할 수 있다. 실제로 함수를 사용하여 1:10과 10:1의 두 인수에 적용한 곱의합() 함수의 출력결과는 220이다. 다음의 예제를 통해 그 결과를 확인해보라.

```
> ## 사용자 정의 함수 1
> 곱의합 <- function(x,y) { sum(x*y) }
> is.function(곱의합)
[1] TRUE
> is(곱의합)
```

```
[1] "function"          "OptionalFunction" "PossibleMethod"
> 곱의합(1:10,10:1)
[1] 220
```

사용자 정의 함수는 R Console 창에 직접 입력하거나 fix() 함수를 이용해 동일한 작업을 R **편집기** 화면을 통해서 수행할 수 있다. 이미 정의된 fix(곱의합)을 입력하면 <그림 7.1>과 같이 함수의 정의 내용이 R **편집기** 화면에 나타난다. 새로운 함수 합의곱()을 정의하기 위해서는 fix(합의곱)을 입력하면 새로운 함수를 정의할 수 있는 R **편집기** 화면이 나타난다. 이 화면을 통해 함수의 정의 내용을 <그림 7.2>와 같이 입력하고 저장하면 새로운 함수 합의곱()이 생성된다.

함수를 만드는 또 다른 방법은 외부 텍스트 파일에 입력된 함수의 정의 내용을 불러오는 것이다. 이는 외부 텍스트 파일로 저장된 R 프로그램을 불러 실행시키는 방법과 동일하다.

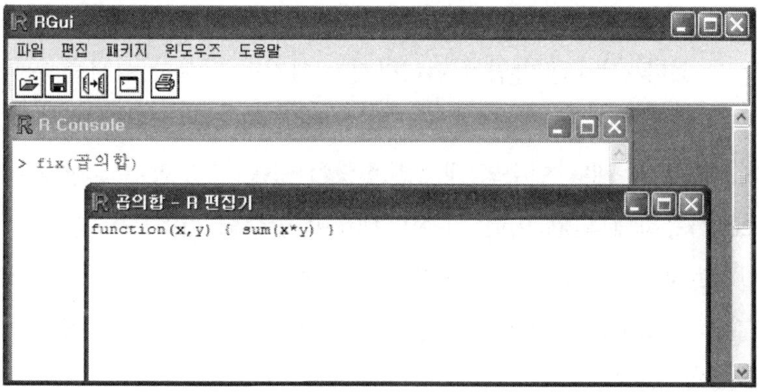

〈그림 7.1〉 fix() 함수: fix(곱의합)

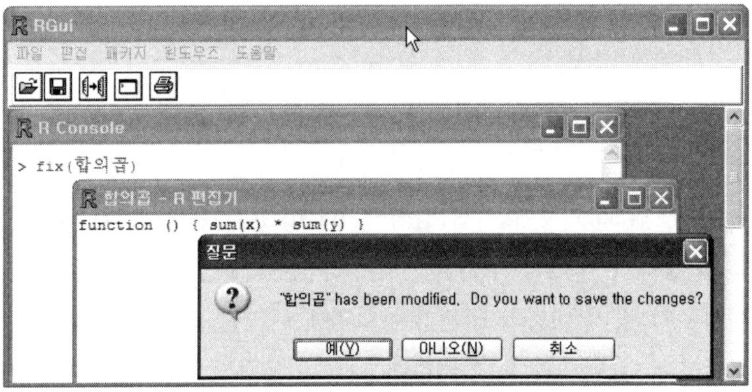

〈그림 7.2〉 fix() 함수: fix(합의곱)

함수는 다양한 인수를 포함하며, 정의된 인수에 따라 함수의 내용을 실행 후 결과를 화면에 출력하거나 정의된 객체에 저장하게 된다. 인수는 함수의 정의 내에서 활용될 이름을 갖도록 할 수 있으며, 이미 정의된 선택 사항(예를 들어 options()의 선택 사항)을 포함하도록 "..."도 인수로 정의할 수 있다.

함수의 호출 시 인수를 정의하는 방법은 순서대로 나열해 정의하거나 "인수이름="을 사용해 구분할 수 있다. 전자의 방법이 편리하기는 하지만 정확한 설정을 위해서는 "인수이름="을 사용하는 방법에 익숙해지는 것이 좋다. 함수를 정의할 때 인수를 할당하면, 함수를 호출할 때 해당 인수의 새로운 할당이 없을 경우 함수의 정의 시 할당된 내용을 그대로 사용하게 되고 이런 인수의 내용이 함수의 디폴트이다.

다음의 예제를 살펴보자. x의 n번째 원소까지 합을 구하는 csum() 함수의 정의에서 인수 n의 디폴트값은 length(x)로 정의되어 함수의 실행에 있어 인수 n에 대한 정의가 없을 경우 디폴트로 정의된다.

```
> ## 사용자 정의 함수 2
> csum <- function(x,n=length(x)) {
+             if ( n > length(x) ) print("인덱스 범위 초과") else
+             { csum=0; for ( i in 1:n ) csum=csum+x[i]; print(csum)} }
> csum(1:10)
[1] 55
> csum(1:10,5)
[1] 15
> csum(x=1:10,n=11)
```

```
[1] "인덱스 범위 초과"
```

다음은 인수 "..."의 사용 예제로 사용자 정의 함수 summary.stat()는 인수 "..."로 입력된 데이터를 리스트 args로 읽어들이고 args의 원소들을 참조해 원하는 통계량을 출력하도록 한다.

```
> ## 사용자 정의 함수 3
> summary.stat <- function(x,...) {
+               args <- list(...)
+               if ( length(args)==0 ) {
+                    print("출력을 원하는 통계량을 아래에서 선택해 입력해 주십시오
");
+                    print("(mean,median,sd,range)") } else {
+                    for ( i in 1:length(args) )
+                       { print(as.character(args[i]));
+                         out <- switch(as.character(args[i]),
+                                       mean=mean(x),
+                                       median=median(x),
+                                       sd=sd(x),
+                                       range(x) );
+                         print(out) }
+                     }
+                   }
> summary.stat(1:10)
[1] "출력을 원하는 통계량을 아래에서 선택해 입력해 주십시오"
[1] "(mean,median,sd,range)"
> summary.stat(1:10,"mean", "range")
[1] "mean"
[1] 5.5
[1] "range"
[1]  1 10
```

8장 행렬 데이터의 처리와 연산

이 장에서는 3장에서 소개한 내용을 기초로 해서 사용자가 직접 데이터를 행렬 형태로 불러오거나 입력하여 행렬 연산을 하는 데 필요한 기초 사항들을 살펴보도록 한다.

8.1 데이터의 행렬 표현

기존에 만들어진 R 함수들을 이용하여 대부분의 통계 처리가 가능하겠으나 때로는 직접 모의실험을 하거나 어떤 계산 과정을 전개시켜야 할지도 모른다. 그러나 R에서 일반적으로 사용되는 데이터 프레임 객체는 행렬 연산을 직접 적용할 수 없다. 본 장에서는 데이터를 행렬 객체로 변환시키는 방법과 행렬 연산에 필요한 기본 함수들을 알아보도록 한다.

8.1.1. 행렬 객체로의 데이터 변환

데이터 'arrests.csv'는 쉼표로 구분되어 있는 엑셀 데이터이다. 미국 50개 주의 범죄율 자료이다. 먼저 데이터를 불러와서 케이스와 변수 개수를 확인해보자. 함수 read.csv()를 이용해서 파일을 불러온 후 새로운 데이터명 arrests를 부여한다. 여기서 데이터 arrests는 데이터 프레임 객체이다. dim(arrests)에 의한 결과로부터 케이스 수가 50이고 변수 개수가 5임을 알 수 있다. nrow(arrests)와 ncol(arrest)를 사용해도 같은 결과를 확인할 수 있다. names(arrests)를 이용해서 데이터 세트에 포함된 변수명을 확인할 수 있다. 만약 불러들인 데이터에 오류가 있어 수정해야 할 경우에 edit(arrests)를 실행시키면 <그림 8.1>과 같이 '자료 편집기' 창이 열리고 엑셀에서처럼 사용자가 자유롭게 데이터를 수정할 수 있게 된다. 그러나 데이터 프레임 객체이기 때문에 두 행렬의 곱을 나타내는 %*%을 적용하면 오류 메시지가 출력된다. R code와 출력 결과는 다음과 같다.

```
> arrests <- read.csv(file="c://arrests.csv", sep=",", header=TRUE)
> dim(arrests)
[1] 50  5
> names(arrests)
[1] "State"     "Murder"    "Assault"   "UrbanPop" "Rape"
> edit(arrests)
> arrests%*%arrests
```

```
이하에 에러arrests %*% arrests :
  requires numeric/complex matrix/vector arguments
```

R 자료 편집기

	State	Murder	Assault	UrbanPop	Rape
1	Alabama	13.2	236	58	21.2
2	Alaska	10	263	48	44.5
3	Arizona	8.1	294	80	31
4	Arkansas	8.8	190	50	19.5
5	California	9	276	91	40.6
6	Colorado	7.9	204	78	38.7
7	Connecticut	3.3	110	77	11.1
8	Delaware	5.9	238	72	15.8
9	Florida	15.4	335	80	31.9
10	Georgia	17.4	211	60	25.8
11	Hawaii	5.3	46	83	20.2
12	Idaho	2.6	120	54	14.2
13	Illinois	10.4	249	83	24
14	Indiana	7.2	113	65	21
15	Iowa	2.2	56	57	11.3
16	Kansas	6	115	66	18
17	Kentucky	9.7	109	52	16.3
18	Louisiana	15.4	249	66	22.2
19	Maine	2.1	83	51	7.8

〈그림 8.1〉 자료 편집기 창의 데이터 세트

현재 불러온 데이터 프레임 객체인 arrests의 변수들에 대하여 다섯 수치 요약을 살펴보기로 하자. summary(arrests)로 모든 변수들에 대한 개괄적인 통계량 값들을 확인할 수 있다. 만약 변수 Murder에 대한 기본 정보만 살펴보려면 함수 summary(변수명)를 이용하면 된다.

데이터 arrests에서 문자형 변수 State를 제외시킨 축소된 데이터 세트를 새롭게 구성해보자. 이를 'arrests1'으로 데이터 세트명을 부여하자. 이를 위해서는 함수 sapply()를 이용해서 다음과 같이 간단히 구성하면 된다. 즉,

'데이터(sapply(데이터, is.numeric))'

은 수치형 변수들만 가져와 새로운 데이터를 만들도록 한다. 아래의 R 코드와 출력결과에서 arrests1은 4개의 수치형 변수들로 축소된 데이터 세트임을 알 수 있다.

```
> summary(arrests$Murder)
   Min. 1st Qu.  Median    Mean 3rd Qu.    Max.
  0.800   4.075   7.250   7.788  11.250  17.400
> arrests1 <- arrests[sapply(arrests, is.numeric)]
> arrests1
    Murder   Assault UrbanPop Rape
1     13.2     236       58     21.2
2     10.0     263       48     44.5
3      8.1     294       80     31.0
4      8.8     190       50     19.5
5      9.0     276       91     40.6
6      7.9     204       78     38.7
7      3.3     110       77     11.1
8      5.9     238       72     15.8
9     15.4     335       80     31.9
10    17.4     211       60     25.8
(이하 생략)
```

축소된 데이터 arrests1은 비록 수치형 변수들로만 구성되어 있지만 행렬 연산을 적용할 수 없다. 행렬 연산을 적용하기 위해서는 50행 8열로 구성된 행렬 객체로 전환시켜야 가능하다. 이때 필요한 함수가 바로 data.matrix()이다. 출력된 형태는 arrests1과 다르지 않지만 arrest.matrix1은 행렬 연산이 가능하고 arrests1에는 그렇지 않다. 2장에서 행렬 객체로의 변환 시 사용되는 함수로 as.matrix()를 소개하였는데 이 함수와의 차이점은 data.matrix()는 수치형으로 변환시킨다는 점이다. 만약 원데이터에 문자형 변수가 함께 있다면 그 값들을 수치형 값으로 변환시켜 나타낸다. arrests.matrix2와 arrests.matrix3의 결과를 통해 이를 확인할 수 있다. 아래의 R 코드와 그 출력결과를 확인해보라.

```
> attach(arrests)
> summary(Murder)
   Min. 1st Qu.  Median    Mean 3rd Qu.    Max.
  0.800   4.075   7.250   7.788  11.250  17.400
> arrests.matrix1 <- data.matrix(arrests1)
> arrests.matrix1
        Murder   Assault  UrbanPop    Rape
 [1,]    13.2      236       58       21.2
```

```
 [2,]   10.0       263        48       44.5
 [3,]    8.1       294        80       31.0
 [4,]    8.8       190        50       19.5
 [5,]    9.0       276        91       40.6
 [6,]    7.9       204        78       38.7
 [7,]    3.3       110        77       11.1
 [8,]    5.9       238        72       15.8
 [9,]   15.4       335        80       31.9
[10,]   17.4       211        60       25.8
[11,]    5.3        46        83       20.2
[12,]    2.6       120        54       14.2
[13,]   10.4       249        83       24.0
(이하 생략)
> arrests.matrix2 <- data.matrix(arrests)
> arrests.matrix2
      State  Murder  Assault UrbanPop  Rape
 [1,]    1    13.2    236        58    21.2
 [2,]    2    10.0    263        48    44.5
 [3,]    3     8.1    294        80    31.0
 [4,]    4     8.8    190        50    19.5
 [5,]    5     9.0    276        91    40.6
 [6,]    6     7.9    204        78    38.7
 [7,]    7     3.3    110        77    11.1
 [8,]    8     5.9    238        72    15.8
 [9,]    9    15.4    335        80    31.9
[10,]   10    17.4    211        60    25.8
[11,]   11     5.3     46        83    20.2
[12,]   12     2.6    120        54    14.2
[13,]   13    10.4    249        83    24.0
(이하 생략)
> arrests.matrix3 <- as.matrix(arrests)
> arrests.matrix3
     State            Murder   Assault  UrbanPop       Rape
[1,] "Alabama"        "13.2"   "236"      "58"        "21.2"
[2,] "Alaska"         "10.0"   "263"      "48"        "44.5"
[3,] "Arizona"         "8.1"   "294"      "80"        "31.0"
[4,] "Arkansas"        "8.8"   "190"      "50"        "19.5"
```

```
 [5,] "California"    "9.0"   "276"   "91"   "40.6"
 [6,] "Colorado"      "7.9"   "204"   "78"   "38.7"
 [7,] "Connecticut"   "3.3"   "110"   "77"   "11.1"
 [8,] "Delaware"      "5.9"   "238"   "72"   "15.8"
 [9,] "Florida"      "15.4"   "335"   "80"   "31.9"
[10,] "Georgia"      "17.4"   "211"   "60"   "25.8"
[11,] "Hawaii"        "5.3"   " 46"   "83"   "20.2"
[12,] "Idaho"         "2.6"   "120"   "54"   "14.2"
[13,] "Illinois"     "10.4"   "249"   "83"   "24.0"
(이하 생략)
```

다음으로 데이터 arrests1에서 Murder, UrbanPop, Rape으로만 구성된 행렬 데이터를 만들어보자. arrests.matrix1에서 이들 변수가 1,3,4열에 위치해 있으므로 arrests1[, c(1, 3:4)]을 이용하여 데이터 행렬 객체를 만든다. 따라서 arrests2는 50행 3열 크기로 재구성한 행렬 데이터이다.

이번에는 행의 크기를 줄여 첫 10개의 케이스와 변수 Murder, UrbanPop, Rape만을 포함하고 있는 축소된 행렬을 만들어보자. data.matrix(arrests1[1:10,c(1,3,4)]에 의해 크기가 10행 3열인 행렬 데이터 arrests3가 만들어짐을 알 수 있다.

```
> arrests2 <- data.matrix(arrests1[, c(1, 3:4)])
> arrests2
      Murder  UrbanPop  Rape
 [1,]   13.2        58  21.2
 [2,]   10.0        48  44.5
 [3,]    8.1        80  31.0
 [4,]    8.8        50  19.5
 [5,]    9.0        91  40.6
 [6,]    7.9        78  38.7
 [7,]    3.3        77  11.1
 [8,]    5.9        72  15.8
 [9,]   15.4        80  31.9
[10,]   17.4        60  25.8
(이하 생략)
> arrests3 = data.matrix(arrests1[1:10, c(1,3:4)])
> arrests3
```

```
   Murder     UrbanPop   Rape
1    13.2        58      21.2
2    10.0        48      44.5
3     8.1        80      31.0
4     8.8        50      19.5
5     9.0        91      40.6
6     7.9        78      38.7
7     3.3        77      11.1
8     5.9        72      15.8
9    15.4        80      31.9
10   17.4        60      25.8
```

8.1.2. 여러 형태의 행렬 데이터

10행 3열의 데이터 세트 arrests3을 3행 10열의 데이터 세트 arrests4로 바꿔보자. 함수 t()는 행과 열을 바꾼 전치행렬(transposed matrix)을 제공한다.

```
> arrests4 = t(arrests3)
> arrests4
            1    2    3    4    5    6    7    8    9   10
Murder   13.2 10.0  8.1  8.8  9.0  7.9  3.3  5.9 15.4 17.4
UrbanPop 58.0 48.0 80.0 50.0 91.0 78.0 77.0 72.0 80.0 60.0
Rape     21.2 44.5 31.0 19.5 40.6 38.7 11.1 15.8 31.9 25.8
```

다음으로 행렬 연산에서 종종 다루어지는 다양한 형태의 특수 행렬을 만들어보자. 행렬 연산에서는 전치행렬도 필요하나 때로는 모든 원소가 1로 채워진 벡터나 행렬이 필요하다. 다음 코드는 이에 관한 예제이다.

```
> all.one <- array(1, c(10,4))
> all.one
      [,1] [,2] [,3] [,4]
 [1,]    1    1    1    1
 [2,]    1    1    1    1
```

```
 [3,]    1    1    1    1
 [4,]    1    1    1    1
 [5,]    1    1    1    1
 [6,]    1    1    1    1
 [7,]    1    1    1    1
 [8,]    1    1    1    1
 [9,]    1    1    1    1
[10,]    1    1    1    1
> one.vector <- array(1, c(10,1))
> one.vector
      [,1]
 [1,]    1
 [2,]    1
 [3,]    1
 [4,]    1
 [5,]    1
 [6,]    1
 [7,]    1
 [8,]    1
 [9,]    1
[10,]    1
```

array() 함수를 이용해서 모든 원소가 1인 10행 4열의 행렬 all.one과 10행 1열의 벡터 one.vector가 만들어졌다. 10행 1열의 벡터는 아래의 형식으로도 가능하다.

```
vector1 <- matrix(1, nrow=10, ncol=1)
vector1 <- array(1, dim=c(10,1))
```

즉, array() 함수나 matrix() 함수를 이용하여 원하는 형태의 행렬 데이터를 만들 수 있다. 단위행렬(identity matrix)은 함수 diag()를 이용하여 만든다. 만약 4×4의 단위 행렬을 만들려면 diag(4)를 입력하면 된다.

8개의 숫자 12,13,14,15,17,18,19,20을 이용하여 2행 4열과 4행 2열 데이터를 만들어보자. matrix함수에서 'nrow=', 'ncol='과 array 함수에서 'dim='은 생략해도 된다. 아래 코드에서 array3은 4행 4열 행렬로 숫자가 열을 중심으로 채워졌고 모자라는

숫자는 다시 반복되어 채워졌다. 행을 기준으로 데이터를 채워나가려면

matrix(c(12,13,14,15,17,18,19,20), 4,4, byrow=TRUE)

와 같이 수정하면 된다. 아래의 R 코드 예제를 살펴보라.

```
> array1 <- matrix(c(12,13,14,15,17,18,19,20), 2,4)
> array1
     [,1] [,2] [,3] [,4]
[1,]   12   14   17   19
[2,]   13   15   18   20
> array2 <- matrix(c(12,13,14,15,17,18,19,20), 4,2)
> array2
     [,1] [,2]
[1,]   12   17
[2,]   13   18
[3,]   14   19
[4,]   15   20
> array3 <- matrix(c(12,13,14,15,17,18,19,20), 4,4)
> array3
     [,1] [,2] [,3] [,4]
[1,]   12   17   12   17
[2,]   13   18   13   18
[3,]   14   19   14   19
[4,]   15   20   15   20
```

다음으로 행렬 데이터의 세로결합과 가로결합을 살펴보자. 이미 5장에서 설명하였듯이 rbind(), cbind() 함수를 이용한다. 아래의 R 코드와 그 결과를 살펴보자. arrests10은 일련번호가 1부터 5까지의 케이스로 구성되어 있고, arrests20은 케이스 번호가 25에서 30까지의 데이터이다. 이들 두 데이터 세트가 구성하고 있는 변수명이 같다. rbind()를 사용하여 이들 두 데이터 세트가 세로로 결합됨을 볼 수 있다. 이미 설명하였듯이 두 데이터 세트가 가지고 있는 변수명이 동일하지 않을 경우 rbind()로 세로방향으로 결합시키면 두 데이터 세트가 공통으로 가지는 변수명에 대해서만 세로결합이 이루어진다.

```
> arrests10 <- data.matrix(arrests1[1:5, c(1,3:4)])
> arrests10
  Murder UrbanPop   Rape
1   13.2      58         21.2
2   10.0      48         44.5
3    8.1      80         31.0
4    8.8      50         19.5
5    9.0      91         40.6

> arrests20 <- data.matrix(arrests1[26:30, c(1,3:4)])
> arrests20
  Murder   UrbanPop       Rape
26    6.0      53         16.4
27    4.3      62         16.5
28   12.2      81         46.0
29    2.1      56          9.5
30    7.4      89         18.8
> arrests12 <- rbind(arrests10, arrests20)
> arrests12
  Murder UrbanPop Rape
1   13.2      58        21.2
2   10.0      48        44.5
3    8.1      80        31.0
4    8.8      50        19.5
5    9.0      91        40.6
25   9.0      70        28.2
26   6.0      53        16.4
27   4.3      62        16.5
28  12.2      81        46.0
29   2.1      56         9.5
30   7.4      89        18.8
>
```

데이터 세트의 가로결합을 위해서는 cbind()를 이용한다. 아래 R 코드에서 cdata1과 cdata2는 일련번호는 동일하나 각 데이터 세트에 포함된 변수명이 다르다. cbind()를 이용해서 모든 변수가 결합됨을 볼 수 있다.

```
> cdata1 <- data.matrix(arrests1[1:10, 1:2])
> cdata1
   Murder  Assault
1    13.2     236
2    10.0     263
3     8.1     294
4     8.8     190
5     9.0     276
6     7.9     204
7     3.3     110
8     5.9     238
9    15.4     335
10   17.4     211
> cdata2 <- data.matrix(arrests1[1:10, 3:4])
> cdata2
      UrbanPop    Rape
1          58     21.2
2          48     44.5
3          80     31.0
4          50     19.5
5          91     40.6
6          78     38.7
7          77     11.1
8          72     15.8
9          80     31.9
10         60     25.8
> cdata12 <- cbind(cdata1, cdata2)
> cdata12
   Murder  Assault  UrbanPop       Rape
1    13.2     236       58         21.2
2    10.0     263       48         44.5
3     8.1     294       80         31.0
4     8.8     190       50         19.5
5     9.0     276       91         40.6
6     7.9     204       78         38.7
7     3.3     110       77         11.1
8     5.9     238       72         15.8
9    15.4     335       80         31.9
10   17.4     211       60         25.8
```

cbind()와 rbind()를 이용해서 다양한 형태의 데이터 세트를 만들어보자. mdata1은 모든 원소가 3으로 구성된 벡터와 11에서 15까지의 원소로 구성된 벡터 두 개를 cbind로 가로결합시킨 것이다. mdata2는 mdata1과 16에서 20까지의 원소로 구성된 벡터를 가로결합 하되 나열 순서를 3열, 2열, 1열 순으로 재배치하도록 한 것이다. mdata3은 1에서 5로 구성된 5행 1열 벡터와 대각원소가 모두 3으로 구성된 행렬을 가로결합시킨 것이다. 행의 크기가 동일하지 않기 때문에 경고 메시지가 발생했다. 그러나 출력결과는 행의 수가 작은 것에 맞추어져 3행 4열의 행렬 데이터가 생성되었다.

```
> mdata1 <- cbind(3, 11:15)
> mdata1
     [,1] [,2]
[1,]    3   11
[2,]    3   12
[3,]    3   13
[4,]    3   14
[5,]    3   15
> mdata2 <- cbind(mdata1, 16:20)[, c(3, 2,1)]
> mdata2
     [,1] [,2]  [,3]
[1,]   16   11    3
[2,]   17   12    3
[3,]   18   13    3
[4,]   19   14    3
[5,]   20   15    3
> mdata3 <- cbind(1:5, diag(3))
> mdata3
     [,1] [,2] [,3] [,4]
[1,]    1    1    0    0
[2,]    2    0    1    0
[3,]    3    0    0    1
Warning message:
In cbind(1:5, diag(3)) :
  number of rows of result is not a multiple of vector length (arg 1)
```

5장에서 설명한 cbind()와 rbind()를 잘 활용하면 특수한 형태의 행렬 데이터를 쉽게 만들 수 있다. 아래의 R 코드에서 mdata4는 첫 번째 열의 원소는 모두 0이고 이를 제외한 첫 번째 행은 모든 원소가 1이며 두 번째 행은 11에서 15까지의 값을 갖는 특수한 형태의 데이터 세트이다. 이러한 결합을 각각 벡터에 이름을 부여한 후 결합하면 만들어진 행렬의 행과 열 라벨이 mdata5처럼 바뀌게 된다. 행에 대한 라벨은 a,b로 부여되었으나 열에 대한 라벨은 I만 부여되어 있다. mdata4와 mdata5의 열 라벨이 다르게 부여되어 있음을 비교해보라. mdata6는 X.1 X.2 X.3 X.4 X.5로 열 라벨이 부여되어 있어 mdata5와 다르게 출력되었다.

```
> mdata4 <- cbind(0, rbind(1, 11:15))
> mdata4
     [,1] [,2] [,3] [,4] [,5] [,6]
[1,]    0    1    1    1    1    1
[2,]    0   11   12   13   14   15
> mdata5 <- cbind(I=0, X=rbind(a=1, b=11:15))
> mdata5
  I
a 0  1  1  1  1  1
b 0 11 12 13 14 15
> xx <- data.frame(I=rep(0,2))
> mdata6 <- cbind(xx, X=rbind(a=1, b=11:15))
> mdata6
  I X.1 X.2 X.3 X.4 X.5
a 0   1   1   1   1   1
b 0  11  12  13  14  15
> colnames(mdata6)
[1] "I"   "X.1" "X.2" "X.3" "X.4" "X.5"
> rownames(mdata6)
[1] "a" "b"
```

만약 문자열 행렬과 수치형 행렬을 결합시키면 어떻게 될까? 다음의 예제를 살펴보자. 첫 열은 "a"로 구성된 벡터이고 여기에 수치형 행렬을 가로결합시켜 mdata7을 생성했다. 그러나 그 결과는 모든 원소들이 문자형으로 표현되었다. mdata8도 마찬가지이다.

```
> mdata7 <- cbind("a", rbind(1,11:15))
> mdata7
     [,1] [,2] [,3] [,4] [,5] [,6]
[1,] "a"  "1"  "1"  "1"  "1"  "1"
[2,] "a"  "11" "12" "13" "14" "15"
> mdata8 <- cbind("b", rbind(2,21:25))
> mdata8
     [,1] [,2] [,3] [,4] [,5] [,6]
[1,] "b"  "2"  "2"  "2"  "2"  "2"
[2,] "b"  "21" "22" "23" "24" "25"
> rbind(mdata7, mdata8)
     [,1] [,2] [,3] [,4] [,5] [,6]
[1,] "a"  "1"  "1"  "1"  "1"  "1"
[2,] "a"  "11" "12" "13" "14" "15"
[3,] "b"  "2"  "2"  "2"  "2"  "2"
[4,] "b"  "21" "22" "23" "24" "25"
```

여기서 참고할 함수는 알파벳 대문자와 소문자를 순서대로 생성해주는 LETTERS()와 letters()이다. 다음 예를 보라. 알파벳 대소문자를 일련 순서대로 생성시켜 놓고 있다.

```
> TEXT1 <- LETTERS[1:5]
> TEXT1
[1] "A" "B" "C" "D" "E"
> text1 <- letters[1:5]
> text1
[1] "a" "b" "c" "d" "e"
```

앞에서 rbind()나 cbind()로 서로 다른 데이터 세트를 결합시키는 방법에 대해서 살펴보았다. 이것을 확장해서 여러 장의 배열 형태로 데이터 세트를 구성하는 방법에 대해서 살펴보자. 다음의 예제 R 코드를 보라. 5행 3열 크기의 데이터 세트를 2개 만드는 예이다. 두 번째 데이터 세트에서 2:4행, 1:2열의 데이터를 읽기 위해서는 array4[2:4, 1:2, 2]와 같이 함수가 사용된다. 차원이 5행 3열로 2장으로 구성된 것을 한 장으로 만드는 방법은 dim() 이후 행과 열의 차원을 다시 재구성시키면 된다.

마지막 결과에서 보이는 array4는 c(10,3)에 의해 한 장으로 구성된 데이터 세트를 나타낸다.

```
> array4 <- array(arrests12, c(5,3,2))
> array4
, , 1

      [,1]  [,2]  [,3]
[1,]  13.2   6.0   58
[2,]  10.0   4.3   48
[3,]   8.1  12.2   80
[4,]   8.8   2.1   50
[5,]   9.0   7.4   91
, , 2

      [,1]  [,2]   [,3]
[1,]   53   21.2   16.4
[2,]   62   44.5   16.5
[3,]   81   31.0   46.0
[4,]   56   19.5    9.5
[5,]   89   40.6   18.8
>
> array4[2:4, 1:2, 2]
      [,1]  [,2]
[1,]   62   44.5
[2,]   81   31.0
[3,]   56   19.5
>
> dim(array4) <- c(10,3)
> array4
, , 1

      [,1]    [,2]   [,3]
 [1,] 13.2     58    21.2
 [2,] 10.0     48    44.5
 [3,]  8.1     80    31.0
 [4,]  8.8     50    19.5
```

```
 [5,]  9.0   91   40.6
 [6,]  6.0   53   16.4
 [7,]  4.3   62   16.5
 [8,] 12.2   81   46.0
 [9,]  2.1   56    9.5
[10,]  7.4   89   18.8
```

이번에는 factor 객체와 벡터 객체의 차이를 살펴보자. 성별을 나타내는 벡터 sex1, sex2는 class() 함수를 이용해서 객체의 특성을 살펴보면 수치형이기 때문에 sex1+sex2 결과가 나온다. 그러나 이를 factor 객체로 바꾼 gender1, gender2에 대해서는 요인 객체로 표시되어 어떤 연산도 무의미하게 된다.

```
> sex1 <- c(1,2,2,1,1)
> sex1
[1] 1 2 2 1 1
> class(sex1)
[1] "numeric"
> gender1 <- factor(sex1, labels=c("female", "male"))
> gender1
[1] female male   male   female female
Levels: female male
> class(gender1)
[1] "factor"
> is.factor(sex1)
[1] FALSE
> is.factor(gender1)
[1] TRUE
>
> sex2 <- c(2,1,1,2,2)
> sex2
[1] 2 1 1 2 2
> class(sex2)
[1] "numeric"
> sex1+sex2
[1] 3 3 3 3 3
> gender2 <- factor(sex2, labels=c("female", "male"))
```

```
> gender2
[1] male   female female male   male
Levels: female male
> class(gender2)
[1] "factor"
> is.factor(sex2)
[1] FALSE
> is.factor(gender2)
[1] TRUE
> gender1+gender2
[1] NA NA NA NA NA
Warning message:
In Ops.factor(gender1, gender2) : + 인자에 대해서 무의미합니다
```

8.2 행렬 조작 및 연산

이 절에서는 행렬 조작 및 연산에 필요한 함수들에 대해 살펴보도록 하겠다. 일부 함수들은 앞 장에서 이미 설명하였으니 이를 참조하기 바란다.

8.2.1 행렬 조작 및 연산에 필요한 함수

<표 8.1>은 행렬 연산에서 자주 사용되는 연산기호와 R 함수들을 정리한 테이블이다. 수치형 배열 형태의 데이터에 대해 apply() 함수나 이들 함수나 기호들을 이용하여 행이나 열의 평균, 합계 등을 계산할 수 있다.

〈표 8.1〉 행렬 연산에서의 연산기호와 함수

기호/함수	내용	기호/함수	내용
+, −	더하기, 빼기	rowSum()	행 합계
%*%	행렬 곱(=crossprod())	colSum()	열 합계
%o%	외적	rowMean()	행 평균
%x%	크로네커 곱	colMean()	열 평균
*	원소 간 곱	^	원소의 제곱
solve	역행렬	ginv()	무어−펜로즈 일반화 역행렬
upper.tri()	상삼각행렬	eigen()	고유값−고유벡터 분해
lower.tri()	하삼각행렬	svd()	특이치 분해
qr()	QR 분해	chol()	콜레스키 분해
t()	전치행렬	diag()	단위행렬

- apply(data, 1, sum): 행별 합계
- apply(data, 2, sum): 열별 합계
- apply(data, 1, mean): 행별 평균
- apply(data, 2, mean): 열별 평균

아래의 R 코드는 기초통계량 계산에서 apply() 함수를 적용한 것과 <표 8.1>의 함수를 이용한 결과가 동일함을 보여주는 예이다.

```
> data1 <- array(seq(1,10,1), dim=c(3,4))
> data1
     [,1] [,2] [,3] [,4]
[1,]    1    4    7   10
[2,]    2    5    8    1
[3,]    3    6    9    2
> data2 <- matrix(seq(1,10,1), 3,4)
Warning message:
In matrix(seq(1, 10, 1), 3, 4) :
 data length [10] is not a sub-multiple or multiple of the number of rows [3]
> data2
     [,1] [,2] [,3] [,4]
```

```
[1,]    1    4    7   10
[2,]    2    5    8    1
[3,]    3    6    9    2
>
> #1행의 평균
> mean(data1[1,])
[1] 5.5
>
> #각 행의 합
> apply(data1,1,sum)
[1] 22 16 20
> rowSums(data1)
[1] 22 16 20
>
> #각 열의 합
> apply(data1,2,sum)
[1]  6 15 24 13
> colSums(data1)
[1]  6 15 24 13
>
> #각 행의 평균
> apply(data1,1,mean)
[1] 5.5 4.0 5.0
> rowMeans(data1)
[1] 5.5 4.0 5.0
>
> #각 열의 평균
> apply(data1, 2, mean)
[1] 2.000000 5.000000 8.000000 4.333333
> colMeans(data1)
[1] 2.000000 5.000000 8.000000 4.333333
```

배열 크기가 동일한 행렬 간의 합과 차는 $A_{(p \times q)} \pm B_{(p \times q)}$와 같이 '+', '−'를 사용한다. 그러나 행렬의 곱 $A_{(p \times q)} \times B_{(q \times p)}$는 '%*%' 기호를 이용하며 이는 '*'과 구별한다. 아래 예제에서 그 결과를 확인해보라.

```
> data1
     [,1] [,2] [,3] [,4]
[1,]    1    4    7   10
[2,]    2    5    8    1
[3,]    3    6    9    2
> data2 <- matrix(1,3,4)
> data2
     [,1] [,2] [,3] [,4]
[1,]    1    1    1    1
[2,]    1    1    1    1
[3,]    1    1    1    1
> plus.data <- data1+data2
> plus.data
     [,1] [,2] [,3] [,4]
[1,]    2    5    8   11
[2,]    3    6    9    2
[3,]    4    7   10    3
> minus.data <- plus.data-data1
> minus.data
     [,1] [,2] [,3] [,4]
[1,]    1    1    1    1
[2,]    1    1    1    1
[3,]    1    1    1    1
> product.data <- data1%*% t(data2)
> product.data
     [,1] [,2] [,3]
[1,]   22   22   22
[2,]   16   16   16
[3,]   20   20   20
>
```

행렬의 곱을 '*'로 표기할 경우에는 각 행렬의 i 행 j 열 원소끼리의 곱을 나타낸다. 즉,

$$A_{(p\times q)} * B_{(p\times q)} = (a_{ij} \times b_{ij})_{p\times q}$$

와 같이 계산되는 것을 의미한다.

```
> data1
     [,1] [,2] [,3] [,4]
[1,]    1    4    7   10
[2,]    2    5    8    1
[3,]    3    6    9    2
> data3 <- matrix(2, 3,4)
> data3
     [,1] [,2] [,3] [,4]
[1,]    2    2    2    2
[2,]    2    2    2    2
[3,]    2    2    2    2
> product.element <- data1 * data3
> product.element
     [,1] [,2] [,3] [,4]
[1,]    2    8   14   20
[2,]    4   10   16    2
[3,]    6   12   18    4
>
```

그밖에 행렬 연산에 사용되는 기호로는 '%o%'와 '%x%'가 있다. '%o%'는 행렬의 외적(outer product)을, '%x%'는 크로네커 곱(Kronecker product)을 나타낸다. 아래의 R 코드와 그 결과를 비교해보라.

```
> new1 <- matrix(seq(1,8,2),2,2)
> new1
     [,1] [,2]
[1,]    1    5
[2,]    3    7
> new2 <- matrix(seq(8,1,-2),2,2)
> new2
     [,1] [,2]
[1,]    8    4
[2,]    6    2
> new3 <- new1 %o% new2
> new3
, , 1, 1
```

```
     [,1] [,2]
[1,]    8   40
[2,]   24   56

, , 2, 1

     [,1] [,2]
[1,]    6   30
[2,]   18   42

, , 1, 2

     [,1] [,2]
[1,]    4   20
[2,]   12   28

, , 2, 2

     [,1] [,2]
[1,]    2   10
[2,]    6   14

> new4 <- new1 %x% new2
> new4
     [,1] [,2] [,3] [,4]
[1,]    8    4   40   20
[2,]    6    2   30   10
[3,]   24   12   56   28
[4,]   18    6   42   14
```

나눗셈의 경우 '1/행렬'을 표시하면 행렬 각 원소의 역수를 취한 행렬이 출력된다. 행렬 연산에서 사용되는 역행렬(inverse matrix)을 구하기 위해서는 함수 solve()를 이용해야 한다. 아래 예제에서 생성된 1/m3과 solve(m3)의 결과를 비교해보라. 또한 R에서 '행렬^2'와 같이 입력하면 각 원소들의 제곱값으로 이루어진 행렬이 출력된다.

```
> m1 <- matrix(seq(10,20,3),2,2)
> m1
     [,1] [,2]
[1,]   10   16
[2,]   13   19
> m2 <- m1*c(2,4)
> m2
     [,1] [,2]
[1,]   20   32
[2,]   52   76
> m3 <- m1*seq(2,4,2)
> m3
     [,1] [,2]
[1,]   20   32
[2,]   52   76
> 1/m3
           [,1]       [,2]
[1,] 0.05000000 0.03125000
[2,] 0.01923077 0.01315789
> solve(m3)
           [,1]       [,2]
[1,] -0.5277778  0.2222222
[2,]  0.3611111 -0.1388889
>
> m1
     [,1] [,2]
[1,]   10   16
[2,]   13   19
> diag(m1)
[1] 10 19
> diag(c(25:28))
     [,1] [,2] [,3] [,4]
[1,]   25    0    0    0
[2,]    0   26    0    0
[3,]    0    0   27    0
[4,]    0    0    0   28
> t(m1)
```

```
     [,1] [,2]
[1,]   10   13
[2,]   16   19
> m1^2
     [,1] [,2]
[1,]  100  256
[2,]  169  361
> sum(m1^2)
[1] 886
> solve(m1)
           [,1]       [,2]
[1,] -1.0555556  0.8888889
[2,]  0.7222222 -0.5555556
>
```

함수 upper.tri(), lower.tri()을 이용하면 상삼각행렬(upper triangular matrix)이나 하삼각행렬(lower triangular matrix)을 만들 수 있다. 아래 예제에서 행렬[upper.tri(행렬)]=0, 행렬[upper.tri(행렬, diag=T)]=0에 의해 어떤 원소들이 0으로 바뀌는지 살펴보라.

```
> m1 <- matrix(seq(10,20,3),2,2)
> m1[upper.tri(m1)] <- 0
> m1
     [,1] [,2]
[1,]   10    0
[2,]   13   19
>
> m1 <- matrix(seq(10,20,3),2,2)
> m1[lower.tri(m1)] <-0
> m1
     [,1] [,2]
[1,]   10   16
[2,]    0   19
>
> m1 <- matrix(seq(10,20,3),2,2)
> m1[upper.tri(m1, diag=T)] <- 0
```

```
> m1
     [,1] [,2]
[1,]    0    0
[2,]   13    0
>
> m1 <- matrix(seq(10,20,3),2,2)
> m1[lower.tri(m1, diag=T)] <- 0
> m1
     [,1] [,2]
[1,]    0   16
[2,]    0    0
```

행렬 연산에서 고유값-고유벡터 분해(eigenvalue-eigenvector decomposition)나 특이값 분해(singular value decomposition)는 eigen()이나 svd()로 가능하다. 아래의 출력 결과에서 $values는 고유값의 제곱근을, $vectors는 고유벡터를 나타낸다. 특이값 분해에서도 $d가 비정칙치를, $u와 $v가 고유벡터를 표시한다. 여기서 사용된 분해 대상 행렬 m4는 대칭인 정방행렬(square matrix)이므로 eigen()이나 svd()에 의해 계산된 결과가 모두 동일함을 알 수 있다. 프로그램 마지막에 사용된 det() 함수는 행렬식(determinant) 계산 결과를 반환한다.

```
> m1 <- matrix(seq(10,20,3),2,2)
> m4 <- crossprod(m1)
> m4
     [,1] [,2]
[1,]  269  407
[2,]  407  617
> eigen(m4)
$values
[1] 885.6341605   0.3658395

$vectors
          [,1]       [,2]
[1,] 0.5508624 -0.8345961
[2,] 0.8345961  0.5508624
```

```
> svd(m4)
$d
[1] 885.6341605   0.3658395

$u
           [,1]       [,2]
[1,] -0.5508624 -0.8345961
[2,] -0.8345961  0.5508624

$v
           [,1]       [,2]
[1,] -0.5508624 -0.8345961
[2,] -0.8345961  0.5508624

> det(m4)
[1] 324
```

다음 R 코드는 행렬 m5에 대한 QR 분해와 콜레스키 분해에 관한 예제이다. QR 분해는 대상 행렬 X가 완전계수(full rank)를 갖는 경우

$$X = QR$$

와 같이 분해하는 것이다. 여기서 Q는 직교행렬로서,

$$Q^t Q = QQ^t = I_p$$

를 만족시키고 R은 상삼각행렬(upper triangular matrix)과 영행렬(null matrix)로 분할될 수 있는 행렬을 나타낸다.

콜레스키 분해(Cholesky decomposition)는 양정치 대칭행렬(symmetric positive definite matrix) W에 대해

$$W = R_1^t R_1$$

와 같이 분해하는 것으로 여기서 R_1은 상삼각행렬을 나타낸다. chol() 함수를 적용한 결

과는 분해 대상 행렬을 A라고 할 때 $A = LL^t$를 만족시키는 하삼각행렬 L을 나타낸 것이다.

```
> m5 <- m1 %*% t(m1)
> qr(m5)
$qr
            [,1]      [,2]
[1,] -561.330562 -685.0224
[2,]    0.773163    0.5772

$rank
[1] 2

$qraux
[1] 1.634207 0.577200

$pivot
[1] 1 2

attr(,"class")
[1] "qr"
> chol(m5)
         [,1]      [,2]
[1,] 18.86796 23.001954
[2,]  0.00000  0.953998
```

위에서 설명한 eigen(), svd(), qr(), chol() 등의 사용은 분해 대상이 되는 행렬의 특성에 따라 달라진다. 이에 관한 자세한 내용은 선형대수 책을 참고하기 바란다.

한편 함수 ginv()는 정칙행렬이 아니거나 정방행렬이 아닌 행렬에 대하여 무어-펜로즈 일반화 역행렬(Moore-Penrose generalized inverse matrix)을 반환하는 함수이다. 대상 행렬이 정칙행렬이고 정방행렬일 경우에는 solve() 함수에 의해 구한 역행렬과 일치한다. 이 함수를 사용하기 위해서는 사전에 라이브러리 'MASS'가 선언되어야 한다.

```
> library(MASS)
> m6 <- matrix(seq(10,26,3),3,2)
> m6
     [,1] [,2]
[1,]   10   19
[2,]   13   22
[3,]   16   25
> ginv(m6)
           [,1]        [,2]       [,3]
[1,] -0.4444444 -0.03703704  0.3703704
[2,]  0.2777778  0.03703704 -0.2037037

> apply(m6,1,sum)
[1] 29 35 41
> apply(m6,2,sum)
[1] 39 66
> apply(m6,1,mean)
[1] 14.5 17.5 20.5
> apply(m6,2, mean)
[1] 13 22
```

8.2.2 행렬 연산 예

R에 포함되어 있는 예제 데이터 mtcars의 일부를 가지고 평균벡터와 분산-공분산 행렬 계산을 해보도록 하자. 아래 예제에서 데이터 cars는 mtcars 데이터에서 10행 5열만 가져온 것이다. is.matrix(cars)를 통해 이 데이터가 행렬 객체가 아님을 확인할 수 있다. 행렬 객체로 만들기 위해 as.matrix() 함수를 사용하였다. 데이터 cars를 X, 모든 원소가 1인 10×1 크기의 벡터를 $\mathbf{1}$로 표현하면 각 변수들의 평균벡터는

$$(\mathbf{1}^t X)/n = \overline{x}$$

이다. apply(cars, 2, mean)로도 동일한 결과를 얻게 된다. apply(데이터, 2, mean)는 데이터의 각 열별 평균을 구하는 함수이다. 행렬 diff는 원데이터에서 각 변수들의 평균을 뺀

행렬, 즉 $X-\overline{X}$이다. 이를 이용하면 분산-공분산 행렬은

$$COV = (X-\overline{X})^t (X-\overline{X})/(n-1)$$

과 같이 계산된다. 아래 프로그램에서 diff1이 바로 분산-공분산 행렬이다. 여기서 t(diff) %*% diff 대신 crossprod(diff)를 사용할 수도 있다. 상관계수 행렬 R은 분산들을 대각의 원소로 가지는 대각행렬 D와 분산-공분산 행렬 S를 이용하여

$$R = D_{1/2}^{-1} S D_{1/2}^{-1}$$

과 같이 계산된다. 프로그램 마지막에 출력된 corr가 바로 상관계수행렬이다.

```
> cars <- mtcars[1:10,1:5]
> cars
                    mpg   cyl   disp   hp   drat
Mazda RX4           21.0  6     160.0  110  3.90
Mazda RX4 Wag       21.0  6     160.0  110  3.90
Datsun 710          22.8  4     108.0   93  3.85
Hornet 4 Drive      21.4  6     258.0  110  3.08
Hornet Sportabout   18.7  8     360.0  175  3.15
Valiant             18.1  6     225.0  105  2.76
Duster 360          14.3  8     360.0  245  3.21
Merc 240D           24.4  4     146.7   62  3.69
Merc 230            22.8  4     140.8   95  3.92
Merc 280            19.2  6     167.6  123  3.92
>
> # mean vector
> cars <- mtcars[1:10,1:5]
> is.matrix(cars)
[1] FALSE
> cars <- as.matrix(cars)
> vector1 <- matrix(1, nrow(cars), 1)
> vector1
```

```
      [,1]
 [1,]    1
 [2,]    1
 [3,]    1
 [4,]    1
 [5,]    1
 [6,]    1
 [7,]    1
 [8,]    1
 [9,]    1
[10,]    1
> sum <- t(vector1) %*% cars
> sum
       mpg cyl   disp   hp  drat
[1,] 203.7  58 2086.1 1228 35.38
> mean <- sum/nrow(cars)
> mean
       mpg cyl   disp    hp  drat
[1,] 20.37 5.8 208.61 122.8 3.538
> apply(cars,2,mean)   # 위와 동일한 결과 생성
    mpg     cyl    disp      hp    drat
 20.370   5.800 208.610 122.800   3.538
>
> # variance-covariance matrix
> xbar <- t(matrix(mean,ncol(cars),nrow(cars)))
> diff <- cars-xbar
> diff2 <- diff^2
> sumdiff2 <- t(vector1) %*% diff2
> xvar <- sumdiff2/(nrow(cars)-1)
> xvar
          mpg      cyl     disp       hp      drat
[1,] 8.451222 2.177778 8167.441 2647.067 0.1941733
>
> # variance-covariance matrix
> diff1 <- (t(diff) %*% diff)/(nrow(cars)-1)
> diff1
```

```
              mpg          cyl        disp          hp        drat
mpg     8.4512222   -3.6955556 -203.34633 -133.673333   0.6934889
cyl    -3.6955556    2.1777778  118.46889   65.066667  -0.3471111
disp -203.3463333 118.4688889 8167.44100 3929.124444 -29.0367556
hp   -133.6733333  65.0666667 3929.12444 2647.066667  -8.7748889
drat    0.6934889   -0.3471111  -29.03676   -8.774889   0.1941733
> crossprod(diff)/(nrow(cars)-1) # 위와 동일한 결과 생성
              mpg          cyl        disp          hp        drat
mpg     8.4512222   -3.6955556 -203.34633 -133.673333   0.6934889
cyl    -3.6955556    2.1777778  118.46889   65.066667  -0.3471111
disp -203.3463333 118.4688889 8167.44100 3929.124444 -29.0367556
hp   -133.6733333  65.0666667 3929.12444 2647.066667  -8.7748889
drat    0.6934889   -0.3471111  -29.03676   -8.774889   0.1941733
> var1 <- diag(diff1)
> var1
      mpg          cyl         disp           hp         drat
  8.4512222    2.1777778 8167.4410000 2647.0666667    0.1941733
>#correlation matrix
> corr <- diag(1/sqrt(var1)) %*% diff1 %*% diag(1/sqrt(var1))
> corr
           [,1]       [,2]       [,3]       [,4]       [,5]
[1,]  1.0000000 -0.8614165 -0.7739868 -0.8937223  0.5413585
[2,] -0.8614165  1.0000000  0.8882895  0.8569773 -0.5337857
[3,] -0.7739868  0.8882895  1.0000000  0.8450265 -0.7291389
[4,] -0.8937223  0.8569773  0.8450265  1.0000000 -0.3870476
[5,]  0.5413585 -0.5337857 -0.7291389 -0.3870476  1.0000000
>
```

그런데 만약 데이터가 바뀔 때마다 이와 같이 평균, 분산, 공분산행렬, 상관계수 행렬을 계산해야 된다면 어떻게 해야 할까? 어떤 형태의 데이터가 주어지더라도 행렬로 변환시킨 후 평균, 분산-공분산행렬, 상관계수행렬을 제공하는 함수를 만들어보자.

다음 예제는 function() 함수를 이용하여 지금까지 계산한 결과들을 제공하는 fn1 이라는 새로운 함수를 만드는 과정을 보여준다.

```
> fn1 <- function(X) {
+         new1 <- as.matrix(X)
+         n <- nrow(X)
+         p <- ncol(X)
+         vector1 <- matrix(1, nrow(X),1)
+         sum1 <- t(vector1) %*% X
+         mean1 <- sum1/nrow(X)        # mean vector
+
+         # variance-covariance matrix
+         xbar <- t(matrix(mean1,ncol(X),nrow(X)))
+         diff <- new1-xbar
+         diff2 <- (diff^2)
+         sumdiff2 <- t(vector1) %*% diff2
+         xvar <- sumdiff2/(nrow(X)-1)
+
+         # correlation matrix
+         diff1 <- (t(diff) %*% diff)/(nrow(X)-1)
+         var1 <- diag(diff1)
+         corr <- diag(1/sqrt(var1)) %*% diff1 %*% diag(1/sqrt(var1))
+
+         # results
+         options(digits=4)
+         list(New1=new1, n=n, p=p, Mean=mean1, Var=xvar, Corr=corr)
+ }
>
> cars <- mtcars[1:10,1:5]
> cars <- as.matrix(cars)
> b <- fn1(cars)
> b
$New1
                    mpg  cyl   disp   hp   drat
Mazda RX4           21.0  6   160.0  110   3.90
Mazda RX4 Wag       21.0  6   160.0  110   3.90
Datsun 710          22.8  4   108.0   93   3.85
Hornet 4 Drive      21.4  6   258.0  110   3.08
Hornet Sportabout   18.7  8   360.0  175   3.15
Valiant             18.1  6   225.0  105   2.76
```

```
Duster 360            14.3   8       360.0   245     3.21
Merc 240D             24.4   4       146.7    62     3.69
Merc 230              22.8   4       140.8    95     3.92
Merc 280              19.2   6       167.6   123     3.92

$n
[1] 10

$p
[1] 5

$Mean
      mpg cyl  disp    hp  drat
[1,] 20.37 5.8 208.6 122.8 3.538

$Var
       mpg   cyl disp   hp   drat
[1,] 8.451 2.178 8167 2647 0.1942

$Corr
        [,1]    [,2]    [,3]    [,4]    [,5]
[1,]  1.0000 -0.8614 -0.7740 -0.8937  0.5414
[2,] -0.8614  1.0000  0.8883  0.8570 -0.5338
[3,] -0.7740  0.8883  1.0000  0.8450 -0.7291
[4,] -0.8937  0.8570  0.8450  1.0000 -0.3870
[5,]  0.5414 -0.5338 -0.7291 -0.3870  1.0000

> b$Mean
      mpg cyl  disp    hp  drat
[1,] 20.37 5.8 208.6 122.8 3.538
```

이와 같이 함수를 만들어놓으면 데이터가 바뀔 때마다 별도의 프로그램 작업 없이 기초통계량들을 계산할 수 있어 효율적이 된다.

9장 | R 그래픽(Graphics)

R의 장점 중 하나는 S와 같이 강력한 그래픽 기능을 제공한다는 것이다. R 그래프를 작성하기 위한 주요 함수의 종류와 기능을 간단히 소개한다.

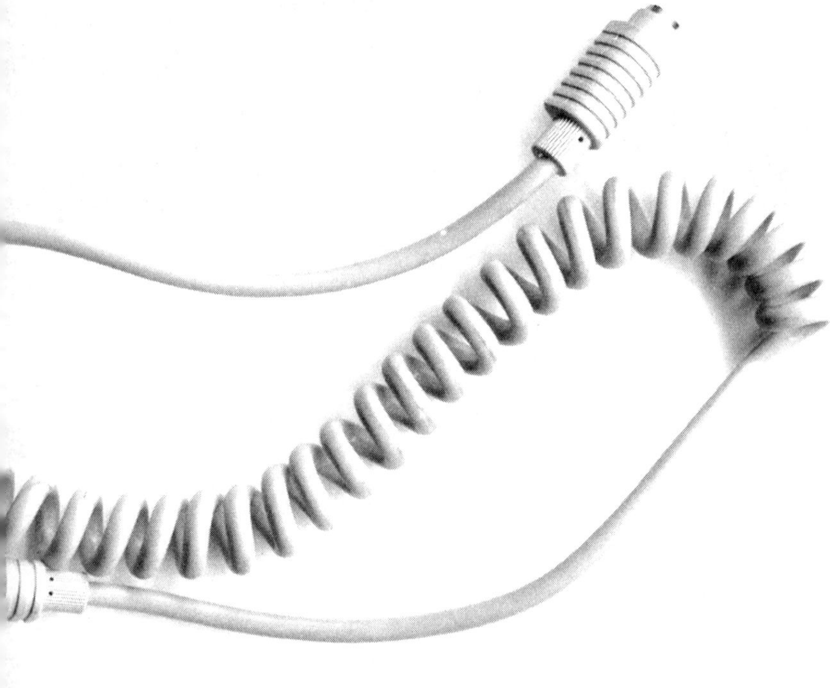

9.1 그래픽의 관리

R은 S와 마찬가지로 매우 다양한 그래픽 기능을 제공하는데 R 콘솔 창에서 demo(graphics)나 demo(persp)를 실행해 R이 제공하는 다양한 그래픽 기능을 접해보자. R 그래픽에서 제공하는 다양한 그래픽 기능은 수많은 옵션으로 정의하고 있기 때문에 그러한 내용을 본서에서 자세히 다루는 것에는 어려움이 있다. 따라서 그래픽 장치의 기본 관리나 주요 관련 함수에 대해 소개하고 예제를 통해 그 기능을 살펴보도록 하겠다.

그래프 작성과 관련된 패키지는 grid, lattice 패키지와 기본 패키지 내에 grDevices, graphics 패키지가 있다. 이 장에서는 기본 패키지 내의 그래픽 관련 내용을 다루도록 하고 grid나 lattice 패키지에 대해서는 도움말과 참고문헌을 참조하기 바란다.

9.1.1 여러 그래픽 장치 열기

그래픽 함수의 결과는 객체로 생성되는 것이 아니라 그래픽 장치(device)로 전해져 표현된다. 이러한 그래픽 장치로는 그래픽을 포함한 윈도우나 그래픽 파일이 있다. 그래픽 함수가 수행된 후 열려진 그래픽 장치가 없을 경우, R은 그래픽 윈도우를 열고 그 위에 그래프를 표현하는데 이때 열려지는 그래픽 윈도우는 수행된 함수에 의존한다.

그래픽 윈도우를 여는 함수는 x11()과 windows()이고 그래픽 파일을 여는 함수는 그래픽 파일 형식에 따라 postscript(), pdf(), png() 등이 있다. 열려 있는 그래픽 장치를 참조하는 명령문은 ?device로 현재 사용 가능한 그래픽 장치들을 나열해준다. <그림 9.1>은 ?device를 실행한 결과로 현재 유용한 그래픽 장치들을 보여주고 있다.

그래픽 함수의 결과는 활성화되어 있는 가장 최근에 열린 그래픽 장치에 표현된다. dev.list()는 열려진 그래픽 장치의 리스트를 출력시키는 함수이고 dev.cur()은 현재 활성화된 그래픽 장치를 참조하는 함수이다. 활성화된 그래픽 장치를 변경하는 함수는 dev.set()으로, 인수로 주어지는 그래픽 장치 번호를 기본으로 해당 장치를 활성화한다. 또한 dev.off() 함수는 인수로 주어지는 번호를 기준으로 열려진 그래픽 장치를 닫는 함수로, 디폴트는 현재 활성화된 장치이다.

Devices {grDevices} R Documentation

List of Graphical Devices

Description

The following graphics devices are currently available:

- `windows` The graphics device for Windows (on screen, to printer and to Windows metafile).
- `postscript` Writes PostScript graphics commands to a file
- `pdf` Write PDF graphics commands to a file
- `pictex` Writes LaTeX/PicTeX graphics commands to a file
- `png` PNG bitmap device
- `jpeg` JPEG bitmap device
- `bmp` BMP bitmap device
- `tiff` TIFF bitmap device
- `xfig` Device for XFIG graphics file format
- `bitmap` bitmap pseudo-device via `GhostScript` (if available).

〈그림 9.1〉 그래픽 장치

다음은 위의 함수들에 대한 간단한 예제이다. 장치를 열고 닫음에 따라 비어 있는 윈도우가 나타나고 사라짐을 확인해보라.

```
> # 그래픽 장치 관리 함수
> x11();x11(); pdf()
> dev.cur()
pdf
  4
> dev.set(3)
windows
      3
> dev.off(2)
windows
      3
> dev.off()
pdf
  4
>
```

9.1.2 그래픽의 분할

split.screen()은 현재 활성화된 그래픽 장치를 분할하는 함수이다. 그래픽 장치의 분할된 구역을 스크린(screen)이라 부르는데 split.screen(c(1,2))를 수행하면 그래픽 장치가 가로로 screen(1)과 screen(2)로 분리된다. 이와 같이 split.screen() 함수로 그래픽 화면을 다양하게 구성할 수 있다.

예를 들어 split.screen(c(2,1)) 함수에 의해 (a)와 같이 화면을 2개 영역으로 분할해 보자. 그 다음 split.screen(c(1,3), screen=2) 함수에 의해 (a)에서의 screen(2) 영역을 3등분으로 나눌 수 있다. 결과 (b)에서와 같이 스크린 아래 영역은 screen(3), screen(4), screen(5)의 3개 구역으로 나뉘게 된다.

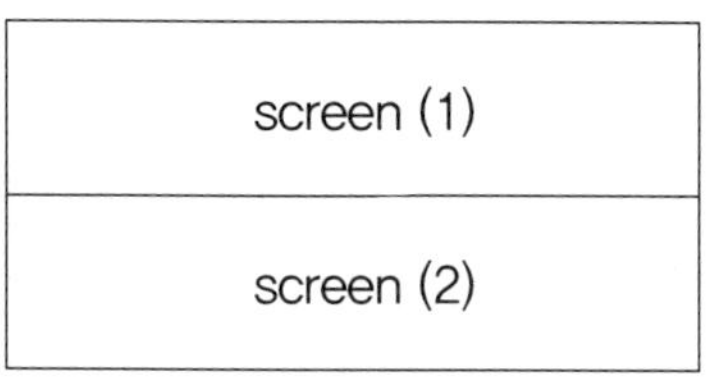

(a) split.screen(c(2,1))

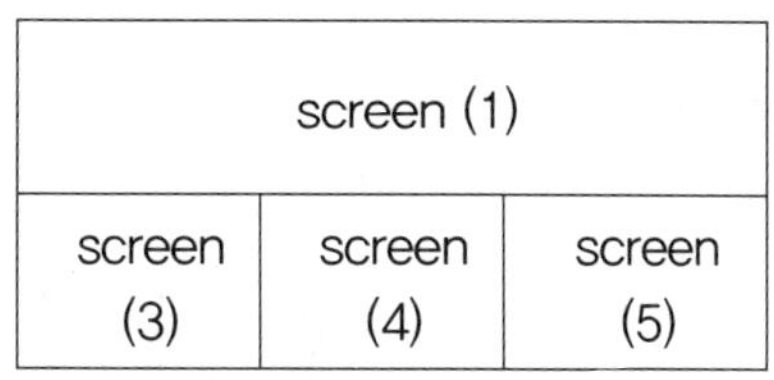

(b) split.screen(c(1,3), screen=2)

따라서 아래의 예제 프로그램을 실행시키면 (b)에서 표시된 screen(1)과 screen(5) 영역에 플롯이 출력되어 <그림 9.2>와 같이 표시된다.

```
> data(CO2)
> exam1 <- subset(CO2, select=c(conc, uptake),
+          Type=='Quebec' & Treatment=='nonchilled')
> exam2 <- subset(CO2, select=c(conc, uptake),
+          Type=='Quebec' & Treatment=='chilled')
> exam3 <- subset(CO2, select=c(conc, uptake),
+           Type=='Mississippi' & Treatment=='nonchilled')
> exam4 <- subset(CO2, select=c(conc, uptake),
+           Type=='Mississippi' & Treatment=='chilled')
>
> if (interactive()) {
+    par(bg = "white")           # default is likely to be transparent
+    split.screen(c(2,1))        # split display into two screens
```

```
+     split.screen(c(1,2), screen = 2) # now split the bottom half into 2
+     screen(1) # prepare screen 1 for output
+     plot(exam1)
+     screen(4) # prepare screen 5 for output
+     plot(exam2)
+     close.screen(all = TRUE)}     # exit split-screen mode
```

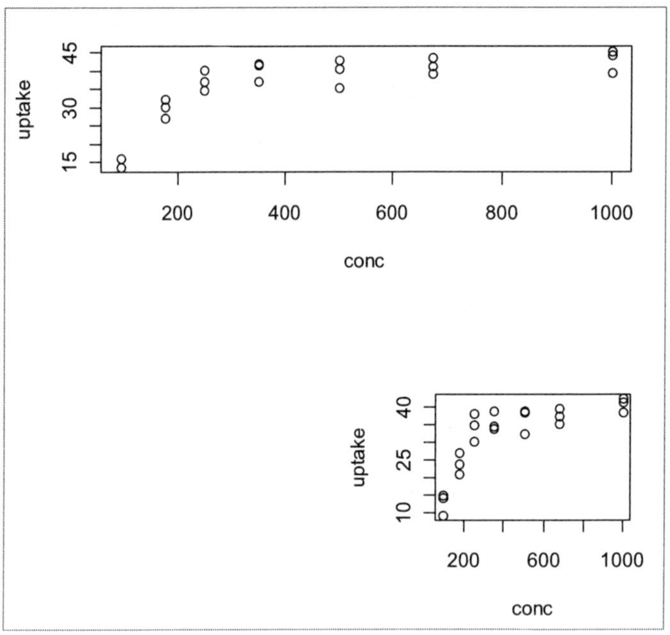

〈그림 9.2〉 split.screen(c(1,3), screen=2)의 예

아래의 프로그램은 screen(1)과 screen(2)에 플롯을 표시하도록 하고 있어 <그림 9.3>과 같이 각 해당 영역에 플롯이 출력됨을 볼 수 있다.

```
> if (interactive()) {
+     par(bg = "white")              # default is likely to be transparent
+     split.screen(c(2,1))           # split display into two screens
+     split.screen(c(1,3), screen = 2) # now split the bottom half into 3
+     screen(1) # prepare screen 1 for output
+     plot(exam2)
+     screen(2) # prepare screen 2 for output
+     plot(exam4)
+     close.screen(all = TRUE)}     # exit split-screen mode
>
```

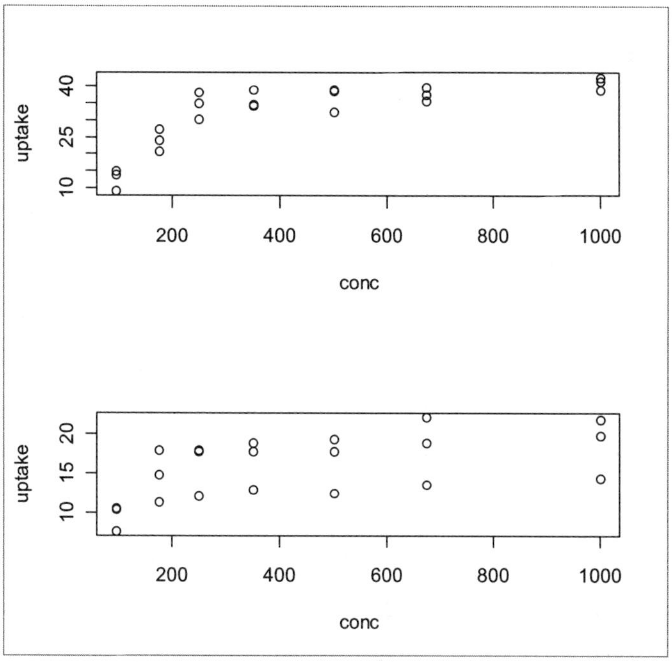

〈그림 9.3〉 split.screen(c(2,1)) 예

추가로 정의된 스크린을 지우고자 할 경우에는 erase.screen() 함수를 사용할 수 있다. 위 프로그램을 통해서 알 수 있듯이 screen() 함수는 그래픽을 표현할 스크린을 선택하게 되며 close.screen() 함수는 스크린을 닫는다. split.screen() 함수는 장치의 분할과 관련된 함수인 layout() 등과 동시에 사용할 수 없으며 또한 다차원 그래픽 장치와 함께 사용할 수 없으므로 주의해야 한다.

layout() 함수는 현 그래픽 장치의 화면을 분할해 그래프의 출력결과를 차례로 표현하는 데 사용된다. 화면의 부(sub) 화면으로의 분할 형태를 나타내는 layout()의 인수는 분할된 행렬의 구분을 위해 정수값을 갖는 행렬로 표시된다. 자세한 사용 문법은 도움말을 참조하도록 하자.

다음은 장치 분할 함수 layout() 활용에 대한 예제이다.

```
> #화면 분할
> x11()
> layout(matrix(1:6,2,3,byrow=TRUE))
> layout.show(6)
>
```

```
> x11()
> layout(matrix(1:6,2,3))
> layout.show(5)
>
> x11()
> layout(matrix(1:6,3,2))
> layout.show(4)
```

여기서 layout(matrix(1:4, 2,2))에 의해 그래픽 장치의 화면이 2행 2열 형태로 분할되고, 분할된 화면은 각각 1,2,3,4로 표시된다. 이를 확인하기 위한 함수가 layout.show(4)이다. layout(matrix(1:6, 2,3))은 화면을 2행 3열 형태의 6개 부화면으로 나누고 각 화면에 1부터 6까지 번호를 부여한다. 명령문의 수행에 따라 열린 그래픽 장치 화면의 분할이 변경되는 것을 확인해보자. 분할된 화면은 열을 기준으로 정의된 번호가 부여되는데 이는 layout() 함수의 인수인 행렬을 생성한 함수 matrix()에 의존하기 때문이다. 부화면에 일련번호를 부여하는 것을 행 기준으로 변경하기 위해서는 matrix() 함수 안에서 'byrow=TURE' 인수를 활용하면 된다. 'byrow= TURE'를 활용하면 첫 번째 행에 나타난 부화면들에 번호를 다 부여한 후 그 다음 행에 나타난 부화면들에 차례대로 일련번호를 부여하게 된다. 분할된 화면을 참조하는 함수 layout.show()에서는 분할된 화면의 번호를 인수로 사용한다.

layout() 함수는 화면을 모두 동일한 크기가 되도록 변경하는데 widths와 height 인수를 이용하면 크기가 서로 다른 분할 화면을 구성할 수 있다. 즉 화면 분할을 넓이와 높이의 비율을 기준으로 실시한다. 다음의 예제를 통해 그 기능을 확인해보자.

```
> x11()
> layout(matrix(0:3,2,2), widths=c(1,3), heights=c(1,3))
> layout.show(3)
>
> layout(matrix(c(1,1,2,1),2,2,), widths=c(1,1), heights=c(1,2))
> layout.show(4)
>
> layout(matrix(c(1:4),2,2), c(1,3), c(3,1))
> layout.show(4)
>
```

```
> m <- matrix(scan(), 5,5)
1: 1 1 3 3 3
6: 1 1 3 3 3
11: 0 0 3 3 3
16: 0 2 2 0 5
21: 4 2 2 0 5
26:
Read 25 items
> layout(m)
> layout.show(5)
```

여기서 layout() 함수의 인수인 행렬은 분할된 화면을 구분하는 역할을 하는 정수값으로 구성되므로 행렬의 원소값에 따라 화면을 다양한 형태로 자유롭게 분할할 수 있다. 특히 행렬의 원소가 0일 경우는 해당 분할 화면은 그래픽 출력에 활용되지 않아 특수한 형태로 분할된 화면을 구성하는 것도 가능하게 한다. layout(m)을 사용한 것은 화면을 전체 (5×5)의 25개의 화면으로 균등 분할한 후 행렬 m의 원소값에 따라 총 5개의 화면으로 배분한 결과를 그래픽 장치에 표현하도록 한 것이다. <그림 9.4>는 layout.show(5)를 실행시킨 결과이다.

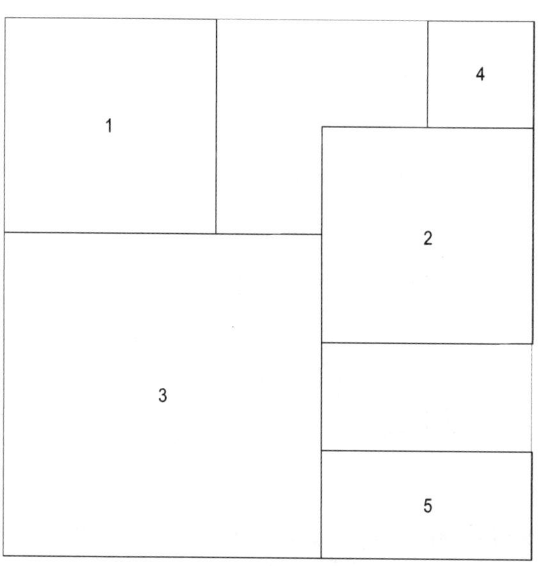

〈그림 9.4〉 layout.show(5) 수행 결과

9.2 그래프 속성 변경하기

9.2.1 그래프 속성 변경을 위한 함수

R에서는 매우 다양한 그래픽 함수를 제공하고 있다. 자주 사용되는 그래프의 속성을 변경하는 주요 함수들은 다음과 같다.

- points(x,y): (x,y) 좌표에 포인트를 추가한다.
- lines(x,y): (x,y) 좌표를 연결하는 라인을 추가한다.
- text(x,y,labels,...): 축의 이름을 추가한다.
- mtext(text,side=3,line=0,...): 그래프의 side와 line 인수로 정의된 위치에 text를 출력한다.
- segments(x0,y0,x1,y1): (x0,y0) 좌표와 (x1,y1) 좌표 사이를 연결하는 선을 출력한다.
- arrows(x0,y0,x1,y1,angle=30,code=2): (x0,y0) 좌표와 (x1,y1) 좌표 사이를 연결하는 화살표를 출력한다. 화살표의 위치는 code 인수로 정의되며[1이면 (x1,y1) 좌표, 2면 (x0,y0) 좌표, 3이면 (x1,y1)와 (x0,y0) 좌표] angle 인수는 화살표의 모양을 정의한다.
- abline(a,b): 기울기 b, 절편 a인 직선을 출력한다.
- abline(h=y): y축의 값을 y로 갖는 x축과 평행한 직선을 출력한다.
- abline(v=x): x축의 값을 x로 갖는 y축과 평행한 직선을 출력한다.
- abline(lm.obj): lm 함수의 객체로부터 주어지는 회귀선을 출력한다.
- rect(x1,y1,x2,y2): 좌표 (x1,y1), (x1,y2), (x2,y1), (x2,y2)를 연결하는 사각형을 추가한다.
- polygon(x,y): x와 y로부터 주어지는 좌표들을 연결하는 다각형을 추가한다.
- legend(x,y,legend): 좌표 (x,y)에 위치하는 legend에 주어진 범례를 출력한다.
- title(): 주제목과 부제목을 추가한다.
- axis(side,vect): 축을 side 인수에 정의된 위치(1이면 아래, 2면 왼쪽, 3이면 위, 4면 오른쪽)에 추가하고 vect의 값에 따라 abline(h=y), abline(v=x)의 결과와 같은 평행선을 굵게 표현한다.

- box(): 그래프를 감싸는 상자를 추가한다.
- rug(x): x의 값을 x축에 표현한다.
- locator(n,type="n",...): 그래프 내에서 사용자가 n번 클릭한 위치의 좌표값을 표현하고 type 인수에 따른 점, 선 등을 추가한다. 디폴트는 type="n"로 추가하지 않는 것이다.

9.2.2 그래프 속성 변경 예

예제를 통해 그래프의 일부 속성들을 변경시켜 보자. 아래의 R 코드는 함수 lm()을 통해 회귀분석을 실시한 결과를 객체 reg.y.x에 할당하는 프로그램이다.

```
> # 회귀분석 그래프
> x <- c(1:20)
> y <- 3+0.5*x + rnorm(20)
> reg.y.x <- lm(y ~ x)
> summary(reg.y.x)

Call:
lm(formula = y ~ x)

Residuals:
     Min       1Q   Median       3Q      Max 
-2.59029 -0.75018  0.02049  0.65603  1.76174 

Coefficients:
            Estimate Std. Error t value Pr(>|t|)    
(Intercept)  3.09204    0.49027   6.307 6.05e-06 ***
x            0.47657    0.04093  11.644 8.18e-10 ***
---
Signif. codes:  0 '***' 0.001 '**' 0.01 '*' 0.05 '.' 0.1 ' ' 1

Residual standard error: 1.055 on 18 degrees of freedom
Multiple R-squared: 0.8828,     Adjusted R-squared: 0.8763
```

```
F-statistic: 135.6 on 1 and 18 DF,  p-value: 8.18e-10

>
> plot(x,y)
> Rsquared <- 0.8763
> abline(reg.y.x)
> title("Simple Linear Regression")
> text(15,5, as.expression(
+ substitute(italic(R)^2==r, list(r=Rsquared))))
```

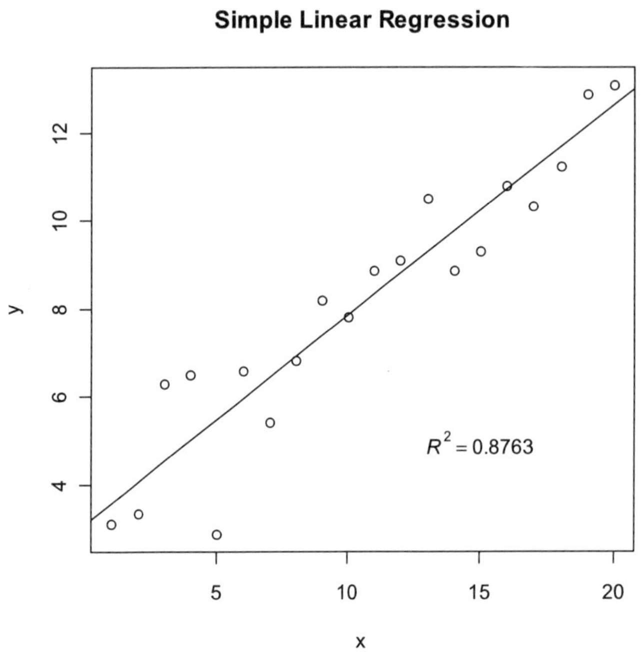

〈그림 9.5〉 단순선형회귀분석 예제: 출력 그래프

위 프로그램을 살펴보면 회귀분석 결과 확인을 위해 결정계수의 값 0.8763을 Rsquared 객체에 할당하였다. plot() 함수를 이용해 x, y의 산점도를 출력하고 abline(), title(), text()를 이용해 <그림 9.5>와 같이 회귀선, 주제목과 결정계수 값을 그래프에 추가하였다. 여기서 함수 as.expression()을 이용하여 수식 형태의 텍스트가 추가되었다. 이러한 특성을 갖는 expression 객체에 대해서는 도움말을 참조하기 바란다.

9.3 par() 함수

그래프 표현의 향상은 그래프 속성들을 변경시키는 함수들을 적용하는 것 이외에 그래프를 출력하는 그래픽 장치의 여러 가지 인수를 정의함으로써도 가능하다. par() 함수는 그래픽 장치의 다양한 속성들을 참조하고 정의하는 기능을 가진 함수이다. 그래프 속성 변경 함수들은 이전 그래프에만 적용되고 이후엔 설정이 사라지지만 par() 함수를 통한 설정은 이후의 현 R 세션 내의 모든 그래프에 적용된다.

par() 함수의 인수는 매우 많다. 따라서 기타의 인수에 대한 상세한 내용은 도움말을 참조하기 바라며 여기서는 다음의 주요 인수들만을 살펴보도록 하겠다.

- adj: 텍스트의 정렬 방식을 정의하는 것으로 0은 좌측정렬, 1은 우측정렬, 0.5는 중앙정렬을 의미한다. 두 값이 주어지면 각각 수평정렬과 수직정렬의 형식을 정의하는 인수로서의 역할을 한다.
- bg: 배경화면의 색을 정의한다.
- bty: 그래프를 둘러싸는 상자의 모양을 정의하는 인수로 "o", "l", "7", "c", "u", "]"로 정의가 가능한데 결과는 정의되는 문자와 유사하다.
- cex: cex(character expansion) 인수는 문자나 점의 크기를 설정하는 역할을 하는 것으로 축, 레이블, 주제목과 부제목에 대해 동일한 역할을 하는 인수로 cex.axis, cex.lab, cex.main, cex.sub 인수가 있다.
- col: 기호의 색을 정의한다. cex 인수와 같이 다른 대상에 대해 동일한 역할을 하는 col.axis, col.lab, col.main, col.sub 인수가 있다.
- font: 텍스트의 글꼴 형식을 정의하는 것으로 1은 보통, 2는 이탤릭, 3은 굵은체, 4는 굵은 이탤릭체를 의미한다. cex 인수와 마찬가지로 font.axis, font.lab, font.main, font.sub 인수가 있다.
- las: 축의 레이블의 표현 형식을 정의하는 인수로, 정수로 정의된다. 1은 축과 평행, 2는 수평, 3은 축에 수직, 4는 수직을 의미한다.
- lty: 실선, 점선 등 선의 형식을 정의하는 인수이다.
- lwd: 선의 굵기를 정의한다.
- mar: 축과 그래프의 경계 사이의 공간을 정의한다.

- mfcol: 그래픽 윈도우를 분할하는 기준을 정의하는 인수로, c(nr,nc)로 정의되면 총 nr×nc의 분할 화면이 생성된다. 생성되는 그래프는 열을 중심으로 순서대로 자리한다.
- mfrow: mfcol과 동일한 역할을 하는 인수로, 생성되는 그래프는 행을 중심으로 순서대로 자리한다.
- pch: 기호의 형태를 정의하는 인수로 1~25 사이의 정수를 갖는다.
- ps: 텍스트의 크기와 기호의 크기를 정의하는 정수값의 인수이다.
- pty: 그래프 영역의 형태를 정의하는 인수로 "s"는 x축과 y축의 비율이 동일하게 설정하고 "m"은 최대 크기로 정의한다.
- tck: 축의 눈금 길이를 정의하는 것으로 그래프 영역의 폭과 높이 중 작은 것을 1이라 하고 tck의 비율에 따라 눈금의 길이가 정의된다.
- tcl: 축의 눈금 길이를 정의하는 인수로 tck 인수와 다른 점은 cex=1일 경우, 문자의 길이 1을 기준으로 정의한다.
- xaxt: 축의 눈금 및 값들의 표현 여부를 정의하는 인수로, xaxt=n이면 x축에는 눈금이나 값들이 표시되지 않는다.
- yaxt: 축의 눈금 및 값들의 표현 여부를 정의하는 인수로, yaxt=n이면 y축에는 눈금이나 값들이 표시되지 않는다.

9.4 다양한 그래픽 함수

R의 그래픽 함수는 새로운 그래프를 작성하는 함수와 기존에 존재하는 그래프에 점, 선, 면, 문자, 좌표축, 범례 등의 다양한 그래프의 속성을 정의하는 함수로 크게 구분된다. 이 중 전자를 고수준(high-level) 그래픽 함수라고 하고 후자를 저수준(low-level) 그래픽 함수라 부른다. 저수준 그래픽 함수는 9.3절에서 살펴보았고 이절에서는 고수준 그래픽 함수들을 알아본다.

9.4.1 다양한 그래픽 함수의 종류 및 기능

R에서 제공되는 다양한 그래픽 함수의 종류 및 기능과 특성에 대해 살펴보자.

- plot(x): 가로축에는 인덱스(index)를 표시하고 세로축에 x의 값을 표시한다.
- plot(x,y): x와 y의 2차원 그래프를 표현한다.
- sunflowerplot(x,y): x와 y의 2차원 그래프를 표현하며 중첩된 케이스가 있는 경우 자료의 크기를 꽃잎의 형태로 표현한다. 중첩된 케이스가 많을수록 꽃잎이 늘어난다.
- pie(x): x에 대한 파이 차트를 작성한다.
- boxplot(x): 상자와 수염(box-and-whiskers) 그래프를 작성한다.
- stripchart(x): x에 대한 1차원 산점도를 표현한다. 자료의 크기가 작을 경우 boxplot()으로 대체할 수 있다.
- coplot(x~y/z): z의 값에 따라 x와 y의 2차원 그래프를 표현한다.
- interaction.plot(f1,f2,y): 만약 f1과 f2가 요인이라면 y값의 평균을 y축 위에 표시하여 요인이 f1, f2인 2원 분산분석의 교호작용 그림을 표현한다. 선택 사항으로 fun 인수를 통해 y의 대표값을 평균(디폴트) 이외의 다른 통계량으로 정의할 수 있다.
- matplot(x,y): 행렬 데이터 x의 열별로 y의 지정된 형식에 따라 2차원 그래프를 표현한다.
- dotchart(x): 데이터 프레임 x의 행(열) 수준별 산점도를 분석하고자 하는 변수들을 세로로 결합해 표현한다.
- fourfoldplot(x): k개의 2×2의 2차원 분할표에 대한 결합 형태인 차원 (2,2,k)인 x에 대해 두 이항 변수들 간의 연관성을 시각적으로 표현한 1/4원 그래프를 k개 생성한다. 1/4원 그래프는 원을 4개의 균등한 영역으로 나누고 각 영역에 도수, 확률의 추정치와 그 신뢰구간을 표현하는 그래프이다.
- assocplot(x): 2차원 분할표에 대해 행과 열의 독립성을 나타내는 코헨-프렌들리(Cohen-Friendly) 그래프를 표현한다.
- mosaicplot(x): 다차원 분할표에 대해 범주별 비율이나 주변합계를 구분된 사각형의 면적으로 표현한다. 로그-선형 모형으로부터의 잔차의 크기나 부호는 색으로

구분하여 나타낸다.

- pairs(x): x가 행렬이나 데이터 프레임일 경우, x의 행에 대한 산점도 행렬을 출력한다.
- plot.ts(x): 시계열 자료에 대한 시계열 그래프를 표현한다.
- ts.plot(x): 다중 시계열 자료에 대한 시계열 그래프를 표현한다.
- hist(x): x의 도수에 대한 히스토그램을 표현한다.
- barplot(x): x의 값에 대한 히스토그램을 표현한다.
- qqnorm(x): 누적정규확률 그래프를 출력한다.
- qqplot(x,y): x의 분위수에 대한 y의 분위수를 그래프로 표현한다.
- contour(x,y,z): 벡터인 x, y와 행렬인 z에 대해 2차원 등고선 그래프를 출력한다.
- filled.contour(x,y,z): contour(x,y,z)의 그래프에 등고선 사이를 색칠하고 그 색에 대한 구분을 범례로 출력한다.
- image(x,y,z): 3차원 자료나 공간 자료를 유색의 이미지로 표현한다.
- persp(x,y,z): 3차원의 그래프를 2차원의 xy 평면에 투영하여 투시도를 표현한다.
- stars(x): x에 대한 별 그림을 표현한다.
- lag.plot(x): 시계열 자료 x에 대한 lag 그래프를 표현한다.
- plot.lm(): 회귀분석의 결과로부터 회귀진단을 위한 그래프를 출력한다.
- termplot(): 회귀분석의 결과로 적합된 회귀모형을 이루는 각 항에 대해서 예측값들에 대응하는 회귀선을 출력한다.
- screeplot(): 다변량 분석의 일종인 주성분 분석의 결과로부터 산비탈그림(scree plot)을 출력한다.
- biplot.princomp(): 주성분 분석의 결과로부터 행과 열의 행렬도(biplot)를 표현한다.
- symbols(x,y,...): (x,y) 좌표에 기호(원, 사각형, 별, 온도계, 상자-수염)가 정의된 인수의 값에 따라 크기, 색 등이 다르게 표현된 심볼 그래프를 표현한다.

이제 도움말에 나와 있는 예제들을 통해 간략하게 각각의 플롯이나 차트가 어떻게 작성되는지 살펴보도록 하자.

먼저 아래의 예제는 plot, sunflower plot, pie chart 작성을 위한 프로그램 예이다.

```
> par(mfrow=c(3,2))
> x <- c(1:10)
> plot(x, main="Plot(x)")
> plot(mtcars[,c(1,3)],main="Plot(x,y)")
>
> sunflowerplot(mtcars[, c(1,4)], size=0.1, main="Sunflower Plot")
> sunflowerplot(x=sort(2*round(rnorm(100))), y= round(rnorm(100),0),
+               main = "Sunflower Plot of Rounded N(0,1)")
> pie(rep(1, 24), col = rainbow(24), radius = 1, main="Pie Chart")
> pie.sales <- c(0.32, 0.1, 0.36, 0.06, 0.04, 0.12)
> names(pie.sales) <- c("Blueberry", "Cherry",
+          "Apple", "Boston Cream", "Other", "Vanilla Cream")
> pie(pie.sales, main="Pie Chart with names", radius=1) # default colours
>
```

이 예제 프로그램에서 첫 번째 plot(x)는 1부터 10까지 생성된 데이터를 plot() 함수를 통해 산점도를 작성하도록 한 것이다. <그림 9.6>의 왼쪽 첫 번째 플롯과 같이 가로축에는 index, 세로축에 x값들이 위치하게 된다. plot(cars)로 표현된 함수는 데이터 세트 cars에 있는 disp와 mpg 변수에 대한 산점도를 작성하는 것이다. <그림 9.6>의 오른쪽 첫 번째 플롯이 그 결과이다. sunflower() 함수는 cars 데이터의 hp와 mpg 변수 간의 산점도를 작성한 것인데, 중첩된 케이스가 많을수록 활짝 핀 꽃 모양으로 표시해준다는 점이 plot함수와 다른 점이다. <그림 9.6>에서 첫 번째 파이 도표는 1부터 24까지 원을 균등하게 나눈 후 24가지 색상으로 표시한 예이고 우측의 두 번째 파이 도표는 상품별 판매율을 파이를 이용해 나타낸 것이며 해당 상품종류를 파이 도표 위에 같이 표시해 놓고 있다.

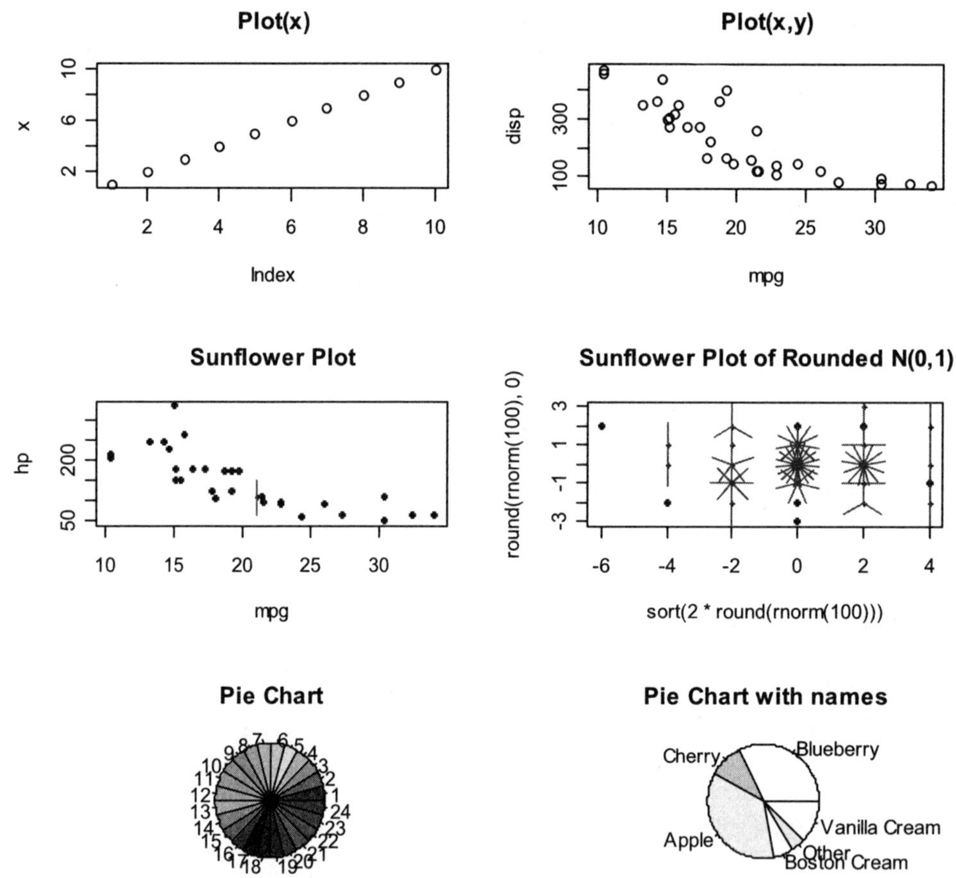

〈그림 9.6〉 plot, sunflower plot, pie **도표 예**

다음은 boxplot, strip chart, coplot 작성을 위한 프로그램 예이고 <그림 9.7>은 그 결과이다.

```
> par(mfrow=c(1,2))
> boxplot(count ~ spray, data = InsectSprays, col = "lightgray", main="Boxplot")
> with(OrchardSprays, stripchart(decrease ~ treatment,
+       main = "stripchart(Orchardsprays)", ylab = "decrease",
+       vertical = TRUE, log = "y"))
> coplot(lat ~ long | depth, data = quakes)
```

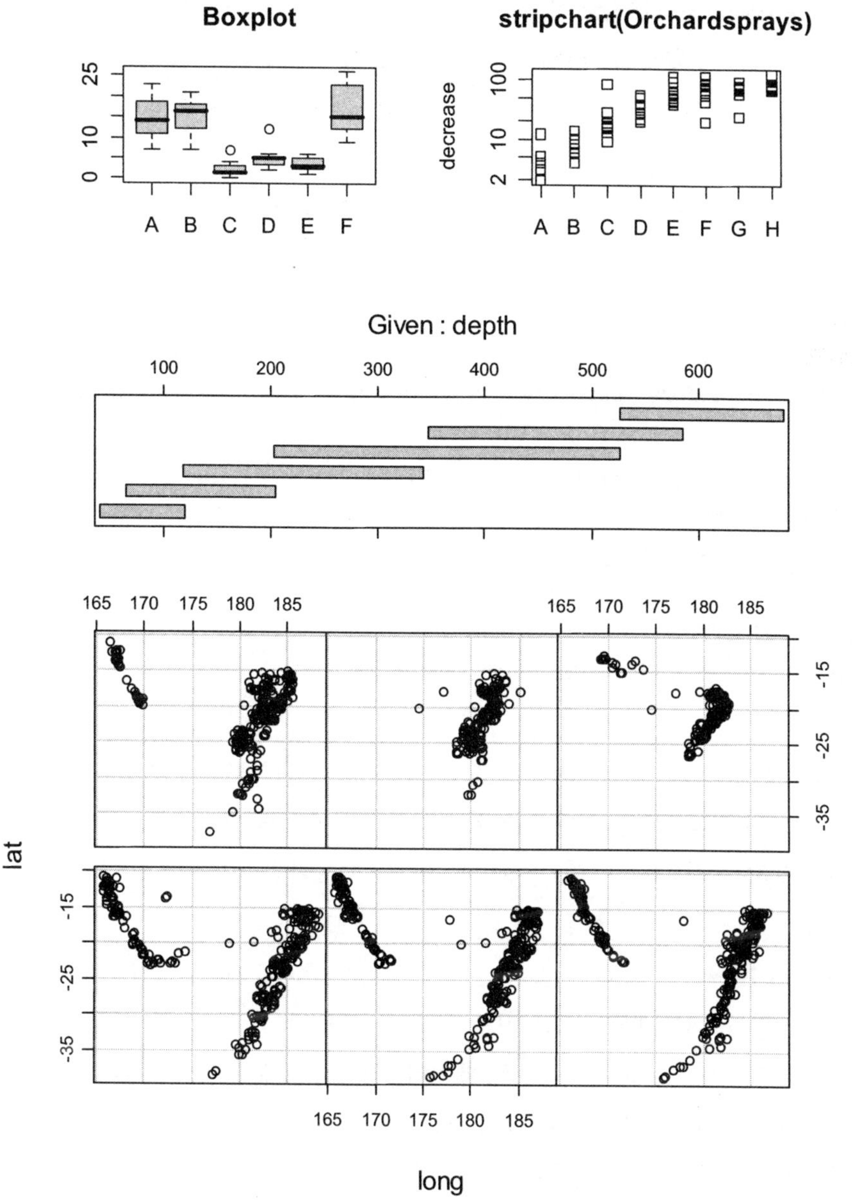

<그림 9.7> boxplot, strip cart 예 / conditional plot (coplot) 예

위 프로그램에서 boxplot()은 데이터 InsectSprays의 변수 spray 종류별 count에 대한 상자도표를 작성하는 것이다. <그림 9.7>의 첫 번째 왼쪽 플롯이 그에 해당되는 결과이다. 대체적으로 A,B,F 스프레이의 경우 산포가 크다는 것을 알 수 있다.

stripchart() 함수는 OrchardSprays데이터를 가지고 decrease를 세로축에 표시하고

있는데 각 treatment(A~H)별로 어떻게 산포되어 있는지를 1차원적으로 보여준다.

coplot() 함수는 quakes 데이터에 있는 변수 depth의 수준별로 변수 lat과 long 간의 관계를 산포도로 제공하고 있다. 디폴트는 number=6으로 조건부 변수의 수준을 6개로 작성한다.

다음은 interaction plot, matplot, dot chart 작성을 위한 프로그램 예이다.

```
> par(mfrow=c(2,2))
> attach(ToothGrowth)
> interaction.plot(dose, supp, len, fixed=TRUE, main="Interaction Plot")
> detach()
> sines <- outer(1:20, 1:4, function(x, y) sin(x / 20 * pi * y))
> matplot(sines, pch = 1:4, type = "o", col = rainbow(ncol(sines))
+               ,main="matplot")
>
> par(mfrow=c(1,1))
> dotchart(VADeaths, main = "dotchart(death rates)")
```

이 프로그램에서 interaction.plot() 함수는 ToothGrowth 데이터에서 요인 dose와 supp 수준별로 변수 len의 평균 반응을 살펴볼 수 있는 상호작용 플롯을 작성하도록 한다. <그림 9.8>에서 dose=2인 경우 supp의 각 수준별 len의 평균 반응이 동일함을 알 수 있다.

matplot() 함수는 주어진 x와 y값의 변화에 따라서 정의한 sines 함수값이 어떻게 바뀌는 지를 x=1,2,3,4에 따라 비교 가능하도록 나타낸다.

프로그램 마지막의 dotchart() 함수는 데이터 VADeaths에서 나타난 각 연령 수준별 사망률을 관측한 Rural Male, Rural Female, Urban Male, Urban Female별로 점(dot)을 이용해 <그림 9.8>과 같은 플롯을 제공한다.

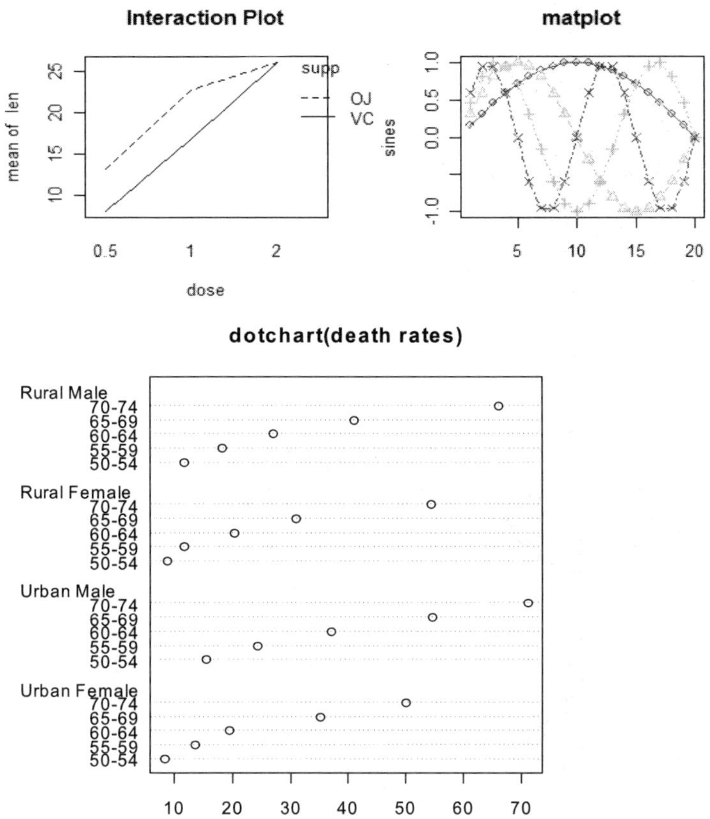

〈그림 9.8〉 interaction plot, matplot, dot chart 예

다음은 fourfoldplot, assocplot 사용 프로그램 예이다.

```
> x <- aperm(UCBAdmissions, c(2, 1, 3))
> dimnames(x)[[2]] <- c("Yes", "No")
> names(dimnames(x)) <- c("Sex", "Admit?", "Department")
> stats::ftable(x)
              Department   A   B   C   D   E   F
Sex           Admit?
Male          Yes        512 353 120 138  53  22
              No         313 207 205 279 138 351
Female        Yes         89  17 202 131  94  24
              No          19   8 391 244 299 317
> fourfoldplot(margin.table(x, c(1, 2)))
> fourfoldplot(x, mfrow=c(2,3))
> fourfoldplot(x,  mfrow=c(2,3), margin = 2)
```

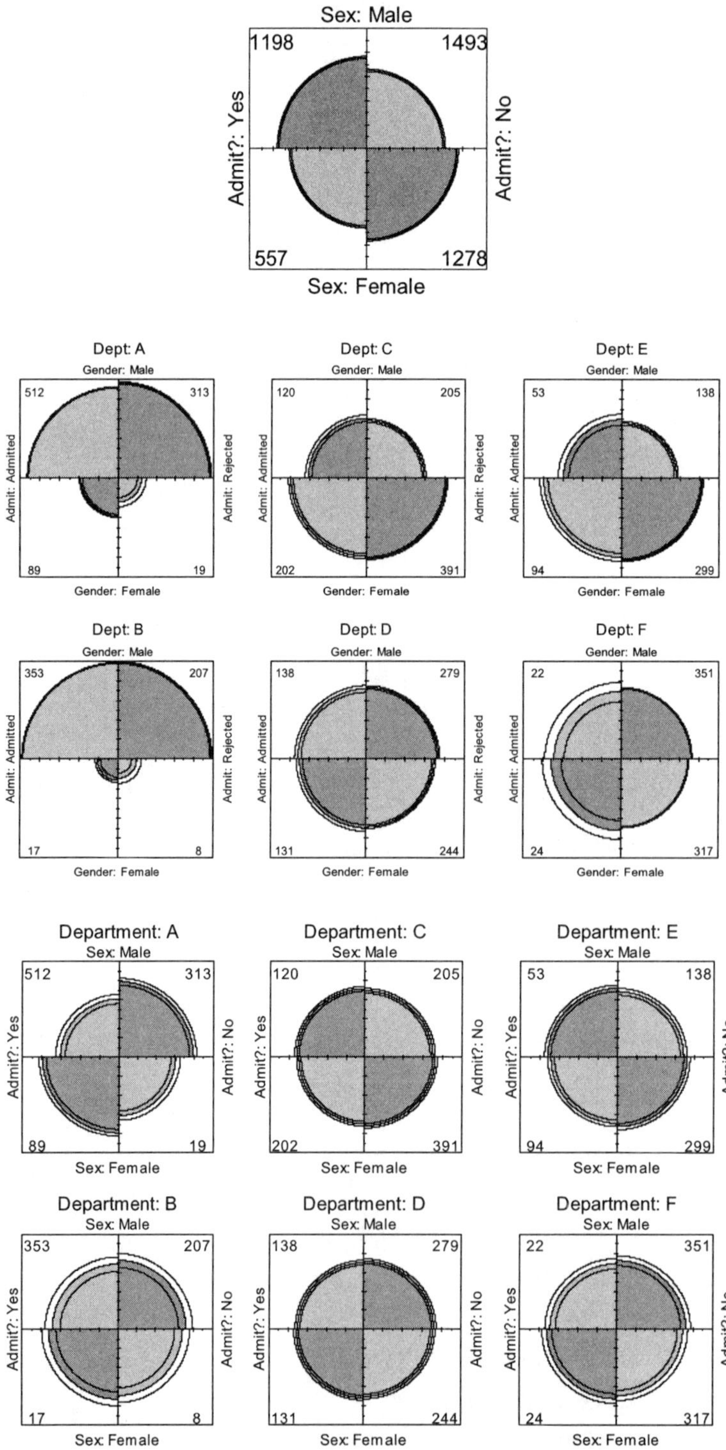

〈그림 9.9〉 fourfoldplot 예

위 예제에서 사용하는 데이터 UCBAdmissions는 버클리대학 입학 자료이다. 위 프로그램에서 fourfoldplot(margin.table(x, c(1,2))은 첫 번째와 두 번째 변수인 Admit?와 Sex에 대하여 표준화된 빈도를 이용하여 그래프를 만든다. <그림 9.9>의 첫 번째 플롯이 이에 해당된다. Department를 무시하고 성별과 입학 여부를 가지고 살펴보면 버클리대학 입학에 있어 성차별이 있었던 것으로 파악할 수 있게 된다. fourfoldplot(x, mfrow=c(2,3))에 의해서는 두 번째 플롯이 제공되었다. Department A와 Department F에서는 남자보다 여자의 입학률이 다소 높음을 알 수 있다. fourfoldplot(x, mfrow=c(2,3), margin=2)에 의해서 <그림 9.9>의 맨 아래 플롯이 작성되었다. margin 인수에서는 주변합계를 동일하게 하고 싶은 벡터를 표시하면 된다. margin=2이므로 성별에 대한 주변합계를 기준으로 표준화시킨 그래프임을 알 수 있다.

다음 예제는 머리카락 색깔과 눈 색상 간의 관련성을 나타내는 assocplot을 살펴보기 위한 프로그램이다. 여기서 assocplot() 함수는 HairEyeColor 데이터에 대하여 변수 Hair와 Eye 간의 연관성 플롯을 작성하도록 한다. <그림 9.10>이 그 결과이다.

```
> x <- margin.table(HairEyeColor, c(1, 2))
> x
       Eye
Hair    Brown Blue Hazel Green
  Black    68   20    15     5
  Brown   119   84    54    29
  Red      26   17    14    14
  Blond     7   94    10    16
> assocplot(x, main = "Relation between hair and eye color")
```

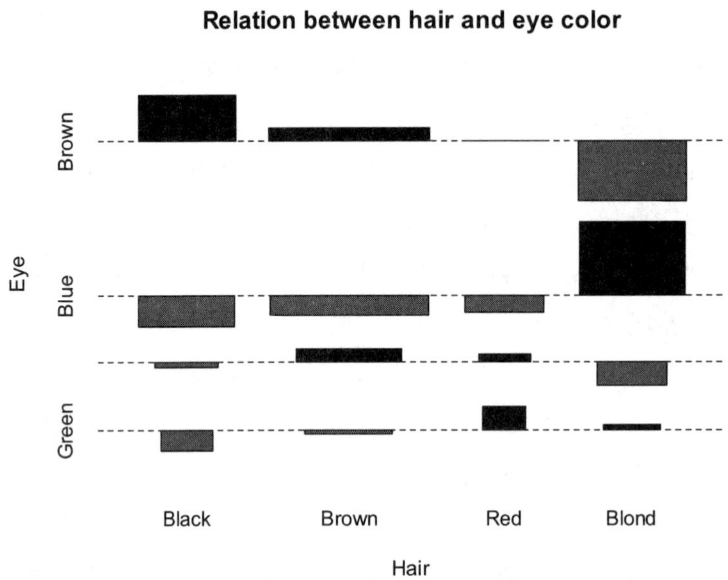

〈그림 9.10〉 머리카락과 눈 색상 간의 관련성을 나타내는 assocplot 예

<그림 9.10>에서 눈의 색상이 Brown인 사람들의 머리카락 색상은 Black이 많으나 Blond 색상의 머리카락을 가진 사람은 반대로 매우 저조함을 알 수 있다. 이와 달리 눈의 색상이 Blue인 사람들은 머리카락 색상이 Blond 색은 많으나 Black, Brown 색을 가진 사람은 적음을 나타낸다.

다음 예제는 mosaicplot, pairs를 사용한 프로그램 예이다. mosaicplot 프로그램은 타이타닉(Titanic) 데이터에 대하여 선실(船室: class)의 등급, 성(Sex), 성인 여부(Age)와 생존 여부 간의 관계를 살펴보기 위한 것으로 <그림 9.11>과 같이 작성된다. 이 플롯은 모든 등급의 선실에서 남자보다는 여자의 생존율이 더 높음을 알려준다. 1등석과 2등석 선실에서의 여자 생존율이 나머지 선실에서의 생존율보다 더 높다. 성인 여자의 생존율은 1등급 선실(1st class)에서 가장 높고 성인 남자들의 생존율은 선실의 등급에 따른 차이는 커 보이지 않지만 1등석에서 높았음을 알 수 있다. pairs() 함수는 붓꽃 데이터에 포함된 변수들 간의 행렬 산점도 작성을 위한 함수로 <그림 9.12>가 그 결과이다.

```
> ftable(Titanic)
                   Survived  No  Yes
Class Sex    Age
1st   Male   Child            0    5
             Adult          118   57
      Female Child            0    1
             Adult            4  140
2nd   Male   Child            0   11
             Adult          154   14
      Female Child            0   13
             Adult           13   80
3rd   Male   Child           35   13
             Adult          387   75
      Female Child           17   14
             Adult           89   76
Crew  Male   Child            0    0
             Adult          670  192
      Female Child            0    0
             Adult            3   20
>
> mosaicplot(Titanic, main = "Survival on the Titanic", color = TRUE)
>
> pairs(iris[1:4], main = "Anderson's Iris Data -- 3 species",
+    pch = 21, bg = c("red", "green3", "blue")[unclass(iris$Species)])
```

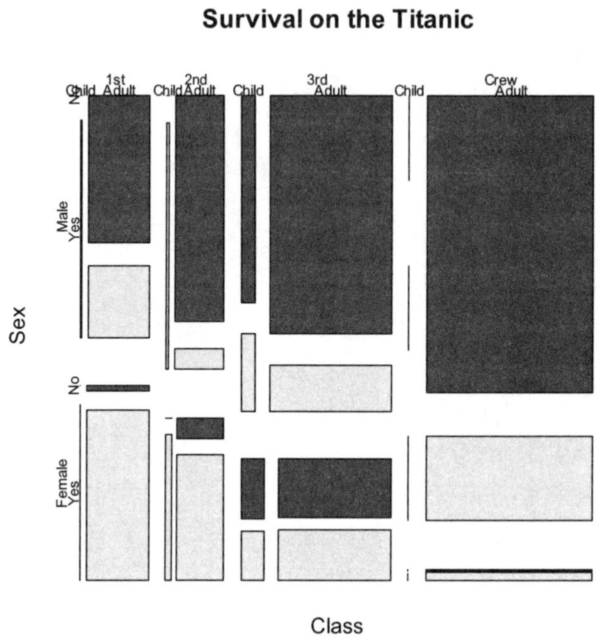

〈그림 9.11〉 mosaic plot 예

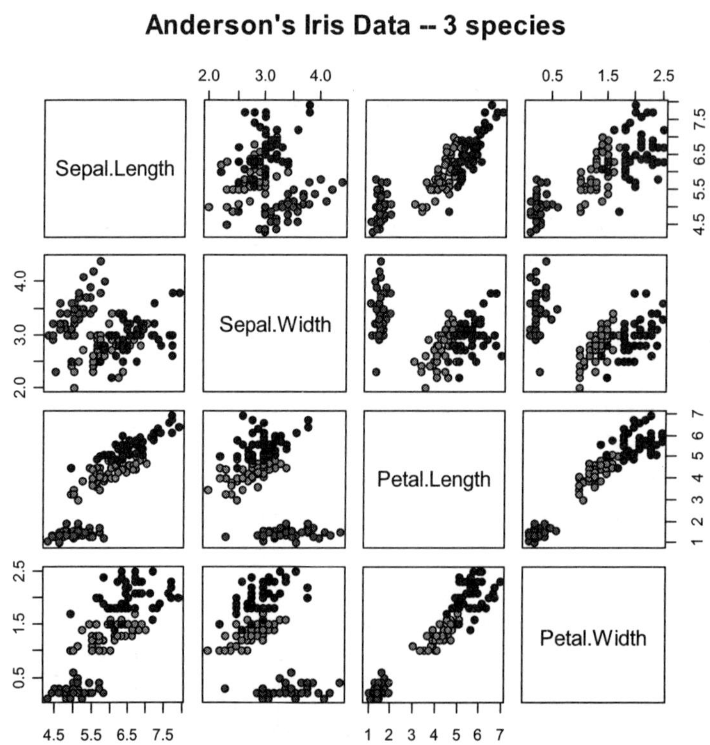

〈그림 9.12〉 pairs 함수를 이용한 행렬 산점도 예

다음 예제는 데이터 islands를 이용하여 각 나라나 대륙에 포함된 섬의 개수를 히스토그램으로 나타낸 것이다. hist() 함수의 실행 결과인 <그림 9.13>의 위쪽 플롯을 보면 대부분의 국가는 소규모의 섬을 가지고 있지만 15000개가 넘는 섬으로 이루어진 곳도 있음을 알 수 있다. qqplot()은 자유도 5인 카이제곱분포로부터 100개의 난수를 발생시킨 후 Q-Q 플롯을 작성하는 것이다. <그림 9.13>의 하단 좌측의 플롯이 이에 해당된다. 하단 우측의 히스토그램은 생성된 난수로 히스토그램을 작성한 후 점선으로 커브를 표시한 결과이다. 왼쪽으로 치우친 분포 양상임을 확인할 수 있다.

```
> par(mfrow=c(2, 2))
> hist(islands, freq=TRUE)
> utils::str(hist(islands, col="gray", labels = TRUE))
List of 7
 $ breaks      : num [1:10] 0 2000 4000 6000 8000 10000 12000 14000 16000
18000
 $ counts      : int [1:9] 41 2 1 1 1 1 0 0 1
 $ intensities: num [1:9] 4.27e-04 2.08e-05 1.04e-05 1.04e-05 1.04e-05 ...
 $ density     : num [1:9] 4.27e-04 2.08e-05 1.04e-05 1.04e-05 1.04e-05 ...
 $ mids        : num [1:9] 1000 3000 5000 7000 9000 11000 13000 15000 17000
 $ xname       : chr "islands"
 $ equidist    : logi TRUE
 - attr(*, "class")= chr "histogram"
> set.seed(14)
> x <- rchisq(100, df = 5)
> qqplot(x, qchisq(ppoints(x), df = 5)); abline(0,1, col = 2, lty = 2)
> hist(x, freq = FALSE, ylim = c(0, 0.2))
>   curve(dchisq(x, df = 5), col = 2, lty = 2, lwd = 2, add = TRUE)
>
```

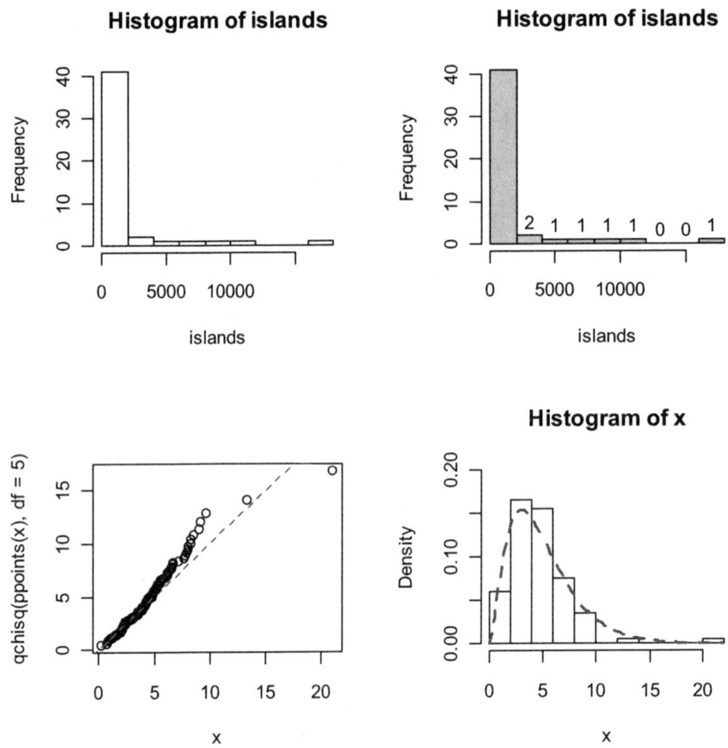

〈그림 9.13〉 histogram, qqplot 예

아래의 프로그램은 막대그래프를 작성한 예제이다. 여기서 barplot은 데이터 VADeaths에 나타난 연령대별(행 범주별) 사망률을 막대를 이용하여 열 범주별로 비교, 탐색할 수 있도록 한다. <그림 9.14>의 barplot을 통해 여자의 사망률은 도시나 농촌이나 별 차이가 없지만 연령대 범주별 남자의 사망률은 도시와 농촌에서 다소 차이가 있음을 알 수 있다.

```
> barplot(VADeaths,
+         col = c("lightblue", "mistyrose", "lightcyan",
+                 "lavender", "cornsilk"),
+         legend = rownames(VADeaths))
> title(main = "Death Rates in Virginia", font.main = 4)
>
```

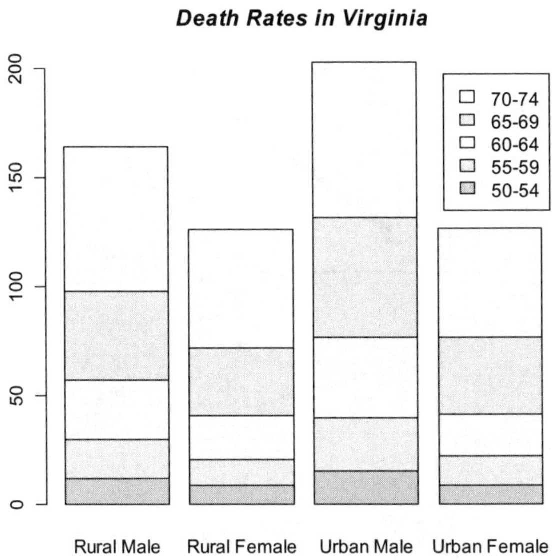

〈그림 9.14〉 barplot 예

다음은 Q-Q 플롯과 등고선 플롯을 작성한 예제 프로그램이다. qqplot(y, rt(200, df=7))은 자유도 7의 t분포에서 난수를 200개 발생시킨 후 이를 가지고 Q-Q 플롯을 작성하도록 하는 것이다. <그림 9.15>의 상단에 있는 플롯이 이에 해당된다. 등고선 플롯은 −6부터 16까지의 숫자를 x로 지정하고 이들 절대값에 대한 제곱근을 z로 지정한 후 그래프를 작성하고 있다. contour() 함수에 의해 그래프가 작성되며 <그림 9.15>의 하단에 제시된 플롯이 이에 해당된다.

```
> par(mfrow = c(2, 2))
> y <- rt(200, df = 7)
> qqnorm(y, main="Q-Q plot");qqline(y, col = 2)
> qqplot(y, rt(200, df = 7), main="Q-Q plot")
>
> x <- -6:16
> contour(outer(x, x), method = "edge", vfont = c("sans serif", "plain")
+         , main="Contour plot")
> z <- outer(x, sqrt(abs(x)), FUN = "/")
> image(x, x, z)
> contour(x, x, z, col = "pink", add = TRUE, method = "edge",
+         vfont = c("sans serif", "plain"))
>
```

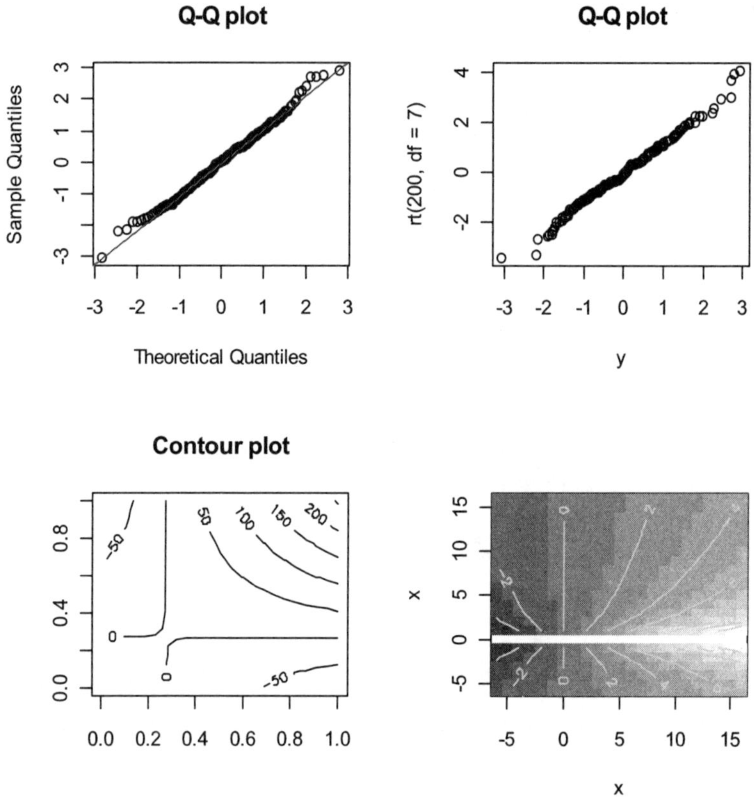

〈그림 9.15〉 qqplot, contour plot 예

아래 예제는 주성분 분석이나 인자 분석 시 작성하는 산비탈그림(scree plot)과 행렬도(biplot) 작성을 위한 프로그램이다. screeplot() 함수를 이용하여 산비탈그림을 작성할 수 있다. 여기서 curve() 함수를 이용하면 선분을 그려 넣을 수도 있다. <그림 9.16>의 산비탈그림을 보라. biplot() 함수는 주성분 분석 후 계산된 주성분 점수들을 이용하여 개체와 변수 플롯을 작성하도록 하고 있다. 이 함수에 의해 <그림 9.17>과 같이 2차원으로 축소된 공간 위에 개체들과 변수들이 함께 표시된다.

```
> pc.cr <- princomp(USArrests, cor = TRUE)
> pc.cr
Call:
princomp(x = USArrests, cor = TRUE)

Standard deviations:
```

```
   Comp.1    Comp.2    Comp.3    Comp.4
1.5748783 0.9948694 0.5971291 0.4164494

 4  variables and  50 observations.
> screeplot(pc.cr, main="Scree plot")
>
> biplot(pc.cr, main="Biplot")
> x <- 1:10
> y <- sort(10*runif(10))
> z <- runif(10)
> z3 <-cbind(z, 2*runif(10), runif(10))
> symbols(x, y, thermometers = z3, inches=FALSE, main="Symbols plot")
>
```

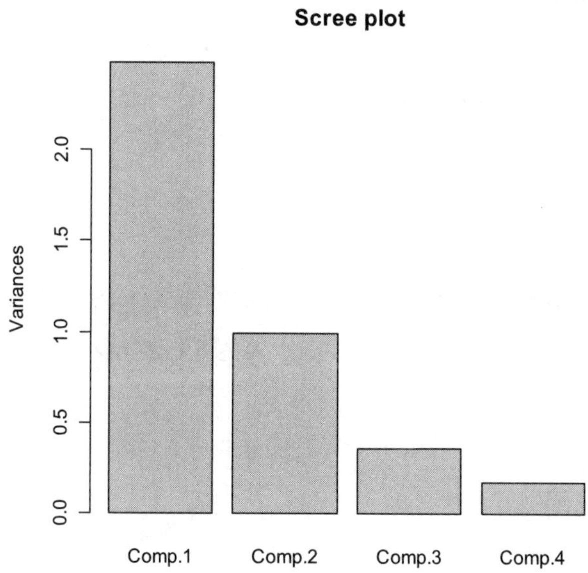

〈그림 9.16〉 scree plot 예

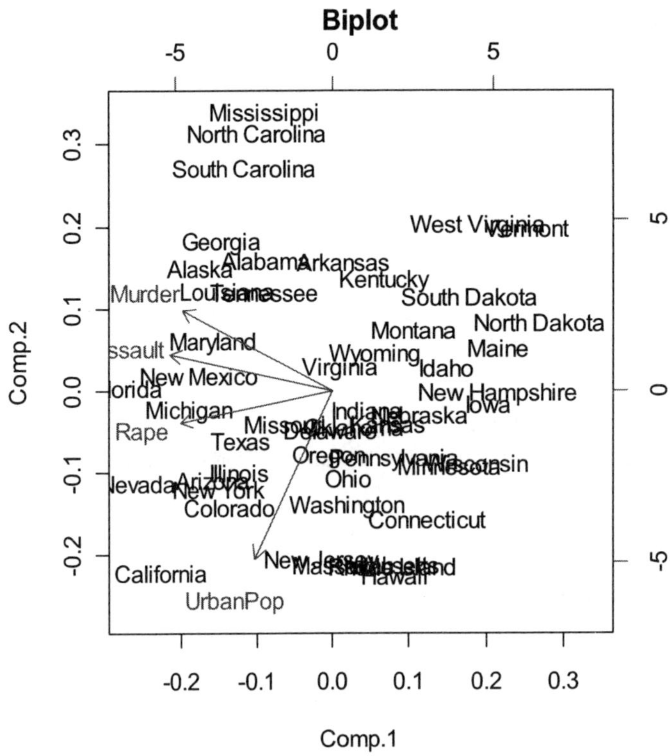

〈그림 9.17〉 biplot 예

이 외에도 그래픽 기능이 매우 뛰어난 다양한 플롯들을 작성할 수 있는 함수들이 R에서 제공되고 있다. 이들에 대한 세부 사항들은 도움말을 참조하도록 하자.

9.4.2 공통 선택 사항(option)

9.4.1의 다양한 그래픽 함수에는 고유의 기능을 수행하고 사용자가 원하는 최적의 출력결과를 얻기 위해 정의할 수 있는 여러 선택 사항들이 있다. 이들에 대한 자세한 내용은 R의 도움말을 참조하기 바라며 이 절에서는 여러 함수에서 공통적으로 사용되는 선택 사항에 대해서만 살펴보도록 하겠다.

- add=FALSE: TRUE이면 이전의 출력 그래프에 겹쳐서 출력한다.
- axes=TRUE: FALSE이면 그래프의 축이나 테두리를 출력하지 않는다.

- type=p: 그래프의 출력 형식을 정의하는 것으로 p(점), l(줄), b(선 위의 점), o(점 위의 선), h(수직 선), s(계단 그림으로 수직선은 데이터의 위치 아래로 표현), S(계단 그림으로 수직선은 데이터의 위치 위로 표현)가 가능하다.
- xlim=, ylim=: x(y)축의 상한과 하한을 정의한다.
- xlab=, ylab=: 문자로 x(y)축의 주석(annotates)을 정의한다.
- main=: 문자로 그래프의 주제목(main title)을 정의한다.
- sub=: 문자로 그래프의 부제목(sub title)을 정의한다.

9.4.3 예제: 정규확률분포 그래프

앞에서 살펴본 그래픽 함수 중 plot()과 hist() 함수를 활용해 정규분포 그래프를 그려보도록 하자. 아래 예제는 −5에서 5 사이의 값을 갖는 x의 표준정규분포의 확률밀도함수 값인 y에 선으로 연결된(type="l") 정규분포 그래프를 작성하고 주제목으로 "Standard Normal Density"을 출력시키는 것이다. 또한 표준정규분포에서 크기 100인 표본을 추출해 표본평균을 구하는 과정을 100회 반복해 생성된 표본평균 데이터의 히스토그램(비율 기준)을 출력한다. 이 히스토그램을 실제 평균 0, 분산 1/n인 정규분포의 확률밀도함수와 비교하기 위해 추가로 tx, ty를 생성한 후 lines() 함수를 통해 확률분포곡선 히스토그램과 함께 출력하였다.

```
> #표준정규분포 작성
> x <- seq(-5,5, by=0.001)
> y <- dnorm(x)
> smean <- rep(1,100)
> for(i in 1:100)  smean[i] <- mean(rnorm(100))
> layout(1:2,2,1)
> plot(x,y, typ="l", main="Standard Normal Density")
> hist(smean, prob=TRUE, main="Hitogram of Sample mean")
> tx <- seq(min(smean), max(smean), length=100)
> ty <- dnorm(x=tx, mean=0, sd=1/10)
> lines(tx, ty)
```

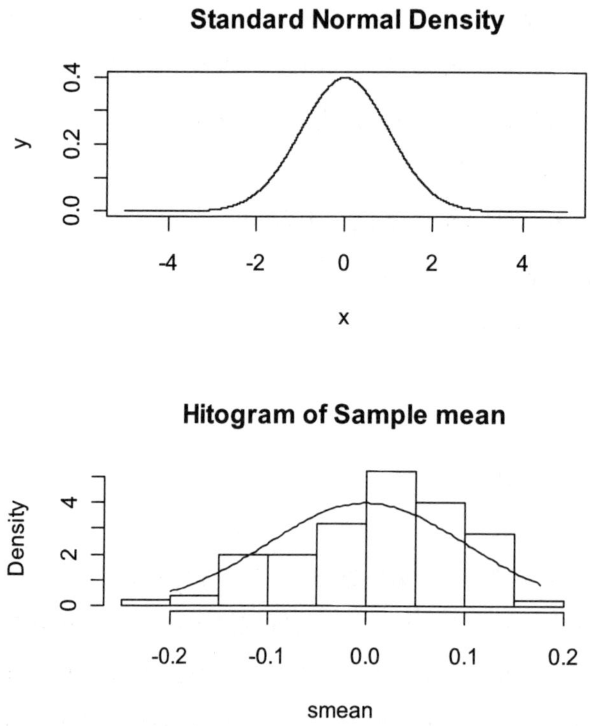

〈그림 9.18〉 표준정규분포 확률밀도함수 예

10장 자료분석을 위한 기초 통계 함수

이 장에서는 자주 활용되는 통계분석 관련 함수들을 살펴본다. R에서 제공되는 예제를 통해 이들 함수들의 사용법을 알아볼 것이다. 가급적 통계적 이론 설명은 생략하고 R 프로그램 사용과 관련된 내용에 초점을 두므로 기초 통계 이론이 필요한 경우는 관련 서적을 참고하기 바란다.

10.1 연속형 변수에 대한 기술통계량

데이터의 기본 윤곽을 파악하기 위해서 가장 많이 사용하는 것은 관측값들의 중심위치와 산포이다. R에서 제공되고 있는 기초통계량 산출을 위한 함수들은 <표 10.1>과 같은 것들이 있다. 행렬 연산으로 직접 계산할 수도 있으나 이미 제공되고 있는 함수들을 효율적으로 다루는 것도 도움이 될 것이다.

〈표 10.1〉 기술통계 관련 함수

함수	내용	함수	내용
ave( ), mean( )	평균	median( )	중위수
var( )	분산	sd( )	표준편차
sum( )	합계	range( )	최소값, 최대값
weighted.mean( )	가중평균	quantile( )	사분위수
min( ), max( )	최소값, 최대값	IQR( )	사분위 범위
summary( ), fivenum( )	다섯수치요약	scale( )	표준화

이들 함수들의 사용법을 살펴보기 위해 R 패키지 ggplot2에 포함되어 있는 데이터 세트 diamonds를 이용하기로 한다. 데이터 diamonds는 53940개의 다이아몬드에 대한 가격, 중량, 색상, 투명도 등 10개 항목에 대한 정보를 담고 있는 데이터 세트이다. 이 데이터에 포함되어 있는 변수들의 특성은 다음과 같다. 괄호 안의 영문은 변수명을 나타낸다.

- 가격(price): 다이아몬드 가격 ($326-$18,823)
- 캐럿(carat): 다이아몬드 중량 (0.2-5.01)
- 연마(cut): 컷의 품질(quality)
  [범주: Fair, Good, Very Good, Premium, Ideal]
- 색상(colour): 다이아몬드 색상
  [범주: J(최하)부터 D(최상)까지]

- 투명도(clarity): 다이아몬드의 투명 정도
  [(범주: I1(최하), SI1, SI2, VS1, VS2, VVS1, VVS2, IF(최상)]
- 길이(x): 다이아몬드 길이(mm) (0-10.74)
- 넓이(y): 다이아몬드 넓이(mm) (0-58.9)
- 깊이(z): 보석의 큐렛(culet)에서 가장 큰 면인 테이블(table)까지 측정한 높이 (mm) (0-31.8)

  depth. total depth percentage : z / mean(x, y) = 2 * z / (x + y) (43-79)

  table. width of top of diamond relative to widest point (43-95)

아래 프로그램은 다이아몬드 가격에 대하여 평균, 중위수, 표준편차, 분산, 최소값, 최대값, 4분위수, 다섯숫자요약 등을 구한 것이다. 패키지 epicalc를 설치한 후 summ() 함수를 이용하면 변수별로 잘 요약된 기초통계량 테이블이 출력된다.

```
> library(ggplot2)
  > summary(diamonds)
    carat          cut                 color        clarity       depth
 Min.   :0.200   Fair      : 1610   D:  6775    SI1 : 13065   Min.    :43.00
 1st Qu.:0.400   Good      : 4906   E:  9797    VS2 : 12258   1st Qu. :61.00
 Median :0.700   Very Good :12082   F:  9542    SI2 : 9194    Median  :61.80
 Mean   :0.798   Premium   :13791   G: 11292    VS1 : 8171    Mean    :61.75
 3rd Qu.:1.040   Ideal     :21551   H:  8304    VVS2: 5066    3rd Qu .:62.50
 Max.   :5.010                      I:  5422    VVS1: 3655    Max.    :79.00
                                    J:  2808    (Other):2531

     table          price             x                 y
 Min.   :43.00   Min.   :  326    Min.   : 0.000    Min.   : 0.000
 1st Qu.:56.00   1st Qu.:  950    1st Qu.: 4.710    1st Qu.: 4.720
 Median :57.00   Median : 2401    Median : 5.700    Median : 5.710
 Mean   :57.46   Mean   : 3933    Mean   : 5.731    Mean   : 5.735
 3rd Qu.:59.00   3rd Qu.: 5324    3rd Qu.: 6.540    3rd Qu.: 6.540
 Max.   :95.00   Max.   :18823    Max.   :10.740    Max.   :58.900

        z
 Min.   : 0.000
```

```
 1st Qu.: 2.910
 Median : 3.530
 Mean   : 3.539
 3rd Qu.: 4.040
 Max.   :31.800

> attach(diamonds)
> mean(price)
[1] 3932.8
> median(price)
[1] 2401
> sd(price)
[1] 3989.44
> var(price)
[1] 15915629
> min(price)
[1] 326
> max(price)
[1] 18823
> quantile(price)
      0%      25%      50%      75%     100%
  326.00   950.00  2401.00  5324.25 18823.00
> fivenum(price)
[1]   326.0   950.0  2401.0  5324.5 18823.0
> IQR(price)
[1] 4374.25
> library(epicalc)
> summ(diamonds)

No. of observations = 53940

   Var. name obs.    mean     median  s.d.     min.    max.
1  carat     53940   0.8      0.7     0.47     0.2     5.01
2  cut       53940   3.904    4       1.117    1       5
3  color     53940   3.594    4       1.701    1       7
4  clarity   53940   4.051    4       1.647    1       8
5  depth     53940   61.75    61.8    1.43     43      79
```

```
6  table    53940    57.46    57      2.23     43     95
7  price    53940    3932.8   2401    3989.4   326    18823
8  x        53940    5.73     5.7     1.12     0      10.74
9  y        53940    5.73     5.71    1.14     0      58.9
10 z        53940    3.54     3.53    0.71     0      31.8
```

만약 어떤 변수 x에 대하여 가중치 wt를 고려한 가중평균(weighted mean)을 계산하고 싶을 경우에는 다음과 같이 weighted.mean() 함수를 사용할 수 있다.

```
> wt <- c(5,  5,  4,  1)/15
> x <- c(3.7, 3.3, 3.5, 2.8)
> xm <- weighted.mean(x,wt)
> xm
[1] 3.453333
```

10.2 범주형 변수에 대한 분할표 작성

양적 데이터의 경우 <표 10.1>에서 제공되는 R 함수들을 이용하여 기본적인 윤곽을 파악할 수 있게 되지만 질적으로 관측된 데이터의 경우에는 적당하지 않다. 만약 데이터가 범주형으로 관측된 경우에는 도수분포표를 작성하고 상대빈도 등을 계산하여 데이터의 기본적인 특징을 파악해야 한다.

질적 자료에 대하여 분할표를 만드는 데 사용되는 함수가 table(), ftable()이다. 다음 예제를 통해 이들 함수의 사용법을 살펴보도록 하자.

```
> # color와 cut에 대한 이원분할표 작성
> table(color, cut)
      cut
color  Fair   Good   Very Good   Premium   Ideal
    D  163    662     1513        1603     2834
    E  224    933     2400        2337     3903
```

```
  F   312     909      2164         2331     3826
  G   314     871      2299         2924     4884
  H   303     702      1824         2360     3115
  I   175     522      1204         1428     2093
  J   119     307       678          808      896
>
> # price와 color에 대한 이원분할표 작성
>   with(diamonds, table(cut(price, quantile(price)), color))
                          color
                            D     E     F     G     H     I     J
  (326,950]               1878  2788  2268  2917  2023  1184   430
  (950,2.4e+03]           2047  2984  2642  2962  1448   888   524
  (2.4e+03,5.32e+03]      1698  2471  2520  2227  2308  1459   787
  (5.32e+03,1.88e+04]     1152  1552  2112  3186  2525  1891  1067
>
> # cut, color, clarity에 대한 삼원분할표 작성
>   table(cut, color, clarity)
, , clarity = I1

            color
cut           D     E     F     G     H     I     J
  Fair        4     9     35    53    52    34    23
  Good        8     23    19    19    14    9     4
  Very Good   5     22    13    16    12    8     8
  Premium     12    30    34    46    46    24    13
  Ideal       13    18    42    16    38    17    2

, , clarity = SI2

            color
cut           D     E     F     G     H     I     J
  Fair        56    78    89    80    91    45    27
  Good        223   202   201   163   158   81    53
  Very Good   314   445   343   327   343   200   128
  Premium     421   519   523   492   521   312   161
  Ideal       356   469   453   486   450   274   110
(중략)
```

```
, , clarity = IF

           color
cut         D    E    F    G    H    I    J
  Fair      3    0    4    2    0    0    0
  Good      9    9   15   22    4    6    6
  Very Good 23   43   67   79   29   19    8
  Premium   10   27   31   87   40   23   12
  Ideal     28   79  268  491  226   95   25
>
> # diamonds데이터를 이용한 삼원분할표 작성에서의 변수 순서 변경 예
>   f1 <- ftable(diamonds[c("cut", "color", "clarity")])
>   f1
         clarity I1  SI2  SI1  VS2  VS1 VVS2 VVS1  IF
cut      color
Fair      D       4   56   58   25    5    9    3    3
          E       9   78   65   42   14   13    3    0
          F      35   89   83   53   33   10    5    4
          G      53   80   69   45   45   17    3    2
          H      52   91   75   41   32   11    1    0
          I      34   45   30   32   25    8    1    0
          J      23   27   28   23   16    1    1    0
Good      D       8  223  237  104   43   25   13    9
          E      23  202  355  160   89   52   43    9
          F      19  201  273  184  132   50   35   15
          G      19  163  207  192  152   75   41   22
          H      14  158  235  138   77   45   31    4
          I       9   81  165  110  103   26   22    6
          J       4   53   88   90   52   13    1    6
Very Good D       5  314  494  309  175  141   52   23
          E      22  445  626  503  293  298  170   43
          F      13  343  559  466  293  249  174   67
          G      16  327  474  479  432  302  190   79
          H      12  343  547  376  257  145  115   29
          I       8  200  358  274  205   71   69   19
          J       8  128  182  184  120   29   19    8
Premium   D      12  421  556  339  131   94   40   10
```

```
           E    30      519    614    629    292    121    105    27
           F    34      523    608    619    290    146    80     31
           G    46      492    566    721    566    275    171    87
           H    46      521    655    532    336    118    112    40
           I    24      312    367    315    221    82     84     23
           J    13      161    209    202    153    34     24     12
Ideal      D    13      356    738    920    351    284    144    28
           E    18      469    766    1136   593    507    335    79
           F    42      453    608    879    616    520    440    268
           G    16      486    660    910    953    774    594    491
           H    38      450    763    556    467    289    326    226
           I    17      274    504    438    408    178    179    95
           J    2       110    243    232    201    54     29     25
>
> mtcars
                    mpg  cyl  disp  hp   drat  wt    qsec  vs  am gear carb
Mazda RX4           21.0  6  160.0 110  3.90 2.620 16.46  0   1   4    4
Mazda RX4 Wag       21.0  6  160.0 110  3.90 2.875 17.02  0   1   4    4
Datsun 710          22.8  4  108.0 93   3.85 2.320 18.61  1   1   4    1
Hornet 4 Drive      21.4  6  258.0 110  3.08 3.215 19.44  1   0   3    1
Hornet Sportabout   18.7  8  360.0 175  3.15 3.440 17.02  0   0   3    2
Valiant             18.1  6  225.0 105  2.76 3.460 20.22  1   0   3    1
Duster 360          14.3  8  360.0 245  3.21 3.570 15.84  0   0   3    4
(중략)
> # mtcars 데이터의 변수 vs, am, gear에 대한 삼원분할표 작성 예
> ftable(mtcars$vs, mtcars$am, mtcars$gear, row.vars=c(1,2),
+        dnn=c("vs", "am", "gear"))
      gear  3  4  5
vs am
0  0       12  0  0
   1        0  2  4
1  0        3  4  0
   1        0  6  1
```

앞에서 사용한 데이터 diamonds에서 범주형 변수 color와 cut의 이원분할표를 작성하기 위해서는 table(color, cut)를 실행시켜야 한다. 그 결과 7×5 크기의 분할표가 작성됨을 볼 수 있다. 연속형 변수의 경우 일정한 범주로 나누어 범주형 변수로 만든

후 분할표를 작성해야 한다. price와 color에 대한 분할표 작성 프로그램에서 price에 대해서는 4등분으로 나뉜 데이터가 이용되고 있음을 알 수 있다. table() 안에서 사용된 함수 cut()은 3.1절에서 이미 설명한 바와 같이 보통 cut(x, breaks)와 같이 x의 일정 범주를 breaks에서 지정한 기준으로 범주화시키게 되다. 여기서는 break=quantile(price)와 같이 사용하고 있기 때문에 최소값이 첫 번째 범주의 하한값으로 표현되었고, 그 다음 범주의 하한값은 price의 25% 분위수로 표현되었음을 알 수 있다.

table(cut, color, clarity)에 의해서는 삼원분할표가 작성되었다. 다이아몬드의 투명도(clarity)의 수준별로 cut과 colot에 대한 이원분할표가 작성되고 있다.

변수의 입력 순서를 바꾸어서 작성하고 있는 ftable() 결과와 table() 결과를 비교해 보자. 다차원 분할표를 재구성하는 ftable()은 결과에서 알 수 있듯이 변수들의 범주 조합별로 펼쳐진 분할표를 작성하고 있음을 알 수 있다.

한편 mtcars 데이터에 대해서는 행 변수와 열 변수 지정을 위에 설명한 것과 다르게 하고 있음을 주의 깊게 살펴보기 바란다. 이에 대한 자세한 사항은 도움말을 살펴보도록 한다.

위 프로그램에서 사용한 table()과 ftable() 함수의 사용 문법은 <표 10.2>, <표 10.3>과 같다.

〈표 10.2〉 table() 사용 문법

```
table(x..., exclude = c(NA, NaN), dnn = list.names(...), deparse.level = 1)
```

여기서

x,...:	범주형(factor) 객체나 리스트(list) 객체
exclude =:	분할표 구성에서 제외되는 범주값 표시
dnn =:	결과 테이블에서 출력하게 되는 차원 이름
deparse.level =:	1이면 2차원 분할표 구성 시 변수명을 출력하지 않으며, 2이면 2차원 분할표를 구성하는 변수명을 출력하게 된다.

〈표 10.3〉 ftable() 사용 문법

```
ftable(x..., exclude = c(NA, NaN), row.vars = NULL, col.vars = NULL)
여기서
          x,...: 범주형(factor) 객체나 리스트(list) 객체
     exclude =: 범주로 분석되지 않게 되는 범주값 표시
    row.vars =: 분할표를 재구성할 때 사용될 행 변수 나열
    col.vars =: 분할표를 재구성할 때 사용될 열 변수 나열
```

한편 재구축된 분할표에 대하여 행 백분율 혹은 열 백분율 등을 쉽게 계산하려면 catspec 패키지를 설치하면 된다. 아래 예제는 catspec 패키지의 ctab함수를 이용하여 행백분율을 계산한 결과를 보여주고 있다.

```
> library(catspec)
> table2 <- ftable(Titanic, row.vars=c(1,3), type="r")
> ctab(table2, type="r")
        Sex                Male           Female
        Survived        No      Yes     No      Yes
Class   Age
1st     Child           0.00    100.00  0.00    100.00
        Adult           67.43   32.57   2.78    97.22
2nd     Child           0.00    100.00  0.00    100.00
        Adult           91.67   8.33    13.98   86.02
3rd     Child           72.92   27.08   54.84   45.16
        Adult           83.77   16.23   53.94   46.06
Crew    Child           NaN     NaN     NaN     NaN
        Adult           77.73   22.27   13.04   86.96
```

위 프로그램에서 ctab() 함수를 이용한 결과는 Sex 수준별로 백분율을 계산했음을 알 수 있다. 동일 데이터에 대하여 행이나 열 백분율을 구해주는 prop.table() 함수를 사용하면 아래 프로그램에서와 같이 Sex의 수준별로 계산되지 않으니 사용할 때 주의가 필요하다. prop.table()에서 숫자 1은 행 백분율을 계산하도록 하는 옵션이다. 2로 지정하면 열 백분율이 계산된다.

```
> table3 <- prop.table(table2,1)
> round(table3, digits = 3)
       Sex              Male            Female
       Survived         No      Yes     No      Yes
Class  Age
1st    Child            0.000   0.833   0.000   0.167
       Adult            0.370   0.179   0.013   0.439
2nd    Child            0.000   0.458   0.000   0.542
       Adult            0.590   0.054   0.050   0.307
3rd    Child            0.443   0.165   0.215   0.177
       Adult            0.617   0.120   0.142   0.121
Crew   Child            NaN     NaN     NaN     NaN
       Adult            0.757   0.217   0.003   0.023
```

10.3 확률분포함수

R에서 제공되는 분포 관련 함수로는 <표 10.4>에서 볼 수 있듯이 이탤릭체로 표시된 *d*(pdf 이용), *p*(cdf 이용), *q*(quantile 제공), *r*(해당 분포로부터 난수 생성)로 시작하는 4가지 종류가 있다. 이들 4가지 분포함수들에 대해서 t분포 관련 함수를 예로 살펴보자. t분포에 관한 것은 <표 10.4>에서처럼 4가지 문자 *d*, *p*, *q*, *r* 뒤에 't'를 붙여 각 함수를 나타낸다. 만약 정규분포에 관한 것이라면 '*d*norm, *p*norm, *q*norm, *r*norm'와 같이 표시할 수 있다. 각 분포마다 옵션들이 약간씩 다르므로 도움말을 참조하는 것이 좋다.

〈표 10.4〉 분포 관련 함수들

```
dt(x, df, ncp = 0, log = FALSE)
pt(q, df, ncp = 0, lower.tail = TRUE, log.p = FALSE)
qt(p, df,          lower.tail = TRUE, log.p = FALSE)
rt(n, df)
```

여기서

x, q:	분위수(quantiles) 벡터
p:	확률 벡터
n:	관측 개수
df:	자유도 (〉 0,). 'df = Inf'도 가능.
ncp:	비중심모수(noncentral parameter)
log, log.p:	만약 TRUE 이면 확률 p는 log(p)로 주어짐.
lower.tail:	만약 TRUE(디폴트)이면 확률은 P[X 〈= x]임, 그렇지 않으면, P[X 〉 x].

다음은 표준정규분포에서의 확률 계산과 표준화값을 계산한 예제 프로그램이다. 표준정규분포에서 검증 시 많이 활용되는 유의수준에 따른 표준화 값 z를 살펴보도록 하자. $1-\alpha$값을 qnorm에서의 p값으로 0.975, 0.95, 0.90을 입력하면 그에 대한 표준정규분포에서의 표준화 값인 1.960, 1.645, 1.282를 출력시킨다. <그림 10.1>은 표준화 값 −3부터 3까지 이에 해당되는 확률을 평균 0, 분산 1인 표준정규분포로부터 계산하여 그래프로 나타낸 결과이다. 평균 0을 중심으로 좌우대칭 되어 있는 표준정규분포임을 확인할 수 있다.

```
> z0 <- qnorm(p=c(.975, 0.950, 0.90), mean=0, sd=1)
> z0
[1] 1.959964 1.644854 1.281552
> round(z0, digit=3)          #소수점 셋째 자리에서 반올림
[1] 1.960 1.645 1.282
> p0 <- pnorm(q=c(-1.28, -1.64, -1.95), mean=0, sd=1, lower.tail=FALSE)
> p0
[1] 0.8997274 0.9494974 0.9744119
> round(p0, digit=4)
```

```
[1] 0.8997 0.9495 0.9744          #소수점 넷째 자리에서 반올림
>
> op <- par(yaxs="i")               #표준정규분포 작성
> plot(function(x) dnorm(x, mean=0, sd=1), -3, 3, ylim=c(0, 0.5), main="Normal
+ Distribution N(0,1)")
> par(op)
```

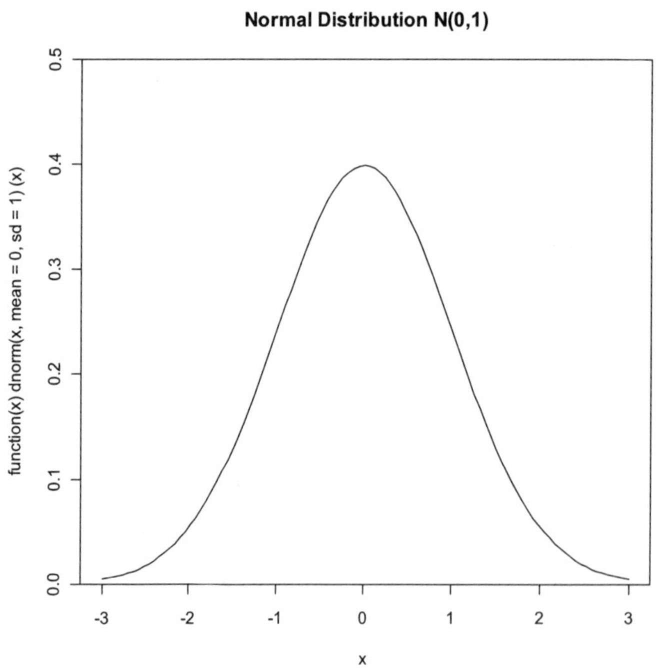

〈그림 10.1〉 표준정규분포

이탤릭체 '*d*, *p*, *q*, *r*' 뒤에 붙는 주요 분포 관련 함수명은 다음과 같다.

- 이산형분포: binom(이항분포), multinom(다항분포), pois(포아송분포), geom(기하분포), multinom(초기하분포).
- 연속형 분포: norm(정규분포), t(t분포), f(F분포), chisq(카이제곱분포), exp(지수분포) 등

아래의 프로그램은 dchisq() 함수를 이용하여 자유도에 따른 카이제곱분포의 변화를 살펴볼 수 있는 예이다. 자유도 5와 자유도 10에서의 카이제곱분포 형태를 <그림 10.2>를 통해 비교해 볼 수 있다. 각 분포별 세부 옵션은 도움말을 참조하기 바란다.

```
> x <- rchisq(100, 5)
> hist(x, prob=TRUE, ylim=c(0,0.20), main="Chi-Square Distribution (df=5)")
> curve(dchisq(x, df=5), col='green', add=TRUE)
>
> x <- rchisq(100, 10)
> hist(x, prob=TRUE, ylim=c(0,0.10), main="Chi-Square Distribution (df=10)")
> curve( dchisq(x, df=10), col='red', add=TRUE )
```

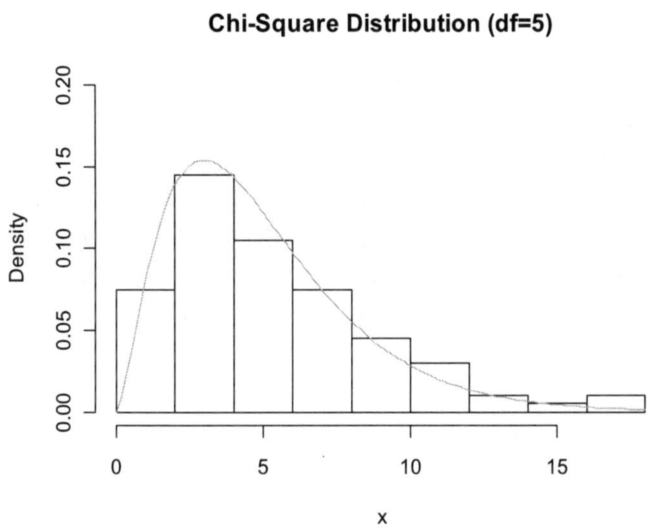

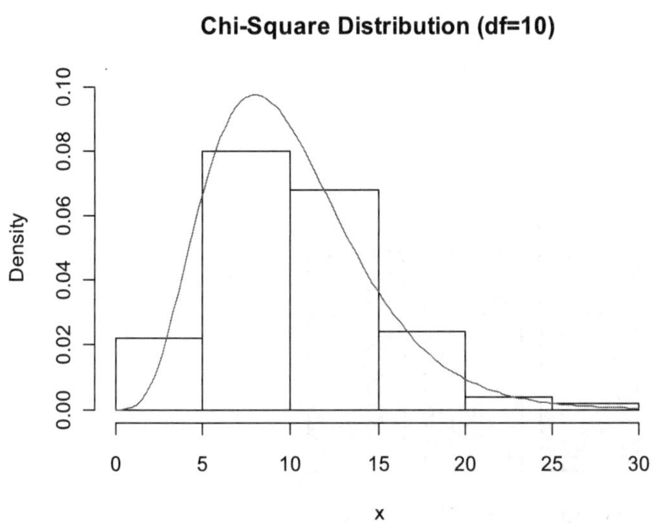

〈그림 10.2〉 카이제곱분포의 비교

균일분포에서의 난수 생성은 아래 프로그램에서처럼 runif() 함수를 통해 가능하다. set.seed()는 난수 발생 시 초기값을 설정하는 함수이다. runif(100, min=0, max=100)에 의해 확률밀도함수가 1/100인 균일분포로부터 난수 100개가 생성된다. 이때 round() 함수를 이용해서 빈도 계산을 용이하도록 하였다. 범위를 20으로 하여 5개의 구간으로 나눈 후 막대그래프를 작성하였다. <그림 10.3>이 그 결과이다. 모든 범주에서 대체적으로 균일하게 생성되었음을 알 수 있다.

```
> set.seed(2010)
> rtable <- round(runif(100, min=0, max=100))
> rtable
  [1]  30  53  50  26  84  95  58   4  42   3  93  92  29  57   6  42  74  24
 [19]  73  99  83 100  91  47  49  24  26  95  61  15  97  74   1   4   6  49
 [37]  76  73  99  22  64  56  80  91  18  10  38  92  59  63  56  24  92  27
 [55]  20   4  98  64  80  64  47  27  52  39  49  54  38  20  58  82  91  14
 [73]  34   5  77  46  45  87  82  73  96  64  40  26  76  51  66  17  81  75
 [91]  82  33   9   0  18  20  39  16  90  59
> breaks <-seq(0,100,20)
> output <- table(cut(rtable, breaks))
> output

  (0,20]  (20,40]  (40,60]  (60,80] (80,100]
      19       18       21       18       23
> barplot(output, ylim=c(0,25), col="gray")
```

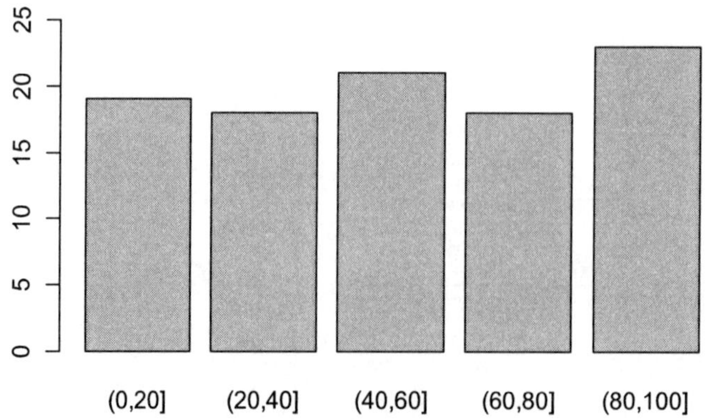

〈그림 10.3〉 균일분포에서 난수 생성 후 작성한 barplot

이번에는 1에서 5까지의 숫자에서 복원추출을 하여 크기가 100인 표본을 임의 생성시킨 후 평균을 구해보자. 이러한 작업을 100번 반복한 후 표본평균들의 분포를 히스토그램으로 나타낸 것이 <그림 10.4>이다. 1에서 5까지 숫자 중 평균은 3이므로 표본크기를 100으로 하여 100번 계산된 표본평균들의 중심은 분명 3에 가까이 위치하게 될 것이다. <그림 10.4>의 히스토그램에서 표본평균들이 평균 3을 중심으로 가까이 밀집되어 있음을 알 수 있다. 아래 프로그램에서 sample()은 주어진 데이터에서 랜덤하게 표본을 뽑는 데 사용될 수 있다.

```
> xmean <- numeric(0)
>  for (i in 1:100) {
+  x <- sample(1:5, 100, replace=TRUE)
+  xmean[i] <- mean(x) }
>  xmean
  [1] 3.16 3.11 3.26 2.90 3.00 3.15 3.00 3.01 2.81 3.15 2.97 2.88 3.07 3.18
 [15] 3.20 3.00 3.02 3.09 3.15 3.03 3.18 2.86 3.27 3.09 3.13 3.15 2.86 3.15
 [29] 2.98 2.87 3.09 3.11 2.87 3.01 3.17 3.26 2.77 3.06 3.02 3.19 2.99 3.01
 [43] 3.12 2.73 3.04 3.40 3.01 2.98 3.28 3.07 2.88 3.04 2.98 3.11 3.03 3.25
 [57] 3.08 3.12 3.11 3.15 3.15 3.00 2.91 2.98 3.03 3.20 3.01 2.98 3.17 2.88
 [71] 3.29 2.89 3.02 3.05 3.20 3.14 2.92 3.19 2.81 3.09 2.97 2.82 3.12 2.90
 [85] 2.83 2.66 2.94 3.08 2.85 3.01 2.94 3.19 3.05 3.17 3.04 3.04 3.18 3.00
 [99] 3.01 3.11
> hist(xmean, ylim=c(0,30), main="Histogram")
```

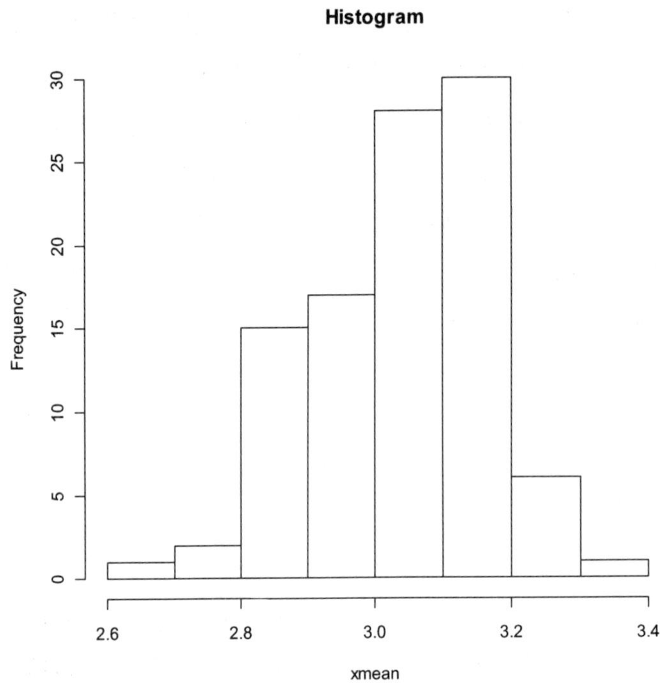

〈그림 10.4〉 표본평균들에 대한 히스토그램

10.4 주요 가설검증 함수

본 절에서는 모평균, 모비율, 모분산, 모상관계수에 대한 가설검증 관련 R 함수들을 살펴보기로 한다. 이들 함수들 중 일부는 단일 표본, 서로 독립인 이표본(혹은 k표본), 대응표본에 대한 것으로 나누어 살펴볼 수 있다. 또 표본의 크기가 매우 작을 경우에는 균형된 분포라는 가정을 전제로 비모수적 검증 방법을 사용할 수도 있겠다.

R에서 사용되는 주요 함수들을 나열해보면 다음과 같다.

- t.test(t-검증), wilcox.test(윌콕슨 검증)
- prop.test(비율검증), binom.test(이항검증)
- cor.test (상관계수 검증)

- var.test(분산검증), bartlett.test(바틀렛 검증)
- kruskal.test(크루스칼-왈리스 검증)

R에서 제공하고 있는 예제를 통해 이들 함수들의 사용 방법을 간략히 살펴보도록 하자.

10.4.1 t.test, wilcox.test, var.test, cor.test 함수

아래 예제는 단일 모집단에 대한 모평균 검증 예이다. scan() 함수를 이용해 변수 effect의 값을 입력한 후 effect의 모평균이 0인지를 양측검증하고 있다. 모평균이 0인지를 검증하기 위해 mu=0를 설정하였고 양측대립가설에 대한 검증 결과를 얻기 위해 alternative="two.sided" 옵션을 이용하였다. 출력결과에서 p-value=0.1384이므로 모평균이 0이라는 귀무가설을 기각하지 못한다.

```
> effect <- scan()
1: 0.7 0.3 1.5 -0.9 0.8 2.3 0.6 1.3 -0.1 -1.1
11:
Read 10 items
> t.test(effect, alternative="two.sided", mu=0)

        One Sample t-test

data:  effect
t = 1.6262, df = 9, p-value = 0.1384
alternative hypothesis: true mean is not equal to 0
95 percent confidence interval:
 -0.2111815  1.2911815
sample estimates:
mean of x
     0.54
```

이제 effect를 관측했던 그룹과 다른 그룹에 대해 마찬가지로 effect를 측정하여 그 변수를 effect2로 놓자. 그리고 두 독립집단의 모평균이 동일한지를 살펴보도록 하자. 이 경우, 독립된 두 모집단의 평균에 대한 t검증을 하게 되는데 사전에 두 모집단의 분산이 동일한지 여부를 먼저 확인해야 한다.

아래 프로그램은 var.test() 함수를 이용하여 두 모집단의 모분산이 동일한지를 F검증한 결과이다. F통계량 값이 1.2228이고 유의확률은 0.7694로 5% 유의수준에서 두 모분산이 다르다고 볼 수 없다는 결론을 내린다. var.test() 사용 문법은 <표 10.5>와 같다.

```
> effect2 <- scan()
1: 0.5 -0.2 0.8 1.1 0.3 1.7 -0.2 -1.4 1.7 0.9
11:
Read 10 items
> var.test(effect, effect2)

        F test to compare two variances

data:  effect and effect2
F = 1.2228, num df = 9, denom df = 9, p-value = 0.7694
alternative hypothesis: true ratio of variances is not equal to 1
95 percent confidence interval:
 0.3037187 4.9228642
sample estimates:
ratio of variances
          1.222770
```

〈표 10.5〉 var.test() 사용 문법

```
var.test(x, y, ratio = 1,
         alternative = c("two.sided", "less", "greater"),
         conf.level = 0.95, ...)
```

여기서

x, y: 수치형 벡터

ratio =: 귀무가설에서의 모분산비 표시

alternative =: 가설검증 유형(양측검증/단측검증) 표시

conf.level =: 신뢰구간 계산 시 적용될 신뢰수준 표시

두 모집단의 모분산이 동일하므로 두 모평균이 동일한지를 t검증 해보자. 이를 위해서는 그룹 변수가 필요하다. 따라서 effect 변수와 group 변수를 이용해서 데이터를 다음 프로그램에서처럼 바꾼 후 t검증을 한다. 이때 두 모집단의 모분산이 동일하므로 var.equal=TRUE 옵션을 사용한다. 즉,

t.test(extra ~group, data=sleep, var.equl=TRUE).

```
> d1 <- data.frame(cbind(group=1, effect))
> d1
   group effect
1       1    0.7
2       1    0.3
3       1    1.5
4       1   -0.9
5       1    0.8
6       1    2.3
7       1    0.6
8       1    1.3
9       1   -0.1
10    1   -1.1
> d2 <- data.frame(cbind(group=2, effect2))
> d2
   group effect2
1       2     0.5
2       2    -0.2
3       2     0.8
4       2     1.1
5       2     0.3
6       2     1.7
7       2    -0.2
8       2    -1.4
9       2     1.7
10    2     0.9
> names(d2) <- c("group", "effect")
> d12 <- rbind(d1,d2)
> t.test(effect ~ group, data=d12, var.equal=TRUE)
```

```
        Two Sample t-test

data:  effect by group
t = 0.0447, df = 18, p-value = 0.9649
alternative hypothesis: true difference in means is not equal to 0
95 percent confidence interval:
 -0.9206043  0.9606043
sample estimates:
mean in group 1 mean in group 2
           0.54            0.52
> plot(effect ~ as.factor(group), data=d12)
```

위 결과에서 group 1의 평균은 0.54이고 group 2의 평균은 0.52로 5% 유의수준에서 두 그룹 간 모평균 차가 통계적으로 유의하지 않음을 알 수 있다. 이는 plot()에 의해 작성된 <그림 10.5>의 상자그림에서도 짐작할 수 있다.

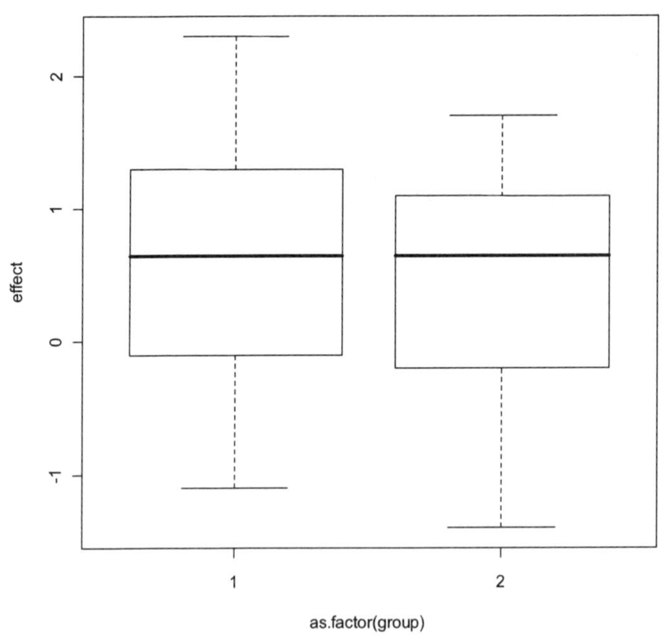

〈그림 10.5〉 **독립된 두 집단의 effect에 대한 상자그림**

한편 표본크기가 작고 정규분포를 따르지 않을 경우, 분포가 대칭적이라는 가정하에 비모수 검증을 한다. 단일 표본에 대한 윌콕슨의 부호화 순위 검증(Wilcoxon's signed rank test)은 다음과 같이 사용될 수 있다.

```
> x <- c(1.83,  0.50,  1.62,  2.48, 1.68, 1.88, 1.55, 3.06, 1.30)
> y <- c(0.878, 0.647, 0.598, 2.05, 1.06, 1.29, 1.06, 3.14, 1.29)
> wilcox.test(x, y, paired = TRUE, alternative = "greater")

        Wilcoxon signed rank test

data:  x and y
V = 40, p-value = 0.01953
alternative hypothesis: true location shift is greater than 0

> wilcox.test(y - x, alternative = "less")

        Wilcoxon signed rank test

data:  y - x
V = 5, p-value = 0.01953
alternative hypothesis: true location is less than 0

> wilcox.test(y - x, alternative = "less", exact = FALSE, correct = FALSE)

        Wilcoxon signed rank test

data:  y - x
V = 5, p-value = 0.01908
alternative hypothesis: true location is less than 0
```

위 프로그램에서 첫 번째 측정된 값을 x, 반복하여 두 번째 측정된 값을 y라고 하자. 그러면 대응된 표본에서의 x, y의 모집단 중위수 차이가 0인지를 검증할 수 있게 된다. 이때 짝진 자료임을 나타내는 paired=TRUE를 사용해야 한다. 단측검증은 alternative 다음에 "less"나 "greater"로 나타낸다. p-value가 0.019이므로 5% 유의수준에서 통계적으로 유의하다고 할 수 있다.

만약 대표본에서의 부호화 순위 검증 정규근사를 이용하여 검증하고자 할 경우에는 세부 옵션에서 exact=FALSE, correct=FALSE 옵션을 둔다. 즉, 정규근사시켜 윌콕슨의 부호화 순위 검증을 하도록 하는 것으로, 이때 연속성 보정은 하지 않는다는 의미이다. 만약 연속성 보정을 하고자 한다면 correct=TRUE를 지정하면 된다.

다음은 서로 독립된 두 모집단에 대한 윌콕슨의 순위합 검증(Wilcoxon rank sum test) 예제 프로그램이다. 위 예제 프로그램과 비교해 볼 때 다른 점은 독립표본이므로 paired=TURE가 사용되지 않는다는 점이다. 마찬가지로 대표본으로 정규근사시켜 가설검증 하고자 할 경우에는 exact=FALSE, correct=FALSE 옵션을 둘 수 있다.

```
> x <- c(0.80, 0.83, 1.89, 1.04, 1.45, 1.38, 1.91, 1.64, 0.73, 1.46)
> y <- c(1.15, 0.88, 0.90, 0.74, 1.21)
> wilcox.test(x, y, alternative = "greater")

        Wilcoxon rank sum test

data:  x and y
W = 35, p-value = 0.1272
alternative hypothesis: true location shift is greater than 0

> wilcox.test(x, y, alternative = "greater",exact = FALSE, correct = FALSE)

        Wilcoxon rank sum test

data:  x and y
W = 35, p-value = 0.1103
alternative hypothesis: true location shift is greater than 0
```

이번에는 단일표본이기는 하나 관측치가 짝진 형태로 관측되는 대응표본에 대한 t-검증 방법을 살펴보자. 다음 예제는 대응표본에서의 평균차 검증을 위한 프로그램이다.

```
> x <- c(1.83,  0.50,  1.62,  2.48, 1.68, 1.88, 1.55, 3.06, 1.30)
> y <- c(0.878, 0.647, 0.598, 2.05, 1.06, 1.29, 1.06, 3.14, 1.29)
> t.test(x, y, paired = TRUE, alternative = "two.sided")
```

```
        Paired t-test

data:  x and y
t = 3.0354, df = 8, p-value = 0.01618
alternative hypothesis: true difference in means is not equal to 0
95 percent confidence interval:
 0.1037787 0.7599991
sample estimates:
mean of the differences
              0.4318889

> t.test(x-y, alternative = "two.sided")

        One Sample t-test

data:  x - y
t = 3.0354, df = 8, p-value = 0.01618
alternative hypothesis: true mean is not equal to 0
95 percent confidence interval:
 0.1037787 0.7599991
sample estimates:
mean of x
0.4318889
```

위 프로그램에서 짝진 두 변수 x, y를 가지고 검증하지만 대응표본임을 나타내기 위해 paired=TRUE가 사용되고 있음을 알 수 있다. 이미 파악했겠지만 이런 경우 대응된 표본에서의 평균차 검증은 다음과 같이 두 가지 방법으로 가능하다. 즉,

t.test(변수1, 변수2, paired=TRUE, 대립가설 옵션)
t.test(변수1-변수2, 대립가설 옵션)

으로 출력된 두 결과가 모두 동일함을 알 수 있다.

동일한 경우, 만약 소표본이고 분포가 대칭적라는 가정을 전제로 비모수적 검증 방법을 해야 한다면 어떻게 해야 할까? wilcox.test를 이용하여 윌콕슨의 부호화 순위 검

증을 한다. 이 경우에도 x, y 변수를 이용할 경우, 대응표본을 나타내는 paired=TRUE 옵션을 둔다. 그렇지 않고 y-x와 같이 그 차이만을 입력변수로 이용할 경우에는 paired=TRUE 옵션은 필요하지 않다.

다음 예제는 윌콕슨의 부호화 순위 검증 프로그램이다.

```
> x <- c(1.83,  0.50,  1.62,  2.48, 1.68, 1.88, 1.55, 3.06, 1.30)
> y <- c(0.878, 0.647, 0.598, 2.05, 1.06, 1.29, 1.06, 3.14, 1.29)
> wilcox.test(x, y, paired = TRUE, alternative = "two.sided")

        Wilcoxon signed rank test

data:  x and y
V = 40, p-value = 0.03906
alternative hypothesis: true location shift is not equal to 0

> wilcox.test(y-x, alternative="two.sided")

        Wilcoxon signed rank test

data:  y - x
V = 5, p-value = 0.03906
alternative hypothesis: true location is not equal to 0

> wilcox.test(y-x, alternative="two.sided", exact=FALSE, correct=FALSE)

        Wilcoxon signed rank test

data:  y - x
V = 5, p-value = 0.03815
alternative hypothesis: true location is not equal to 0
```

<표 10.6>, <표 10.7>은 지금까지 사용한 t.test()와 wilcox.test() 함수에 대한 사용 문법을 요약한 결과이다.

〈표 10.6〉 t.test() 사용 문법

```
t.test(x, y = NULL, alternative = c("two.sided", "less", "greater"),
       mu = 0, paired = FALSE, var.equal = FALSE, conf.level = 0.95, ...)
```

여기서

x, y: 결합할 두 데이터 프레임

alternative =: 가설검증 유형 설정(양측검증일 경우 "two.sided"이고 단측검증은 "less", "greater"로 표시)

mu =: 귀무가설에서의 모평균값

paired =: 대응자료 여부를 나타냄. FALSE이면 독립표본을 표시.

var.equal =: 모분산에 대한 등분산 여부 표시. TRUE이면 공통 분산 추정치를 이용해서 계산되며 FALSE이면 Welch 방법에 의해서 계산.

conf.level =: 신뢰구간 계산에서의 신뢰도 표시

〈표 10.7〉 wilcox.test() 사용 문법

```
wilcox.test(x, y = NULL, alternative = c("two.sided", "less", "greater"),
       mu = 0, paired = FALSE, exact = NULL, correct =
       TRUE, conf.int = FALSE, conf.level = 0.95, ...)
```

여기서

x, y =: x에는 수치형 데이터를 두고 y는 선택적

alternative =: 양측검증인지 단측검증인지를 표시함

mu =: 모평균값을 나타냄

paired =: 대응자료인지를 표시

exact =: TRUE이면 근사시키지 않고 정확한 유의확률을 계산함

correct =: 정규근사시킬 때 연속형 보정 여부를 표시함

conf.int =: 신뢰구간 계산 여부를 표시함

conf.level =: 신뢰구간 계산 시 적용할 신뢰수준을 표시함

다음은 두 변수 간의 모상관계수에 대한 가설검증 예이다. 두 변수 간의 모상관계수에 대한 가설검증은 cor.test() 함수를 이용한다. 이때 method 옵션에서 “kendall”, “spearm”을 지정하면 켄달의 상관계수, 스피어만의 상관계수를 구하고 가설검증을 실시한다.

```
> x <- c(44.4, 45.9, 41.9, 53.3, 44.7, 44.1, 50.7, 45.2, 60.1)
> y <- c( 2.6,  3.1,  2.5,  5.0,  3.6,  4.0,  5.2,  2.8,  3.8)
> cor.test(x, y, method = "pearson", alternative = "two.sided")

        Pearson's product-moment correlation

data:  x and y
t = 1.8411, df = 7, p-value = 0.1082
alternative hypothesis: true correlation is not equal to 0
95 percent confidence interval:
 -0.1497426  0.8955795
sample estimates:
      cor
0.5711816

> cor.test(x, y, method = "kendall", alternative = "two.sided")

        Kendall's rank correlation tau

data:  x and y
T = 26, p-value = 0.1194
alternative hypothesis: true tau is not equal to 0
sample estimates:
      tau
0.4444444

> cor.test(x, y, method = "spearm", alternative = "two.sided")

        Spearman's rank correlation rho

data:  x and y
S = 48, p-value = 0.0968
alternative hypothesis: true rho is not equal to 0
```

```
sample estimates:
rho
0.6
```

위 프로그램의 결과를 보면 두 변수 간 피어슨 표본상관계수는 0.57이고 p-value=0.108이므로 모상관계수가 0이 아니라는 대립가설을 5% 유의수준에서 채택하기 어렵다. <표 10.8>은 cor.test()의 사용 문법을 정리한 것이다.

〈표 10.8〉 cor.test() 사용 문법

```
cor.test(x, y, alternative = c("two.sided", "less", "greater"), method =
                c("pearson", "kendall", "spearman"), exact = NULL,
                conf.level = 0.95, ...)
```

여기서

x, y:	길이가 동일한 벡터
alternative =:	단측과 양측 가설검증 유형을 나타냄
method =:	피어슨의 상관계수("pearson"), 켄달의 상관계수("kendall"), 스피어만의 상관계수("spearman")를 지정
exact =:	Kendall의 타우를 계산할 경우에만 적용 가능함
conf.level =:	신뢰구간 계산 시 적용될 신뢰수준 표시

10.4.2 binom.test, prop.test 함수

925명에게 두 명의 후보 A, B 중 누구를 지지할지 조사하였다. 그 중 682명은 후보 A를 지지하겠다고 했고 243명은 후보 B를 지지하겠다고 하였다. 이때 두 후보에 대한 지지율 모비율이 1/2로 동일한지 여부를 검증해보자.

다음 프로그램에서 첫 번째 사용되는 함수는 이항검증(二項檢證)을 통해 두 후보에 대한 지지율이 1/2로 동일한지 여부를 가설 검증한 것이다. 여기서 binom.test() 함수는 이항검증을 제공한다. 출력결과로부터 5% 유의수준에서 p-value가 0.05보다 작으므로 후보 A에 대한 지지율이 후보 B에 대한 지지율과 동일하다고 보기 어렵다. 그리고 아래 예제 프로그램에서 두 번째와 세 번째 함수 사용 예는 이항검증을 위한 binom.test() 함수의 다양한 표현을 제시하고 있는 것이다. 여기서는 모비율이 3/4인지를 검증하고 있다. c() 함수를 이용할 경우에는 각 그룹에 대한 빈도를 나열하여 검증되는 것을 알 수 있다.

```
> binom.test(682, 925, p=1/2, alternative="two.sided")

        Exact binomial test

data:  682 and 925
number of successes = 682, number of trials = 925, p-value < 2.2e-16
alternative hypothesis: true probability of success is not equal to 0.5
95 percent confidence interval:
 0.7076683 0.7654066
sample estimates:
probability of success
             0.7372973
> binom.test(c(682, 243), p = 3/4)

        Exact binomial test

data:  c(682, 243)
number of successes = 682, number of trials = 925, p-value = 0.3825
alternative hypothesis: true probability of success is not equal to 0.75
95 percent confidence interval:
 0.7076683 0.7654066
sample estimates:
probability of success
             0.7372973

> binom.test(682, 682 + 243, p = 3/4)

        Exact binomial test

data:  682 and 682 + 243
number of successes = 682, number of trials = 925, p-value = 0.3825
```

```
alternative hypothesis: true probability of success is not equal to 0.75
95 percent confidence interval:
 0.7076683 0.7654066
sample estimates:
probability of success
             0.7372973
```

이번에는 비교해야 하는 그룹이 3개 이상인 경우를 생각해보자. 아래 예제는 4개 그룹으로 나뉜 환자들이 있고 그 중 흡연가가 조사되어 smokers로 입력되었다. 이때 4개 그룹에서의 흡연가 비율이 모두 동일한지를 검증하고자 할 경우 prop.test() 함수를 이용한다. 출력결과로부터 4개 환자 그룹에서의 흡연율은 5%의 유의수준에서 모두 동일하다고는 보기 어렵다.

binom.test()와 prop.test() 사용 형식은 <표 10.9>와 <표 10.10>에 정리하였다.

```
> smokers  <- c( 83, 90, 129, 70 )
> patients <- c( 86, 93, 136, 82 )
> prop.test(smokers, patients)

        4-sample test for equality of proportions without continuity
        correction

data:  smokers out of patients
X-squared = 12.6004, df = 3, p-value = 0.005585
alternative hypothesis: two.sided
sample estimates:
   prop 1    prop 2    prop 3    prop 4
0.9651163 0.9677419 0.9485294 0.8536585
```

〈표 10.9〉 binom.test() 사용 문법

```
binom.test(x, n, p = 0.5,
           alternative = c("two.sided", "less", "greater"),
           conf.level = 0.95)
```

여기서

x: 성공과 실패 빈도로 구성된 길이 2인 벡터

n, p =: n은 시행 횟수, p는 성공 확률을 나타내는데, 만약 x가 길이가 2인 벡터이면 이를 무시함.

alternative =: 단측과 양측 가설검증 유형을 나타냄

conf.level =: 신뢰구간 계산 시 적용될 신뢰수준 표시

〈표 10.10〉 prop.test() 사용 문법

```
prop.test(x, n, p = NULL,
          alternative = c("two.sided", "less", "greater"),
          conf.level = 0.95, correct = TRUE)
```

여기서

x =: 성공 여부를 계산할 수 있는 2열로 구성된 행렬이나 성공 빈도로 채워진 벡터

n, p =: n은 시행 횟수, p는 성공 확률을 나타내는데, 만약 x가 행렬로 주어지면 이를 무시하고 계산함.

alternative =: 단측과 양측 가설검증 유형을 나타냄

conf.level =: 신뢰구간 계산 시 적용될 신뢰수준 표시

correct =: 예이츠(Yates)의 연속성 보정을 나타냄

10.4.3 oneway.test, kruskal.test 함수

k개의 독립된 표본에 대해 모비율이 모두 동일한지를 검증할 때는 prop.test() 함수를 이용하였다. 만약 k개 모평균들이 동일한지를 검증하고자 한다면 oneway.test() 함수를 사용할 수 있다.

다음은 R에서 제공하는 airquality 데이터를 가지고 월별로 평균 오존이 동일한지 여부를 검증한 프로그램이다. 이 프로그램에서는 먼저 월별 오존의 분산이 동일한지를 검증하였고, 로그 변환시킨 오존이 등분산 가정을 만족시키므로 변수 변환된 로그 오존에 대해 oneway.test()를 적용하였다.

```
> attach(airquality)
> levene.test(Ozone, Month, location="mean")

        classical Levene's test based on the absolute deviations from the
        mean (none not applied because the location is not set to median)

data:  Ozone
Test Statistic = 5.695, p-value = 0.004706

> levene.test(Ozone, Month, location="median")

        modified robust Brown-Forsythe Levene-type test based on the
        absolute deviations from the median

data:  Ozone
Test Statistic = 5.7885, p-value = 0.004332

> levene.test(log(Ozone), Month, location="mean")

        classical Levene's test based on the absolute deviations from the
        mean (none not applied because the location is not set to median)

data:  log(Ozone)
Test Statistic = 0.1192, p-value = 0.8878

> oneway.test(log(Ozone) ~ Month, data=airquality, var.equal = TRUE)

        One-way analysis of means

data:  log(Ozone) and Month
F = 9.1629, num df = 4, denom df = 111, p-value = 1.96e-06
```

oneway.test()나 anova()는 모집단이 정규분포를 따른다는 가정하에 F검증을 실시한다. 만약 모집단이 정규분포를 따르지 않을 경우에는 아래의 예에서처럼 순위를 이용한 크루스칼-왈리스 검증를 하도록 한다. 크루스칼-왈리스 검증에서 귀무가설은 '연속적인 k개 모집단이 동일하다'이고 대립가설은 '연속적인 k개 모집단이 모두 동일하지는 않다'이다. 아래 예제 데이터는 정상인 5명, 폐쇄성 기도 환자 4명, 석면폐증 환자 5명을 대상으로 폐포에 있는 분진 제거 시 기관지 점막섬모(mucociliary)의 효율성을 측정한 것이다. 세 그룹별 점막섬모의 분진 제거 효율성이 동일한지 여부를 검증하였다.

```
> x <- c(2.9, 3.0, 2.5, 2.6, 3.2) # normal subjects
> y <- c(3.8, 2.7, 4.0, 2.4)      # with obstructive airway disease
> z <- c(2.8, 3.4, 3.7, 2.2, 2.0) # with asbestosis
> kruskal.test(list(x, y, z))

        Kruskal-Wallis rank sum test

data:  list(x, y, z)
Kruskal-Wallis chi-squared = 0.7714, df = 2, p-value = 0.68

> x <- c(x, y, z)
> g <- factor(rep(1:3, c(5, 4, 5)),
+             labels = c("Normal subjects",
+                        "Subjects with obstructive airway disease",
+                        "Subjects with asbestosis"))
> kruskal.test(x, g)

        Kruskal-Wallis rank sum test

data:  x and g
Kruskal-Wallis chi-squared = 0.7714, df = 2, p-value = 0.68
```

크루스칼-왈리스의 순위합 검증을 하기 위해서는 위 프로그램에서와 같이 kruskcal.test() 함수를 사용한다. 이 함수의 사용 방법은 세 그룹별 관측변수를 list(x, y, z)로 나열하여 사용할 수도 있고 그룹을 나타내는 변수 g를 만들고 점막섬모의 효율성 측정된 값들을 x로 두어 kruskal(x, g)와 같이 사용할 수도 있다.

분석 결과로부터 정상인 그룹과 폐쇄성 기도 환자, 석면폐증 환자 이 세 그룹에 대해 실시한 분진 제거에 대한 점막섬모의 효율성은 5% 유의수준에서 차이가 없는 것으로 판단된다.

<표 10.11>과 <표 10.12>는 oneway.test()와 kruskal.test() 함수의 사용 문법을 정리한 테이블이다.

〈표 10.11〉 oneway.test() 사용 문법

```
oneway.test(formula, data, subset, na.action, var.equal = FALSE)
```

여기서

- formual: 분석 대상이 되는 변수 y와 그룹 변수 g를 y~g로 표시함
- data: 행렬이나 데이터 프레임 객체 지정
- subset: 관측의 일부를 지정할 때 선택적으로 사용
- na.action: 결측치 처리 표시
- var.equal =: 등분산에 따라 F검증이나 Welch에 의한 방법을 사용

〈표 10.12〉 kruskal.test() 사용 문법

```
kruskal.test(x, g, ...)
kruskal.test(formula, data, subset, na.action, ...)
```

여기서

- x, g: 수치형 데이터 벡터나 리스트 객체
- formula: 변수 y를 그룹을 표시한 group 변수에 대하여 적용할 경우 'y~g'와 같이 표시
- data: 분석에 사용될 데이터 객체 표시
- subset: 특정한 일부 그룹에 대해 분석하고자 할 경우 표시
- na.action: 결측치 처리 표시

10.4.4 chisq.test, fisher.test, mcnemar.test 함수

앞에서 이항형으로 관측된 데이터들에 대한 비율검증은 binom.test()나 prop.test()를 이용할 수 있었다. 이번에는 분할표 자료에 대하여 동질성 검증이나 독립성 검증을 실시할 때 사용하는 chisq.test() 함수를 살펴보자.

다음은 chisq.test를 이용한 카이제곱검증 예제 프로그램이다. 출력된 결과에서 이원분할표 자료 x에 대한 독립성 검증 결과 유의확률이 0.000으로 계산되었음을 알 수 있다.

```
> x <- matrix(c(24, 3, 5, 12), nc = 2)
> x
     [,1] [,2]
[1,]   24    5
[2,]    3   12
> chisq.test(x)$p.value
[1] 0.0001945011
> chisq.test(x, simulate.p.value = TRUE, B = 10000)$p.value
[1] 0.00019998
>
> y <- c(A = 20, B = 15, C = 25)
> y
 A  B  C
20 15 25
> chisq.test(y, p=c(1/3,1/3,1/3))

        Chi-squared test for given probabilities

data:  y
X-squared = 2.5, df = 2, p-value = 0.2865

> chisq.test(as.table(y))

        Chi-squared test for given probabilities

data:  as.table(y)
X-squared = 2.5, df = 2, p-value = 0.2865
```

위 프로그램에서

y <- c(A=20, B=15, C=25)

와 같이 입력한 후 실행한 chisq.test(y)는 적합도 검증 결과를 보여준다. 이 경우 세 범주별 확률이 각각 1/3을 따르는지 검증하게 되는데, 이때 계산된 유의확률이 0.2865이므로 적합도 검증에서의 귀무가설을 채택한다. as.table(y)을 이용하여도 같은 결과를 얻을 수 있다.

한편 A, B, C 그룹별 모비율이 1/5, 1/5, 3/5인지 적합도 검증을 하고자 할 경우에는

chisq.test(y, p=c(1/5, 1/5, 3/5))

와 같이 R 함수를 사용한다. <표 10.13>은 chisq.test()에 대한 사용 문법이다.

〈표 10.13〉 chisq.test() 사용 문법

```
chisq.test(x, y = NULL, correct = TRUE, p = rep(1/length(x), length(x)),
           rescale.p = FALSE,simulate.p.value = FALSE, B = 2000)
```

여기서

x, y =:	x는 벡터나 행렬 객체이고 x가 행렬일 경우 y는 무시됨
correct =:	TRUE이면 2×2 이원분할표에 대한 검증통계량 계산 시 연속성 보정을 함
p =:	x와 동일 길이의 확률 벡터
rescale.p:	TRUE이면 확률의 합이 1이 되도록 조정됨
simulate.p.value:	몬테카를로 모의실험에 의한 유의확률 계산
B:	몬테카를로 모의실험에서의 반복 횟수 지정

다음은 피셔(R.A.Fisher)의 정확검증(exact test)을 위한 프로그램 예이다. 런던의 로담스테드 실험연구소에서 피셔의 한 동료는 차를 마실 때 밀크와 차 중 어느 것을 먼저 컵에 넣었는지를 예측할 수 있다고 하였다. 그래서 총 8잔의 컵 중 4잔은 밀크를 먼저 붓고 나머지 4잔은 티를 먼저 부은 후 랜덤하게 컵을 제시하여 알아맞히도록 하

였다.

이때 귀무가설은 그의 예측이 밀크와 티를 넣은 순서와 무관하다는 것이고 대립가설은 밀크와 티의 첨가 순서와 그의 예측 간에 연관성이 있다는 것이다. 이를 오즈비(odds ratio)로 표현하면 대립가설에서 오즈비가 1보다 큰지를 검증하는 것과 동일하다.

```
> TeaTasting <-
+     matrix(c(3, 1, 1, 3),
+                nr = 2,
+                dimnames = list(Guess = c("Milk", "Tea"),
+                                                 Truth = c("Milk", "Tea")))
>   TeaTasting
      Truth
Guess  Milk Tea
  Milk    3   1
  Tea     1   3
>   fisher.test(TeaTasting, alternative = "greater")

        Fisher's Exact Test for Count Data

data:  TeaTasting
p-value = 0.2429
alternative hypothesis: true odds ratio is greater than 1
95 percent confidence interval:
 0.3135693       Inf
sample estimates:
odds ratio
  6.408309
>

> ## Fisher (1962), Convictions of like-sex twins in criminals
> Convictions <- matrix(c(2, 10, 15, 3),
+                       nr = 2,
+                       dimnames =
+                       list(c("Dizygotic", "Monozygotic"),
+                            c("Convicted", "Not convicted")))
> Convictions
```

```
            Convicted Not convicted
Dizygotic           2            15
Monozygotic        10             3
> fisher.test(Convictions, alternative = "less")

        Fisher's Exact Test for Count Data

data:  Convictions
p-value = 0.0004652
alternative hypothesis: true odds ratio is less than 1
95 percent confidence interval:
 0.0000000 0.2849601
sample estimates:
odds ratio
0.04693661

> fisher.test(Convictions, conf.int = FALSE)

        Fisher's Exact Test for Count Data

data:  Convictions
p-value = 0.0005367
alternative hypothesis: true odds ratio is not equal to 1
sample estimates:
odds ratio
0.04693661

> fisher.test(Convictions, conf.level = 0.95)$conf.int
[1] 0.003325764 0.363182271
attr(,"conf.level")
[1] 0.95
> fisher.test(Convictions, conf.level = 0.99)$conf.int
[1] 0.001386333 0.578851645
attr(,"conf.level")
[1] 0.99
```

위 프로그램에서 첫 번째 fisher.test() 실행 결과로부터 초기하분포를 이용하여 오즈비가 1보다 큰지를 검증한 결과, 유의확률이 0.2429로 5% 유의수준에서 밀크와 티를 넣는 순서와 그의 예측은 연관성이 있다고 보기 어렵다는 결론에 도달한다.

데이터 Convictions에 대한 fisher.test()에서는 추정된 오즈비는 0.0469이고 모집단 오즈비에 대한 95%, 99% 신뢰구간 추정치가 계산되어 있다. 이를 계산하기 위해서는 fisher.test() 실행 시 conf.level에 신뢰수준을 지정하고 그 실행으로 파생된 conf.int를 출력시켜야 한다.

fisher.test()에 대한 사용 문법은 <표 10.14>와 같다.

〈표 10.14〉 fisher.test() 사용 문법

```
fisher.test(x, y = NULL, workspace = 200000, hybrid = FALSE,control = list(),
            or = 1, alternative = "two.sided", conf.int = TRUE, conf.level = 0.95,
            simulate.p.value = FALSE, B = 2000)
```

여기서

x, y: x는 2차원의 행렬 객체나 요인 객체, y는 요인 객체

workspace: 네트워크 알고리즘에서 사용되는 워크스페이스 지정

hybrid: 이원분할표 이상의 다차원 분할표에서 사용

control: 저수준 알고리즘의 컨트롤을 위한 리스트 지정

alternative: 대립가설의 유형 선택

conf.int: 신뢰구간 계산

conf.level: 2×2 이원분할표의 경우에만 신뢰수준 계산

simulate.p.value: 모의실험에 의한 유의확률 계산

아래 프로그램에서 데이터 Performance는 대통령의 수행 능력에 대한 지지도를 두 번 반복 조사한 자료이다. 두 번의 조사에서 대통령에 대한 지지도가 동일한지를 알아보기 위해서는 맥네마 검증을 하게 되는데 R에서는 mcnemar.test()를 이용한다. 아래의 결과에서 유의확률이 0.05보다 작으므로 지지도에 차이가 있다고 할 수 있다. <표 10.15>는 mcnemar.test()의 사용 문법이다. 보다 자세한 사항은 도움말을 참조하기 바란다.

```
> Performance <-
+ matrix(c(794, 86, 150, 570),
+        nrow = 2,
+        dimnames = list("1st Survey" = c("Approve", "Disapprove"),
+                        "2nd Survey" = c("Approve", "Disapprove")))
> Performance
            2nd Survey
1st Survey   Approve Disapprove
  Approve        794        150
  Disapprove      86        570
> mcnemar.test(Performance)

        McNemar's Chi-squared test with continuity correction

data:  Performance
McNemar's chi-squared = 16.8178, df = 1, p-value = 4.115e-05
```

〈표 10.15〉 mcnemar.test() 사용 문법

mcnemar.test(x, y = NULL, correct = TRUE)
여기서
x: 2차원의 행렬 객체나 요인 객체
y: 요인 객체를 표시하나 x가 행렬 객체이면 y는 무시됨
correct: 검증통계량 계산 시 연속성 보정 여부 표시

참고문헌

양경숙, 김미경 (2007). 「R 입문 및 기초 프로그래밍」, 자유아카데미.

조완일 (2006). R 설치 및 기본 사용법, http://www.sensotool.com/manual/R.pdf

허명회 (2007). 「R을 활용한 탐색적 자료분석」, 자유아카데미.

David A. James and Saikat DebRoy (2010). Package 'RMySQL', http://cran.r-project.org/web/packages/RMySQL/RMySQL.pdf

Faraway, J.J. (2002). Practical Regression and ANOVA using R, http://cran.r-project.org/doc/contrib/Faraway-PRA.pdf

Grothendieck G. (2010). Package 'sqldf', http://cran.r-project.org/web/packages/sqldf/sqldf.pdf

John Maindon (2008). Using R for Data Analysis and Graphics-Introduction, Examples and Commentary, http://CRAN.r-project.org/ (manuals/contributed documentation)

Jose Claudio Faria and Philippe Grosjean (2009). Package 'TinnR', http://cran.r-project.org/web/packages/TinnR/TinnR.pdf

Kurt Hornik (2010). R FAQ (version 2.11.2010-05-06), http://CRAN.r-project.org/ (FAQs)

Maindonald, J.H. (2004). Using R for Data Analysis and Graphics: Introduction, Code and Commentary, http://cran.r-project.org/doc/contrib/usingR.pdf

Natasha A. Karp (2010). An R commander an Introduction, http://CRAN.r-project.org/ (manuals/contributed documentation)

Petra Kuhnert and Bill Venables (2005). An Introduction to R: Software for Statistical Modelling & Computing, http://cran.r-project.org/other-docs.html (contributed documentation)

R Development Core Team (2009). R Data Import/Export (version 2.10.1), http://CRAN.r-project.org/ (manuals)

R Development Core Team (2009). R Installation and Administration (version 2.10.1), http://CRAN.r-project.org/ (manuals)

R Development Core Team (2009). R: A Language and Environment for Statistical Computing: Reference Index (version 2.10.1), http://CRAN.r-project.org/ (manuals)

R Special Interest Group on Databases (2009). Package 'DBI', http://cran.r-project.org/web/packages/DBI/DBI.pdf

Raynald Levesque and SPSS Inc. Programming and Data Management for SPSS® Statistics 17.0: A Guide for SPSS Statistics and SAS® Users, www.spss.com/sites/dm-book/legacy/ProgDataMgmt_SPSS17.pdf

R-core members, Saikat DebRoy, Roger Bivand and others (2010). Package 'Foreign', http://cran.r-project.org/web/packages/foreign/foreign.pdf

Ripley, B. (2002). Package 'RODBC', http://cran.r-project.org/web/packages/RODBC/RODBC.pdf

Robert A. Muenchen (2009). *R for SAS and SPSS Users*, Springer.

Thomas Lumley (2006). R Fundamentals and Programming Techniques, http://faculty.washington.edu/tlumley/Rcourse/R-fundamentals.pdf

Venables, W.N., Smith, D.M., and the R Development Core Team (2009). An Introduction to R (version 2.10.1), http://CRAN.r-project.org/ (manuals)

Vincent Zoonekynd (2007). Statistics with R, http://zoonek2.free.fr/UNIX/48_R/02.html

찾아보기

(G)

(H)

(I)

(K)

(L)

(M)

(N)

(O)

(P)

(Q)

(R)

(X)

([)

($)

(.)

(:)

(?)